Aufgaben-Systeme und Sammlungen

aus der

ebenen Geometrie,

zu einem

selbstständigen Unterricht in der Analysis

geordnet und durch Gesetze vorbereitet

von

H. v. Holleben und P. Gerwien,

Lieutenants im 21sten und 22sten Infanterie-Regiment und Lehrer im Königl. Preuß. Kadetten-Korps.

Erster Theil.

Geometrische Analysis.

Berlin, 1831.

Gedruckt und verlegt bei G. Reimer.

Geometrische Analysis.

Erster Band.

Anleitungen

und

Gesetze.

Mit neunzehn Steintafeln.

Berlin, 1831.
Gedruckt und verlegt
bei G. Reimer.

Vorrede.

Alles Wissen hat eine Seite, welche man künstlerisch und praktisch nennen kann. Neben dem unbestrittenen Werth derselben an sich, und als eigenthümliches Bildungsmittel des Geistes insbesondere, bringt diese Seite noch in den Inhalt des Wissens mehr Leben und Beweglichkeit: denn sie greift auf eine vielseitige Weise in dasselbe ein, bietet also nothwendig Vergleichungen dar, und regt zu Forschungen an, deren Resultate auf irgend eine Art die Wissenschaft weiter fördern.

In der Mathematik, und namentlich in der Geometrie, von der hier vorzugsweise die Rede sein soll, bildet das Aufgabenlösen (rein geometrischer und nicht technischer Aufgaben) einen Haupttheil jener vorher bezeichneten Seite, weshalb durch das Obige die Wichtigkeit desselben als praktischer Stoff, als Unterrichtsgegenstand, und als Ergänzung der Wissenschaft genügend begründet wäre. Insofern sich aber die reine Mathemathik durch die Konstruktion ihrer Vorstellungen, sei es auf ostensive oder symbolische Weise, ferner durch den harmonischen Zusammenhang ihres Inhalts, und endlich durch die Unumstößlichkeit ihrer Resultate von anderen Wissenschaften scharf unterscheidet, erhält auch das Lösen der geometrischen Aufgaben hier eine eigenthümliche Stellung.

Dadurch nämlich, daß jede geometrische Aufgabe eine Konstruktion verlangt, während die Wissenschaft selbst gleichfalls überall konstruirt, stehen beide in solchem unzertrennlichen Verbande, daß vorzüglich durch das Aufgabenlösen eine selbstständige und tiefere Einsicht in die Geometrie gewonnen werden kann.

Dadurch ferner, daß alle Theile des mathematischen Stoffs harmonisch zusammenhängen, zeigt sich mittelst des Aufgabenlösens eine Förderung der Produktionskraft, nicht bloß in der genialen Richtung, sondern auch in der gründlichen, wie nirgend anders. Das eine rührt daher, daß überhaupt jedes praktische Gebiet des Wissens das eben erwähnte geistige Vermögen auf die bezeichnete Art entwickelt und bildet; das andere aber hat darin seinen Grund, daß der Geist durch jenen Zusammenhang förmlich darauf angewiesen ist, Ideen auf eine regelrechte Weise zu bilden und zu verfolgen.

Dadurch endlich, daß alle rein mathematischen Ergebnisse unumstößlich wahr sind, ergiebt sich mittelst des Aufgabenlösens die größeste Sicherheit und Freiheit in der Entwickelung von Ideen, während zugleich aus derselben Eigenschaft eine Befriedigung des Geistes hervorgeht, die so fortgesetzt wie hier, und durch eben so einfache Mittel, schwerlich eine andere schaffende Thätigkeit gewährt.

Fassen wir die Resultate des Vorigen zusammen, so folgt aus denselben, daß, ganz abgesehen von dem Nutzen für alle bürgerlichen Verhältnisse rc., den jeder praktische Stoff in sich schließt, das Aufgabenlösen zur Geometrie in einem viel höheren Verhältniß steht, als irgend eine praktische Seite des Wissens zu diesem selbst, und daß dasselbe ferner als geistiges Bildungsmittel noch einen ganz individuellen Werth besitzt.

Dies alles läßt voraussetzen, daß eine so wichtige Seite der Geometrie sich fortgesetzt entwickelt haben muß. Und so findet es sich auch in einer Richtung in der That, nämlich überall wo die Wissenschaft das Ziel ist. Seit den frühesten Zeiten sind Aufgaben, entweder beiläufig, oder in einzelnen Systemen, oder in fragmentarischen Sammlungen zum Vorschein gekommen, welche den Kenner der Wissenschaft und die Wissenschaft selbst weiter gefördert haben. In der anderen Richtung dagegen, wo der Unterricht das Ziel ist, sind z nächst wenige Schriften erschienen, und die uns hier b kannten sind vorzugsweise zum Selbststudium, aber nicht zur Hilfe des Lehrers außer und besonders in der Unterrichtsstunde bestimmt. Was aber ferner den mündlichen Unterricht (in dem Umfange, wo wir darüber Erfahrungen zu machen Gelegenheit hatten) betrifft, so ist zwar nicht zu verkennen, daß in der letzten Zeit auf die geometrischen Uebungen mehr Rücksicht genommen worden ist; es scheint jedoch, als wenn die sich oft zeigenden geringen Resultate, neben vielen anderen den mathematischen Unterricht erschwerenden Umständen, mit ihren Grund in einer fehlerhaften Anordnung dieser Uebungen haben, da sie im Durchschnitt ohne Anleitung und Ordnung beiläufig hingeworfen, oder ganz vernachläßigt werden. Hiedurch gewöhnt sich der Schüler nur das ihm Mitgetheilte oder aus ihm Entwickelte wiederzugeben, das Neue und Unerwartete aber erscheint ihm als ein unübersteigliches Hinderniß, und es bricht sich, da der Lehrer allen gewöhnlich Begabten keine Anleitung gab, allein der talentvollere Schüler eine eigene Bahn. Daß aber der Unterricht im Aufgabenlösen gerade so erklärend, anleitend, vorbereitend, übend, und die geistigen Kräfte höher spannend, kurz systematisch, wie jeder andere Unterricht getrieben werden kann, wird der in diesem Gebiete Urtheilsfähige nicht in

Abrede stellen. Soll dies aber in einer größeren Haltung als gewöhnlich, z. B. in bestimmten Stunden, wie dies im Kadetten-Korps festgesetzt ist, ausgeführt werden, so wird es jedem Lehrer, der in diesem Gegenstande nicht schon sehr viele Jahre unterrichtet hat, Bedürfniß sein, eine Schrift zu besitzen, welche passende, und nach dem vorher bezeichneten Gesichtspunkt zusammengestellte Materialien enthält; also nicht bloß Aufgaben, sondern auch Erklärungen, Anleitungen, Daten, Oerter, Lehrsätze &c., und zwar, was besonders wichtig ist, eines das andere vorbereitend, und erst für die spätere Zeit so gestellt, daß auch neue Gesetze von dem Schüler selbst gefunden werden müssen. Da wir nun kein Buch dieser Art vorfanden, und uns, nach den zu Anfang dieser Vorrede hingestellten Ansichten, der Unterricht im Aufgabenlösen von nicht geringer Bedeutung erschien, so faßten wir vor mehreren Jahren, hauptsächlich wegen des eigenen Bedürfnisses, den Entschluß, die Herausgabe einer solchen Schrift zu versuchen.

Wie es zu erwarten stand, fanden sich bei der Ausführung dieses Unternehmens nicht unbedeutende Schwierigkeiten. Zunächst ergaben sich die bekannten Materialien für unseren Zweck nur zum Theil genügend, da z. B. leichte Aufgaben für den ersten Beginn des Unterrichts fast ganz mangelten, während die schwereren, nicht überhaupt, aber insofern in zu geringer Masse vorhanden waren, als bei der Ungleichartigkeit derselben die Zusammenstellung mit Vorbereitungen gezwungen und unzweckmäßig erschien. Diesen Uebelständen abzuhelfen lag es nahe genug: die einzelnen Aufgaben-Klassen, z. B. Dreiecks-Aufgaben, Kreis-Aufgaben 2c. nach einer systematischen Ordnung zu analysiren, und dabei mehr als die gewöhnlichen Elemente unter die Bedingungen aufzunehmen, wodurch noch außerdem der große Vortheil hervorgehen mußte, die Anleitungen für den Unterricht, abgesehen von den Bedingungen, welche sich aus diesem selbst ergeben, auf einem ungekünstelten Wege zu erhalten. Bei der Ausführung dieser großen Arbeit, welche zwischen 4 und 5000 Aufgaben umfaßte, hob sich neben anderen interessanten Resultaten, in Beziehung auf unser Ziel, ganz besonders der enge Zusammenhang von den Aufgaben jeder einzelnen Klasse heraus. Diese freilich bekannte, und daher vorausgesehene Erscheinung, welche bei der Größe unserer Arbeit nur mehr als gewöhnlich ans Licht kam, gab aber bald dem ganzen Unternehmen eine neue Richtung. Statt des früheren Mangels war nämlich jetzt für die Verfolgung unseres ursprünglichen Ziels ein Ueberfluß eingetreten, der eine Ausscheidung aus den vorhandenen Materialien, also eine Trennung des natürlich Zusammenhängenden nothwendig machte. Dies war aber unseren Absichten gar nicht angemessen, da ja durch Vorbereitungen im Unterricht gerade der Isolirung entgegen gearbeitet werden sollte, und mit dieser Idee natürlich die Benutzung des vorhandenen Stoffs möglichst korrespondiren mußte; während die Mittheilung einiger konsequent durchgeführten Aufgaben-Systeme, z. B. von den Dreiecken, außerdem genügende Gründe für sich hatte. Folglich kam es nun darauf an zu untersuchen: ob sich nicht zwei Standpunkte zugleich bei unserer Arbeit festhalten ließen, erstens der praktische für den Unterricht, und zweitens der theoretische für die Wissenschaft, so daß in Rücksicht auf jenen, Anleitungen zum Unterricht, und in Rücksicht auf diesen, ganze Aufgaben-Systeme und Sammlungen abgehandelt würden. Die Ausführung dieser Idee zeigte sich bald erreichbar, wenn eben sowohl eine starke Zusammendrängung des Inhalts als auch der Form, z. B. durch Zeichen rc. durchgängig festgehalten würde, und endlich die Abfassung der Systeme rc. mit fortgesetzter Berufung auf die Anleitungen, und in einer solchen Anordnung geschähe, daß ein Theil dieser Aufgaben zu den Uebungen im Unterricht brauchbar wäre. (Siehe Seite 81. ad 2.) Hiedurch trat eigentlich außer dem Zuwachs einer neuen Arbeit, da jetzt die Analysirung der Aufgaben-Systeme zugleich Mittel und Zweck wurde, nur insofern eine Veränderung in die Ausführung unserer ersten Idee ein, als hieraus die Nothwendigkeit hervorging, den Anleitungen einen größeren Umfang zu geben. Dies, glaubten wir aber, möchte viel mehr eine vortheilhafte als eine nachtheilige Seite unserer Arbeit bilden, da, wenn es sonst gelang Maaß und Anordnung richtig zu treffen, sich hieraus gerade eine Brauchbarkeit für verschiedene Unterrichtsverhältnisse ergeben mußte. (Siehe Seite 139.) Also stand der Ausführung unserer neuerdings über die Abfassung der Arbeit gewonnenen Ansichten nichts Bedeutendes im Wege, und es konnte nun zu der Eintheilung (siehe Seite 87) und Ausarbeitung der vorliegenden Schrift nach denjenigen Ideen geschritten werden, deren nothwendige Anführung uns bedingte, im Vorhergehenden die Entstehung dieser Arbeit mitzutheilen.

In Beziehung auf diese Anführungen haben wir noch hinzuzufügen, daß im letzten Bande dieser Schrift, über die Aufgaben-Systeme von den Dreiecken, Vierecken und Kreisen, welche möglichst vollständig auszubilden wir uns namentlich bemüht haben, eine spezielle Uebersicht und Rechenschaft gegeben werden soll. Vorläufig kann hier aber schon bemerkt werden, daß wenn man nicht zu fremdartige Elemente zusammenstellt, mittelst des Kreises und der geraden Linie durch geometrische Analysis von jeder der vorhergenannten Aufgaben-Klassen ungefähr zwei Drittheile aller Aufgaben lösbar ist, und daß sich bei den Kreisen ein aus den Elementen (Bezeichnung siehe Seite

96) **P, L, K, ϱ, P_b, K_a, K_b,** gebildetes System auf die vorher erwähnte Art ganz ohne Ausnahme ergiebt.

Ferner müssen wir noch, außer den Seite 139 über die Benutzung des vorliegenden Werks hingestellten Bemerkungen, das Folgende erwähnen. Obwohl bei der Abfassung desselben hauptsächlich der öffentliche und der Privat-Unterricht berücksichtigt wurden, ist dennoch die Anwendbarkeit zum Selbststudium für alle diejenigen, welche die gewöhnlichen synthetischen Vorkenntnisse besitzen, also keine vollständigen Anfänger sind, möglichst im Auge behalten worden. Wir haben die Leser dieser Art nur zu bitten, die Lesung des vorliegenden Bandes vorläufig mit der Seite 89 zu beginnen, da einige Theile der voranstehenden Abhandlung über die Aufgabe, z. B. die Paragraphe 13, 16, 17 und so fort bis 22 nur für diejenigen ein Interesse haben möchten, welche speziellere Untersuchungen zu verfolgen geneigt sind.

Aehnliche Rücksichten führen uns zu der Bemerkung, daß alle nicht bloß für den Unterricht, sondern auch an sich interessanten Aufgaben, welche sich in den untersuchten Systemen ꝛc. mittelst der geometrischen Analysis ergaben, im dritten Hauptstück des zweiten Bandes in drei Abschnitten zusammengestellt sind. Von diesen drei Abschnitten enthalten die beiden ersten solche Aufgaben, welche großentheils nicht im ersten

Hauptstück vorbereitet sind, und doch den Kräften der weiter vorgeschrittenen Schüler so entsprechen, daß sich dieselben mittelst dieser Aufgaben selbstständig bewegen lernen. (Vergleiche Seite 81 ad 2. c. und Seite 82). Im zweiten und dritten Theil sollen in Rücksicht auf die algebraische Analysis ähnliche Abtheilungen von Aufgaben zusammengestellt werden.

Schließlich ersuchen wir noch alle Leser: einzelne unbedeutende Irrthümer, die sich troß aller Vorsicht bei der großen Masse des Stoffs leicht ergeben haben können, gütig entschuldigen zu wollen.

Berlin, den 16ten September 1831.

Die Verfasser.

Verbesserungen.

S. 19, 10te Zeile von unten, lies nicht: zweiten Theile, sondern: letzten Bande.

— 90, 6te Zeile von oben, lies hinter Beispiele: (Konstruktionen von Proportionen, Bestimmungen über die Aehnlichkeit der Figuren, und Daten.)

— — zwischen die Zeilen 6 und 7 ist einzuschieben: 3tes Kapitel. Vorbereitungen und Beispiele. (Oerter, Hilfsaufgaben und Gesetze.)

— — 7te Zeile von oben, lies nicht: 3tes Kapitel, sondern: 4tes Kapitel.

— 112, 3te Zeile von unten, lies nicht: dieselbe, sondern: dieselben.

— 143, 10te Zeile von unten, lies nicht: 2 $\angle$, sondern: 2 (nicht zusammen 2 R betragende) $\angle$.

— 209, 2te Zeile von oben, lies nicht: ist möglich, sondern: bei welchen der gesuchte Kreis von K umschlossen wird, ist nur möglich.

— 242, 11te Zeile von unten, lies nicht: (b — c), sondern: (c — b).

Ueber die Aufgabe.

Erste Abtheilung.

Eintheilung der Aufgaben.

§. 1.

Herleitung des Begriffs einer planimetrischen Aufgabe.

Zu einer systematischen Darstellung der mathematischen Lehren bedarf man drei in Hinsicht des Inhalts verschiedene Satzarten. In der ersten werden Begriffe der mathematischen Vorstellungen festgestellt, in der zweiten Eigenschaften derselben angegeben, und in der dritten endlich wird gefordert, jene Gegenstände darzustellen.

Da aber alle Vorstellungen entweder lauter gleichartige oder auch ungleichartige Bestandtheile enthalten können, d. h. einfache oder zusammengesetzte Gegenstände sind, so zerfällt jede der vorhergenannten Satzarten noch in zwei Abtheilungen, wodurch überhaupt die folgenden sechs Arten von Sätzen entstehen.

1. Der Grundbegriff enthält die Feststellung des Begriffs eines einfachen Gegenstandes.

2. Die Erklärung enthält dasselbe für einen zusammengesetzten Gegenstand.

3. Der Grundsatz bestimmt eine Beziehung einfacher Gegenstände oder giebt eine Eigenschaft derselben an.

4. Der Lehrsatz bestimmt eine Beziehung zusammengesetzter Gegenstände oder giebt eine Eigenschaft derselben an.

5. Der Forderungssatz verlangt die Darstellung eines einfachen Gegenstandes.

6. Die Aufgabe fordert die Darstellung eines zusammengesetzten Gegenstandes.

Die übrigen in der Mathematik vorkommenden Sätze, nämlich Zusätze, Lehnsätze, Wahlsätze, sind zu einer zweckmäßigen Abhandlung der Wissenschaft nothwendig, entspringen aber nicht aus ihrem Inhalt oder Stoff.

Nach dem System der Wissenschaft selbst zerfallen die mathematischen Aufgaben zunächst in arithmetische und geometrische, und die letzteren wieder in planimetrische und stereometrische. Da nun die Geometrie überhaupt ihre Gegenstände durch Zeichnung (ostensiv) darstellt, einige planimetrischen Gegenstände aber (Punkt, Kreis) sowohl auf geraden als krummen Flächen verzeichnet werden können, so ergiebt sich hieraus und aus dem Vorigen die Feststellung des Begriffs einer zur Planimetrie gehörenden Aufgabe folgendergestalt:

sie fordert die Zeichnung (Konstruktion) eines zusammengesetzten Gegenstandes der Planimetrie in einer Ebene.

§. 2.

Eintheilung der Aufgaben überhaupt.

Mit dem Inhalt der vorhergegebenen Erklärung hängen die folgenden Sätze eng zusammen:

1. es giebt eine sehr große Menge von Gegenständen, deren Konstruktion verlangt werden kann;
2. diese Konstruktion ist an sich, und
3. insbesondere in der Ebene auf verschiedene Art ausführbar;
4. die Mannigfaltigkeit möglicher Zusammensetzungen desselben Gegenstandes aus ungleichartigen Bestandtheilen, oder mit anderen Worten, die Menge denkbarer Aufstellungen, welche sich aus der großen Anzahl verschiedener Bedingungen zur Konstruktion desselben Gegenstandes bilden lassen, ist fast unübersehlich anzunehmen.

Aus der Zusammenfassung dieser vier Sätze geht nicht bloß genügend hervor, daß schon allein die Anzahl der zur Planimetrie gehörenden Aufgaben unendlich groß sein muß, sondern auch durch welche Ursachen dies statt findet. Zugleich aber ergiebt sich noch aus der Erklärung einer zur Planimetrie gehörenden Aufgabe: sie fordert die Zeichnung eines zusammengesetzten Gegenstandes der Planimetrie in einer Ebene, daß sich alle planimetrischen Aufgaben zusammenfassen lassen:

1. nach den in ihnen geforderten Gegenständen;
2. in Beziehung auf die Zeichnung an sich;
3. in Beziehung auf die Zeichnung in der Ebene;
4. mit Rücksicht auf die Zusammensetzung des zu zeichnenden Gegenstandes, also nach den ungleichartigen Bestandtheilen, welche derselbe enthalten soll, oder kurz gesagt, nach den in der Aufgabe gegebenen Bedingungen.

§. 3.

Eintheilung der Aufgaben nach den in ihnen geforderten Gegenständen.

Nach den Gegenständen wird die Geometrie in die niedere und höhere getheilt. Zum Inhalt der ersteren zählt man den Punkt, die gerade Linie, die Kreislinie und alle Winkel, Figuren und Körper, welche aus der geraden und der Kreislinie gebildet werden können; alle übrigen Gegenstände aber (z. B. die Kegelschnitte und alle vermittelst derselben denkbaren Körper) zur höheren Geometrie. Demnach zerfallen die Aufgaben der niederen Planimetrie in solche, welche die Konstruktion verlangen:

1. von Punkten;
2. von Linien:
   a. geraden Linien,
   b. Kreislinien (z. B. Bogen);
3. von Winkeln:
   a. geradlinigen,
   b. krummlinigen (deren Schenkel Kreislinien sind),

c. gemischtlinigen (bei denen ein Schenkel eine gerade, der andere eine Kreislinie ist);

4. von Figuren:

a. geradlinige,

b. krummlinige,

α. Kreise,

β. von Kreislinien begrenzte Figuren,

c. gemischtlinigen, d. h. solchen Figuren, welche theils von geraden, theils von krummen Linien begrenzt werden, z. B. Quadrant.

Die Rubriken 2b, 3bc, 4bβ und 4c sind nur der Vollständigkeit wegen hiehergestellt worden. Schon bei der allgemeinen Betrachtung der Aufgaben ist es am zweckmäßigsten, diese Arten derselben gemeinschaftlich als gemischte Aufgaben abzuhandeln.

Die übliche Eintheilung in Konstruktionen, Theilungen, Verwandlungen, gemischte Aufgaben ist fehlerhaft, da die Theilungen nur Linien-Konstruktionen oder eigenthümliche Figuren-Zeichnungen bilden (worüber das Nähere in der Anmerkung zu §. 5. zu finden ist), alle Verwandlungen aber ganz gewöhnliche Figuren-Konstruktionen sind. Z. B. die Theilungs-Aufgabe: ein Dreieck ABC, Fig. 1., durch XY und ZV, zwei Parallelen zu einer Seite AC, in drei gleiche Theile zu theilen, verlangt nur die Konstruktion zweier durch ein drittes ABC bestimmten Dreiecke BXY und BZV mit gegebenen Winkeln und gegebener Fläche: denn jene sind wegen der Parallelität der Schenkel gleich den Winkeln des zu theilenden Dreiecks (z. B. $\angle BXY = \angle A$) und die Flächen BXY und BZV sind $\frac{1}{3}$ und $\frac{2}{3}$ von der Fläche desselben Dreiecks. Eben so stellt sich bei näherer Betrachtung die Verwandlungsaufgabe: ein Dreieck so in ein gleichschenkliches zu verwandeln, daß ein bestimmter Winkel des gegebenen Dreiecks Winkel an der Spitze wird, als die vorhergenannte Dreiecks-Konstruktion dar, da vermittelst des Winkels an der Spitze auch die Winkel an der Grundlinie bekannt sind und die Fläche bestimmt ist. Dieselbe Erscheinung aber, welche sich bei diesen beiden Beispielen ergab, zeigt sich bei allen Theilungs- und Verwandlungs-Aufgaben.

§. 4.

Eintheilung der Aufgaben in Beziehung auf die Konstruktion an sich.

Die Konstruktionen aller zusammengesetzten, also auch der zur niederen Planimetrie gehörenden Größen geschehen durch eine aufeinanderfolgende Zeichnung von Punkten, geraden Linien und krummen Linien, und zerfallen in Beziehung auf die Benutzung dieser Größen in zwei verschiedene Klassen, nämlich: 1) in solche Konstruktionen, welche mittelst des Punktes, der geraden Linie und der Kreislinie ausführbar sind; und 2) in solche, wo dies nur durch Hilfe der krummen Linien der höheren Geometrie möglich ist.

Ein Beispiel für die 2te Klasse von Aufgaben ist folgendes: eine gerade Linie L, Fig. 2., eine Kreislinie K und ein Punkt P in K sind der Lage nach gegeben; man soll aus P nach L eine Sekante ziehen, deren äußerer Abschnitt XY eine gegebene Länge a erhält, durch welche Aufgabe, wenn man sich L durch den Mittelpunkt von K gehend denkt und $XY = r = YM$ bestimmt, der $\angle PMG$ also jeder beliebige Winkel in drei gleiche Theile theilen läßt, da $\angle PMG = \angle P + \angle X = \angle PYM + \angle X = \angle X + \angle YMX + \angle X = 3 \angle X$ sein muß.

Es zeigt sich leicht, daß X in einer krummen Linie liegt, deren Abstände von P dadurch bestimmt werden, daß alle von der Kurve und K begrenzten Abschnitte derselben eine gleiche Länge a erhalten. Verzeichnet man also diese krumme Linie, welche eine Linie der vierten Ordnung ist, und die bekannte Cardioide bildet, wenn man $a = 2r$ setzt (vergleiche 608.), so muß ihr Schnitt mit L den gesuchten Punkt X und folglich auch die verlangte Linie PX ergeben.

Vermittelst alleiniger Benutzung der geraden und Kreislinie ist diese Aufgabe unlösbar. Zuweilen zeigt sich aber auch eine Aufgabe auf beiden Wegen lösbar, z. B. die sehr einfache: ein Dreieck aus der Summe zweier Seiten, der Differenz derselben Seiten und der dritten Seite zu zeichnen, ist auch durch die Konstruktion einer Ellipse und einer Hyperbel lösbar, deren Brennpunkte die Endpunkte der gegebenen Seite, deren Achsen die Summe und die Differenz der beiden anderen Seiten sind, und welche sich in der Spitze des Gegenwinkels der gegebenen Seite schneiden.

Es erscheint der Sache angemessen, nur die Aufgaben der ersten Art der niederen Planimetrie zuzurechnen, wenn sich auch viele zusammengesetzte Größen derselben, d. h. unter bestimmten Bedingungen gegebene Größen, allein vermittelst der höheren Kurven konstruiren lassen. Da es übrigens außer der einfachsten Kurve, der Kreislinie, unzählige andere giebt, und sich leicht denken läßt, daß eine große Menge planimetrischer Größen unter bestimmten Bedingungen mit diesen Kurven entfernt oder unzertrennlich zusammenhängen, mit der Ausschließung derselben aber auch die ihnen zugehörigen Lehrsätze nicht bei der Analysis eingeführt werden können und sich nur selten ein in solcher Kurve liegender Punkt ohne diese selbst verzeichnen läßt, so ergiebt sich hieraus, daß eine sehr bedeutende Masse von Aufgaben vorhanden sein muß, welche der Größenart nach zwar der niederen Planimetrie angehören, aber in dem hier gemeinten Sinne doch unlösbar sind.

§. 5.

Eintheilung der Aufgaben in Beziehung auf die Konstruktion in der Ebene.

Betrachtet man die gewöhnlichen Aufgaben, z. B.: es soll ein Dreieck mit drei bestimmten Seiten gezeichnet werden; — einen Kreis zu konstruiren, welcher doppelt so groß ist als ein gegebener; — ein gleichseitiges Dreieck zu zeichnen, welches noch einmal so groß ist als ein anderes; — so ist bei allen diesen Aufgaben zwar das Woraus, aber keinesweges das Wo oder der Ort der Konstrnktion in der Ebene bestimmt. Dagegen findet sich z. B. in den folgenden Aufgaben auch das Wo, d. h. der Ort der Konstruktion auf irgend eine Art festgestellt: es soll ein Dreieck aus drei gegebenen Seiten gezeichnet werden, welches mit seinen Winkelspitzen in drei der Lage nach gegebene Linien fällt. — Es soll ein Kreis gezeichnet werden, welcher drei der Lage nach gegebene Linien berührt. — Es sind 4 Linien der Lage nach gegeben, man soll die von ihnen eingeschlossene Fläche durch 2 der Größe nach gegebene Linien in drei gleiche Theile theilen. — Man soll einen Punkt finden, dessen Entfernungen sich von drei gegebenen Punkten wie 1 : 2 : 3 verhalten.

Das vorige bedingt zu einer Eintheilung aller Aufgaben in Beziehung auf die Konstruktion in der Ebene in zwei verschiedene Klassen:

1) örtliche Aufgaben, d. h. solche, bei denen sich über den Ort der Verzeichnung in der Ebene irgend eine Bestimmung vorfindet.
2) unörtliche Aufgaben, bei denen der Ort der Konstruktion in der Ebene ganz willkührlich ist.

Anmerkung. Zu den örtlichen Aufgaben gehören alle gemeinhin sogenannten Einschreibungen und Umschreibungen von Figuren, ferner die meisten Kreis- Linien- und Punkt-Konstruktionen, endlich alle Theilungen der Figuren. Die letzteren können übrigens am einfachsten als örtliche Linien-Aufgaben angesehen werden, obwohl die schon früher erwähnte künstlichere Auffassung als Figuren-Konstruktion für die Auflösung erfolgreicher ist. Alle Theilungsaufgaben nämlich verlangen die Zeichnung von Figuren, deren Grenzen vermittelst der Lage nach gegebenen Linien auch zum Theil bestimmt sind, z. B. die Aufgabe: ein Dreieck in zwei Theile von gleichem Umfang und gleicher Fläche zu theilen, ist insofern eine örtliche Linien-Aufgabe, als zwischen zwei der Lage nach gegebenen Linien eine dritte unter bestimmten Bedingungen gezogen werden soll. Sie ist aber auch eine Figuren-Konstruktion, da sich aus der Aufgabe von selbst ergiebt, daß die Verzeichnung eines Dreiecks AXY Fig. 3. gefordert wird, von welchem die Fläche $= \frac{1}{2}$ ABC, die Summe zweier Seiten $AX + AY = \frac{1}{2}(AB + BC + AC)$ und ein $\angle XAY$ bekannt sind.

§. 6.

Eintheilung der Aufgaben nach den in ihnen gegebenen Bedingungen.

Der Begriff Bedingungen einer Aufgabe ist hier keinesweges in dem allgemeinen Sinne genommen, in welchem z. B. auch die örtlichen Beschränkungen einer zu verzeichnenden Größe mit zu denselben gerechnet werden, sondern es ist hier unter Bedingungen nichts anders gemeint als: diejenigen Angaben, welche die Zusammensetzung einer zu konstruirenden Größe z. B. Figur bestimmen; wie dies auch in §. 2. No. 4. schon bemerkt worden ist. Man pflegt solche Bedingungen auch Stücke zu nennen, wenn irgend welche Bestandtheile derselben z. B. der Umfang einer Figur, von ihnen der Größe nach angegeben werden. Bei jeder geometrischen Größe, (mit welcher Benennung es unsgestattet sein mag, die Gegenstände der Planimetrie zu belegen, wenn der Punkt auch keine Größe ist) kann durch vorgeschriebene Bedingungen 1) die Gestalt (Art) und 2) die Größe bestimmbar sein. Folglich zerfallen die Aufgaben nach den in ihnen gegebenen Bedingungen in drei verschiedene Klassen, nämlich in solche, wo

1. die Gestalt;
2. die Größe;
3. die Gestalt und Größe bedingt ist.

Da aber die Bedingungen aller angegebenen Klassen von Aufgaben entweder nur Größen von derselben Gestalt bei No. 1., oder von derselben Größe bei No. 2. oder von derselben Gestalt und Größe bei No. 3. zu zeichnen gestatten, oder aber bei No. 1. Größen von verschiedener Gestalt, bei No. 2. von verschiedener Größe und bei No. 3. entweder von verschiedener Gestalt oder verschiedener Größe so konstruirt werden können, daß alle verschiedenen Resultate denselben Bedingungen genügen, so zerfällt jede der vorigen Klassen noch in 2 Abtheilungen, a. bestimmte, b. unbestimmte Aufgaben deren Begriffe durch das vorhergehende festgestellt sind.

Hienach ist z. B. die Aufgabe: ein Dreieck zu zeichnen, welches an Flächeninhalt (Größe) einem gegebenen Quadrate gleich ist, eine der Größe nach bestimmte aber der Gestalt nach unbestimmte Aufgabe. Ein Dreieck zu zeichnen, welches zwei gegebene Winkel hat, ist eine der Gestalt nach bestimmte aber der Größe nach unbestimmte Aufgabe. Die Aufgabe endlich: ein Dreieck zu zeichnen, welches eine vorgeschriebene Seite und zwei gegebene Winkel hat ist der Gestalt und Größe nach bestimmt.

Obwohl alle Aufgaben nothwendig hinsichtlich der Bedingungen in die vorher angegebenen Klassen zerfallen, und die Kenntniß sowohl als die weitere Durchführung dieser Eintheilung nützlich wird (siehe 508.), so ist dieselbe doch keinesweges üblich. Man theilt alle Aufgaben in Rücksicht der Bedingungen nur in bestimmte und unbestimmte. Bestimmt nennt man diejenigen, bei denen jede verzeichnete Größe, welche den Bedingungen der Aufgabe genügt, dieselbe Gestalt und Größe hat; unbestimmt dagegen sind solche Aufgaben, bei denen nicht jede verzeichnete Größe, welche den Bedingungen der Aufgabe genügt, dieselbe Gestalt und Größe hat.

Die unbestimmten Aufgaben können ferner beschränkt oder unbeschränkt unbestimmt sein (welches sowohl für die oben gegebenen Abtheilungen als für die übliche Eintheilung gilt), d. h. es genügt entweder nur eine bestimmte Anzahl verschiedener Größen, oder es genügen unendlich viele verschiedene Größen den gegebenen Bedingungen.

Z. B. die Aufgabe: ein Dreieck zu zeichnen, welches zwei bestimmte Seiten und einen gegebenen Winkel als Gegenwinkel der kleineren dieser Seiten hat, ist eine beschränkt unbestimmte Aufgabe, da sich nur zwei solche Dreiecke zeichnen lassen; wogegen die Aufgabe: ein Dreieck zu zeichnen, welches eine gegebene Seite und einen gegebenen Winkel als anliegenden Winkel enthält, eine unbeschränkt unbestimmte Aufgabe ist, da sich unendlich viele solcher Dreiecke konstruiren lassen.

Zweite Abtheilung.

Von den Bedingungen der Aufgaben.

§. 7.

Anführung der bei einer Aufgabe erforderlichen Betrachtungen.

Um eine Aufgabe dem Gehalt und der Form nach erschöpft zu haben, fordert man gewöhnlich die Durchführung der folgenden Operationen:

A. Untersuchung der Bedingungen,
B. Analysis,
C. Auflösung,
D. Determination,
E. Beweis,

welche daher nach der Reihe zu erläutern und zu betrachten sind, wobei dem Zweck dieser Abhandlung angemessen die Klasse von Aufgaben, welche der höheren Geometrie angehört, ausgeschlossen bleibt. Es scheint am passendsten dies in zwei Abtheilungen so vorzunehmen, daß in der einen der erste von den obigen 5 Punkten, und in den zweiten die übrigen erledigt werden, da diese aufs engste zusammenhängen und sich gegenseitig bedingen.

§. 8.

Ueber die Bedingungen im Allgemeinen. Fläche und Verhältniß als Bedingungen. Abhängige, widersprechende Bedingungen.

Die Untersuchung der Bedingungen geschieht am zweckmäßigsten, indem erstens die unörtlichen und zweitens die örtlichen Aufgaben in allen nach den Bedingungen und den Größenarten statt findenden Klassen betrachtet werden. Ehe dies aber geschieht ist es nothwendig noch einiges Allgemeine über den Begriff Bedingungen, in dem oben angegebenen bestimmten Sinne genommen, beizubringen. Zunächst in Rücksicht der Arten solcher Bedingungen. Schon in §. 6. ist eine Art derselben, nämlich die sogenannten Stücke herausgehoben worden. Von diesen bedarf eines, die Fläche einer Figur, eine nähere Beleuchtung. Es kann nämlich scheinen, daß durch eine gegebene Fläche mehr als ein Stück bestimmt ist, da beim Dreieck zwei Bedingungen z. B. Grundlinie und Höhe, oder ein Winkel und das Rechteck aus den einschließenden Seiten; beim Viereck deren drei z. B. die beiden Diagonalen und ein von ihnen eingeschlossener Winkel, zur Bestimmung der Fläche gegeben zu werden pflegen. Die nähere Betrachtung zeigt indessen bald, daß hiemit keinesweges zwei Stücke gegeben sind, da z. B. beim Dreieck, ohne die Fläche desselben zu ändern, Grundlinie und Höhe verändert werden können, sobald nur das Rechteck aus den zuletzt genannten Linien dem vorigen gleich ist. Eben so zeigt sich bald, daß bei den verschiedenen Figuren keinesweges stets eine bestimmte Menge von Stücken zur Feststellung ihrer Fläche erfordert wird; z. B. kann ein Viereck, dem Vorigen ganz widersprechend, durch zwei Stücke, nämlich durch eine Diagonale und die Summe der aus den Gegenwinkeln auf dieselbe gefällten Höhen bestimmt werden; ja es genügt sogar für jede Figur entschieden nur ein Stück: die Seite des ihr gleichen Quadrats. Wenn aber unter keinen Umständen zwei unveränderliche Stücke (oder mehrere), wie das Vorige zeigt, zur Feststellung einer Fläche nothwendig sind, so geht daraus genügend hervor, daß auch durch eine gegebene Fläche nur ein Stück bestimmt ist: denn gesetzt, es wären mehrere bestimmt, so müßten sämmtliche Figuren von der vorgeschriebenen Fläche diese Stücke unverändert enthalten, welches bereits als falsch anerkannt worden ist.

Von den übrigen mannichfaltigen Arten von Bedingungen ist aus demselben Grunde wie vorher diejenige Art, welche man Verhältniß zweier Stücke nennt (wozu also auch die Bedingung, welche zwei Stücke gleich setzt gehört, da hiedurch das Verhältniß derselben wie 1 : 1 gegeben ist) hier namhaft zu machen. Durch ein gegebenes Verhältniß, sei es nun zweier Abschnitte einer Linie, zweier Stücke eines Winkels oder einer Figur hat man ebenfalls niemals zwei oder mehr Stücke erhalten: denn gesetzt dies wäre der Fall, so müßten alle Linien oder Figuren, welche das gegebene Verhältniß enthalten auch die als bestimmt angenommenen Stücke unverändert besitzen, welches aber keinesweges statt findet.

Ferner ist hier noch von den Bedingungen für alle denkbaren Aufgabenarten zu erwähnen, daß dieselben weder abhängig noch widersprechend sein dürfen, da im ersteren Falle die Bedingung gar nicht als solche zu rechnen ist, und im zweiten die Aufgabe unmöglich wird, d. h. kein Resultat ihren Bedingungen genügt. Abhängige Bedingungen nämlich sind solche, welche sich von selbst aus der Zusammenstellung der übrigen Bedingungen der Aufgabe als Folgerung ergeben. Z. B. in der Aufgabe: ein rechtwinkliges Dreieck mit einer gegebenen Hypothenuse, und einem der Hälfte derselben gleichen Halbmesser des Kreises ums Dreieck zu zeichnen, findet sich eine solche für die Auflösung unbrauchbare abhängige Bedingung.

Widersprechende Bedingungen dagegen sind diejenigen, welche nicht mit den Folgerungen übereinstimmen, die sich aus der Zusammenstellung der übrigen Bedingungen der Aufgabe ergeben. Verändert man z. B. in der zuletzt genannten Aufgabe die Bedingung für den Halbmesser dahin, daß derselbe ein Drittel der gegebenen Hypothenuse werden soll, so ist dies eine widersprechende Bedingung, und es ist die ganze Aufgabe durch dieselbe unmöglich.

Wenn also von Bedingungen gesprochen wird, sind nur unabhängige und statthafte Bedingungen gemeint, während die abhängigen und widersprechenden bloß ein abgesonderter Gegenstand der Betrachtung sein können.

I. Von den Bedingungen der unörtlichen Aufgaben.

§. 9.

Ueber Punktbestimmungen.

Von einem Punkte kann nichts anders als der Ort desselben bestimmt werden, weshalb es natürlich keine unörtlichen Punkt-Aufgaben geben kann. Doch ist es für das Folgende zweckmäßig die Bestimmung eines Punktes gegen zwei andere schon hier zu untersuchen.

Diese Bestimmung kann mittelbar oder unmittelbar geschehen, d. h. es ist die Bestimmung eines oder mehrerer Punkte nothwendig, ehe man zur Feststellung jenes gesuchten Punktes gelangt, oder nicht.

1. Die unmittelbare Bestimmung verlangt die Anwendung zweier Bedingungen,

da ein Punkt in der Zeichnung nur vermittelst des Durchschnitts zweier Linien (Oerter), sei es nun zweier geraden, zweier krummen, oder vermittelst des Durchschnitts einer geraden und einer krummen Linie festgestellt werden kann.

Aber auch zu der mittelbaren Feststellung eines solchen dritten Punktes reicht eine Bedingung nicht aus, da diese sonst zur Zeichnung eines der vorläufigen Punkte, also doch wieder zu einer unmittelbaren Feststellung genügen müßte, was nach dem Vorigen unmöglich ist.

2. Folglich sind zur Feststellung eines Punktes in Beziehung auf zwei andere immer zwei Bedingungen nothwendig.

Ferner ergiebt sich leicht

3. daß zu jeder unmittelbaren Feststellung

eines Punktes in Beziehung auf zwei andere auch nur zwei Bedingungen brauchbar sind, da, wenn die dritte Bedingung unabhängig ist, die zugehörige Linie nicht den Durchschnittspunkt der beiden anderen treffen wird.

§. 10.

Von den Bedingungen der Linien- und Winkel-Aufgaben.

Von den unörtlichen Linien- und Winkel-Aufgaben ist nur die Größe derselben bestimmbar;

unörtliche Linien- und Winkel-Aufgaben sind deshalb bestimmt, wenn alle Linien und Winkel, welche den Bedingungen der Aufgabe entsprechen, dieselbe Größe besitzen.

§. 11.

Von den Bedingungen der Figuren-Aufgaben.

In §. 6. wurden alle Aufgaben in bestimmte und unbestimmte getheilt, je nachdem alle den Bedingungen gemäß verzeichneten Größen dieselbe Gestalt und Größe haben, oder nicht. Hieraus folgt:

1. daß Figuren-Aufgaben bestimmt sein werden, wenn den gegebenen Bedingungen nur kongruente Figuren genügen;

daß aber

2. Aufgaben dieser Art unbestimmt sein werden, wenn dasselbe mit nicht-kongruenten Figuren statt findet.

Um zu erkennen, in welche der vorigen beiden Abtheilungen eine Figuren-Aufgabe gehört, käme es also darauf an zu untersuchen, ob die durch die Auflösung gefundenen Figuren kongruent sind oder nicht. Dies ist zunächst nur vermittelst der gegebenen Bedingungen (Linien, Winkel 2c.), welche alle gezeichneten Figuren enthalten müssen, möglich. Nun hat man aber diese Bedingungen schon in der Aufgabe selbst, folglich muß sich jenes Ziel auch vor der Auflösung erreichen lassen. Und so ist es in der That,

3. Figuren-Aufgaben sind bestimmt, wenn sie die zum Beweise der Kongruenzsätze der in ihnen vorkommenden Figurenart nothwendigen Voraussetzungen als Bedingungen enthalten;

gesetzt nämlich solche Aufgaben könnten unbestimmt sein, so müßten sich nichtkongruente Figuren verzeichnen lassen, welche den Bedingungen genügten; nach der Voraussetzung aber läßt sich die Kongruenz aller Figuren beweisen, welche den Bedingungen gemäß konstruirt werden, folglich ist die Annahme falsch und die Behauptung richtig. Aus dem Vorigen ergiebt sich von selbst:

4. Figuren-Aufgaben sind unbestimmt, wenn sie die zum Beweise der Kongruenzsätze der in ihnen vorkommenden Figurenart nothwendigen Voraussetzungen nicht als Bedingungen enthalten.

Hiernach sind z. B. die Aufgaben: ein Dreieck mit drei gegebenen Seiten zu zeichnen; — einen Kreis mit einem bestimmten Halbmesser zu konstruiren; — bestimmte Aufgaben: denn alle Dreiecke, von denen jedes die drei gegebenen Seiten hat, und eben so alle Kreise, welche den gegebenen Halbmesser haben, sind kongruent.

Die Aufgaben dagegen: ein Dreieck mit zwei bestimmten Winkeln zu zeichnen; — einen Kreis zu konstruiren; — sind unbestimmte Aufgaben, da nicht alle Dreiecke, welche dieselben zwei Winkel haben, und nicht alle Kreise kongruent sind.

§. 12.

Von den Bedingungen der geradlinigen Figuren im Allgemeinen.

Nach dem Vorigen scheint es, daß für die geradlinigen Figuren, da die Anzahl der Kongruenzsätze nur gering ist, auch nur wenige bestimmte Aufgaben vorhanden sein möchten.

Erwägt man indessen, daß die gewöhnlichen Kongruenzsätze nur Seiten und die von ihnen gebildeten Winkel in Betrachtung ziehen, während dasselbe doch auch, z. B. bei den Dreiecken, mit anderen Winkeln, den Höhen, den Halbmessern der ein- und umgeschriebenen Kreise, den Summen und Differenzen zweier oder mehrerer Stücke rc. statt finden kann, so zeigt sich, daß es außer jenen gewöhnlichen Kongruenzsätzen noch eine unzählbare Menge derselben giebt, und also die oben hingestellte Vermuthung ganz ungegründet ist. Zur Erläuterung des Vorigen mögen die folgenden beiden Kongruenzsätze hier ihre Stelle finden.

Zwei Dreiecke sind kongruent, wenn die drei Höhen des einen den drei Höhen des anderen einzeln verglichen gleich sind.

Mögen die Höhen des einen Dreiecks heißen h, h′, h″ und die entsprechenden Seiten s, s′, s″, die Höhen des anderen Dreiecks H, H′, H″, die Seiten S, S′, S″,

Voraussetzung

$H = h,\ H' = h',\ H'' = h''$

Beweis

$$\left.\begin{array}{l} S : S' : S'' = H' \times H'' : H \times H'' : H' \times H \\ s : s' : s'' = h' \times h'' : h \times h'' : h' \times h \end{array}\right\}$$ da sich 2 Höhen umgekehrt wie die zugehörigen Seiten verhalten. Hieraus folgt

$S : S' : S'' = s : s' : s''$, weshalb beide $\triangle\triangle \sim$ sind.

Durch Benutzung eines Paars gleicher Höhen ergiebt sich darauf die Kongruenz zweier recht$\angle$ $\triangle\triangle$, und dann endlich mittelst der Gleichheit aller $\measuredangle$ und eines Paars Seiten die Kongruenz der ganzen $\triangle\triangle$.

Wenn eine Seite, die Differenz der beiden anderen Seiten, und der von den letzteren eingeschlossene Winkel in einem Dreiecke einzeln verglichen so groß sind wie in einem anderen, so sind die Dreiecke kongruent.

Voraussetzung.

$AC = A'C',\ AB - BC = A'B' - B'C',\ \angle B = \angle B'$

Fig. 4.

Zeichnung.

Schneide BC = BD und B'C' = B'D' ab, ziehe DC und D'C'.

Beweis.

Da AB — BC = A'B' — B'C', so ist AB — BD = A'B' — B'D' oder AD = A'D'. Nun ist $\angle$ BDC = $\angle$ B'D'C' und $<$ R, da $\angle$ B = $\angle$ B' und die Dreiecke gleichschenklich sind, folglich muß $\angle$ ADC = $\angle$ A'D'C' und $>$ R sein. Außerdem ist aber noch AC = A'C' vorausgesetzt und AD = A'D' bewiesen, demnach hat man $\triangle$ ADC $\cong$ $\triangle$ A'D'C', also $\angle$ A = $\angle$ A'; aber AC = A'C' und $\angle$ B = $\angle$ B' vorausgesetzt, folglich ist $\triangle$ ABC $\cong$ $\triangle$ A'B'C'.

§. 13.

Kennzeichen für die Bestimmtheit der geradlinigen Figuren-Aufgaben durch die Anzahl der gegebenen Bedingungen.

Die eben vollendeten Auseinandersetzungen geben mit Einschluß von §. 11. genügende Mittel, um eine vollständige Entscheidung über die Bestimmtheit einer Aufgabe gewinnen zu können. Da aber die Benutzung derselben manchen Weitläuftigkeiten unterworfen ist, so wird es nothwendig, noch andere Kennzeichen bei den einzelnen Aufgabenarten aufzusuchen.

Geschieht dies bei den geradlinigen Figuren, so ergiebt sich durch ziemlich verwickelte Untersuchungen, welche, um uns hier nicht zu lange zu unterbrechen, dem dritten Bande dieser Schrift vorbehalten bleiben:

1. daß keine neck-Aufgabe bestimmt sein kann, wenn dieselbe weniger als 2n—3 beliebige Bedingungen und unter denselben eine Linie enthält.
2. Eine neck-Aufgabe kann bestimmt sein, wenn dieselbe 2n—3 beliebige Bedingungen und darunter eine Linie enthält.

Dies folgt aus der Benutzung irgend einer Aufgabe, z. B.

ein Dreieck mit zwei gegebenen Winkeln und einer bestimmten Seite (2.3 — 3) zu verzeichnen, welche die Kongruenz aller, den Bedingungen gemäß, konstruirten Figuren zu beweisen gestattet.

3. **Eine necks-Aufgabe kann mehr als 2n — 3 Stücke enthalten, ohne daß dieselbe überbestimmt ist.**

(Ueberbestimmt pflegt man nämlich eine Aufgabe zu nennen, wenn dieselbe schon durch weniger als alle gegebenen Bedingungen bestimmt ist, folglich eine oder mehrere widersprechende Bedingungen enthält.)

Als Belag dafür kann folgende Aufgabe dienen: zur Konstruktion eines Dreiecks sind gegeben: 1) eine aus einer Winkelspitze nach der Gegenseite gezogene Linie; 2) die Differenz der Abschnitte, in welche die Gegenseite dadurch getheilt wird, und 3) und 4) zwei Winkel am Umfange.

Auflösung.

Zeichne ein Dreieck AFE, Fig. 5., mit den in 3 und 4 gegebenen Winkeln, dessen Seite FE größer als die in 2 vorgeschriebene Differenz ist, schneide dieselbe = FI ab, ziehe IK ⫩ FA, verbinde K mit der Mitte D von IE, beschreibe aus A mit der in 1 gegebenen Linie einen Kreis, und ziehe durch den Schneidungspunkt G, BC ⫩ FE, so ist, wenn man noch AG zieht, ABC das verlangte Dreieck.

Beweis.

LG = CG, da ID = DE u. LC ⫩ IE. BL = FI gleich der in 2 bestimmten Differenz, als Parallele zwischen Parallelen, woher derselben auch GB — GC gleich ist; AG hat als Halbmesser die in 1 bestimmte Länge, und endlich auch das △ABC die in 3 und 4 vorgeschriebenen Winkel, da BC ⫩ FE ist.

Anmerkung. Da der Kreis um A die Linie KD zweimal schneidet, in G und G′, so erhält man ein zweites Dreieck AB′C′, was darin abweicht, daß G′C′ > B′G′, also G′C′ — B′G′ gegeben ist.

Bei dieser Aufgabe findet sich, wie man leicht erkennt, keinesweges eine widersprechende Bedingung, obgleich dieselbe 4, also mehr als 2n — 3 ausgesprochene Stücke enthält. Dies hat übrigens darin seinen Grund, daß nicht bloß die drei Punkte A, B, C, sondern auch der Punkt G festzustellen sind, d. h. also eine mittelbare Feststellung irgend eines der drei Punkte A, B, C nothwendig ist, oder mit anderen Worten, daß die Aufgabe gar keine Dreiecksaufgabe, sondern eine versteckte Vierecksaufgabe ist, welche auch die fünfte Bedingung, also das Minimum derselben beim Viereck, (2 . 4 — 3) wirklich stillschweigend enthält, nämlich:

1) die Diagonale AG;
2) die Differenz der beiden Seiten GB und CG;
3) den Winkel, welcher von diesen Seiten gebildet wird, = 2R;
4) den Winkel B;
5) den Winkel C.

4. **Wenn eine Aufgabe bei der Konstruktion nur die unmittelbare Niederlegung von nPunkten erfordert, und dazu 2n — 3 Bedingungen, unter denselben aber eine Linie, gegeben sind, so ist die Aufgabe entweder eine bestimmte oder eine beschränkt unbestimmte.**

Da alle Punkte unmittelbar festgestellt werden sollen, d. h. kein Punkt gegen zwei andere zur Bestimmung des eigentlichen Punktes vorher niederzulegen ist, so können die 2n — 3 Bedingungen nur Verbindungslinien der Punkte und von ihnen gebildete Winkel sein. Hiedurch ergiebt sich aber die Konstruktion in folgender Art: zunächst müssen die ersten beiden Punkte niedergelegt werden, wozu also ihre Verbindungslinie gegeben sein muß, und dann folgt die Bestimmung der übrigen n — 2 Punkte dergestalt, daß stets ein Punkt gegen zwei bereits verzeichnete festgestellt wird. Für jeden derselben sind aber nach 2 und 3 §. 9. gerade zwei Stücke nothwendig und brauchbar, was mit der Linie wirklich $2(n-2)+1$ oder $2n-3$ Bedingungen giebt. Bei der Verzeichnung jedes der $n-2$ Punkte kann nur über die Lage desselben eine Unbestimmtheit eintreten; einmal, sobald nicht festgesetzt ist, auf welcher Seite von der Verbindungslinie der beiden Punkte, gegen die der folgende festgestellt wird, der Durchschnitt bei der Zeichnung genommen werden soll, und zweitens, wenn die beiden dem Punkte zugehörigen Stücke eine gerade und eine Kreislinie sind, da sich diese auf derselben Seite doppelt schneiden. Nimmt man aber diese beiden, eine Unbestimmtheit erzeugenden Fälle aus, so muß wirklich jede solche Aufgabe, wie sie der Satz angiebt, bestimmt sein, da wegen der gleichmäßigen Bestimmung aller Punkte sämmtliche Konstruktionen (wie sich leicht ganz scharf erweisen läßt) Figuren mit denselben Seiten und Winkeln, d. h. kongruente Figuren ergeben. Als Beispiel für solche Aufgabe kann die einfachste dieser Art dienen: zur Konstruktion eines necks sind $n-2$ Polygonwinkel und $n-1$ Seiten gegeben.

Was ferner den zweiten Theil des Satzes betrifft, daß, wenn die Aufgabe keine bestimmte ist, dieselbe eine beschränkt unbestimmte sein muß, so zeigt sich bald, daß auf den beiden Wegen, welche nach dem Vorigen allein eine Unbestimmtheit für die weitere Konstruktion herbeiführen können, diese Unbestimmtheit doch vollständig begrenzt ist: denn findet sich über die Seite des Durchschnitts auf welche der festzustellende Punkt fallen soll auch keine Bestimmung, so kann die weitere Verzeichnung doch nur entweder auf zwei oder vier verschiedenen Wegen statt finden, auf zweien nämlich, wenn der Durchschnitt zweier geraden oder zweier Kreislinien gebraucht wird, und auf vier Wegen, wenn sich eine gerade und eine Kreislinie schneiden, da dies auf jeder Seite 2 Punkte giebt. Unendlich viele Wege können aber eben so wenig eintreten, wenn sich dasselbe bei mehreren Punkten wiederholt, folglich wird, wie dies behauptet wurde, nur eine bestimmte Menge von Konstruktionen statt finden, d. h. also, solche Aufgabe kann nur beschränkt unbestimmt sein. Die algebraische Analysis giebt übrigens in solchem Fall beständig mittelst der Vorzeichen bei den Wurzeln die Anzahl der verschiedenen Konstruktionen an, wenn man die Bestimmung durch Koordinaten zur Feststellung der Punkte anwendet.

5. **Wenn eine Aufgabe nur die Niederlegung von n Punkten verlangt, und dazu 2n — 3 Stücke, darunter aber eine Linie gegeben sind, ist das Maximum der möglichen Resultate (n ecke) 2^{n-3}, sobald bei der Verzeichnung kein Durchschnitt einer geraden und einer Kreislinie nothwendig wird; 2^{2n-5} aber, wenn solche Durchschnitte statt finden.**

Denn nach der Niederlegung der ersten drei Punkte, welche beim Durchschnitt zweier geraden oder zweier Kreislinien keine der Gestalt oder Größe nach verschiedenen Resultate ergiebt, läßt sich der folgende Punkt doppelt feststellen, weshalb 2 oder 2^{4-3} verschiedene Vierecke entstehen; bei jedem Viereck kann der fünfte Punkt wieder doppelt niedergelegt werden, also ergeben sich 2.2 oder 2^2 oder 2^{5-3} verschiedene Fünfecke, ferner nach demselben Gesetz 2.2.2 oder 2^3 oder 2^{6-3} Sechsecke, 2.2.2.2 oder 2^4 oder 2^{7-3} Siebenecke, beim n eck also, wie hieraus genügend hervorgeht, 2^{n-3} verschiedene n ecke. (Der Satz stimmt, wie es sein muß, auch fürs Dreieck, da hier $2^{n-3} = 2^{3-3} = 2^0 = 1$ ist). Als Beispiel kann die Aufgabe dienen: ein n eck aus den gegebenen Seiten und Diagonalen, welche aus einer Winkelspitze auslaufen (n Seiten und n — 3 Diagonalen) zu verzeichnen. Beim Funfzehneck z. B. finden sich $2^{15-3} = 2^{12} = 4096$ verschiedene, der vorstehenden Aufgabe genügende Resultate. Im zweiten Falle, wenn sich Durchschnitte von Kreis- und geraden Linien ergeben, können schon die ersten drei Punkte auf derselben Seite doppelt niedergelegt werden, der vierte also zweimal vierfach ($2 . 4$ oder $2 . 4^{4-3}$), der fünfte achtmal vierfach ($2 . 4^2$ oder $2 . 4^{5-3}$), der sechste Punkt ergiebt auf demselben Wege $2 . 4^3$ oder $2 . 4^{6-3}$

verschiedene Resultate, woraus deutlich hervorgeht, daß die Anzahl der möglichen Resultate (n ecke) bei n Punkten $2 . 4^{n-3} = 2 . 2^{2n-6} = 2^{2n-5}$ ist.

§. 14.

Kennzeichen durch die Anzahl der Bedingungen bei den einzelnen geradlinigen Figuren.

Die Sätze 1, 2, 3, 4 des vorigen §. enthalten, obwohl unter verschiedener Beziehung, dieselbe Zahl $2n - 3$. Wenn also die einzelnen Figuren untersucht werden, ergiebt sich entweder die durch jene 4 Sätze ausgesprochene Zahl geradezu, z. B. beim Siebeneck $2 . 7 - 3 = 11$, oder eine besondere Untersuchung zeigt eine andere Zahl als $2n - 3$ für den Satz 1 und dadurch auch für 2, 3 und 4. Im Folgenden soll daher für jede Figur der Kürze halber nur die Zahl angegeben und ihre Herleitung belegt werden.

1. Zum ungleichseitigen Dreieck gehört die Zahl 3,

da hier $2n - 3 = 2 . 3 - 3 = 3$ ist;

2. Zum rechtwinkligen Dreieck die Zahl 2,

da der rechte Winkel stets das dritte mitgegebene Stück bildet;

3. zum gleichschenkligen Dreieck die Zahl 2,

da durch die geforderte Gleichheit zweier Seiten stets das Verhältniß 1 : 1 als dritte Bedingung mit gegeben ist;

4. zum rechtwinkligen gleichschenkligen Dreieck die Zahl 1,

da der rechte Winkel und 1 : 1 die zweite und dritte Bedingung bilden;

5. zum gleichseitigen Dreieck die Zahl 1,

da wegen der geforderten Gleichheit aller Seiten stets das Verhältniß 1 : 1 zweimal, also die zweite und dritte Bedingung mitgegeben sind.

6. Zum unregelmäßigen Viereck gehört die Zahl 5,

da hier $2n - 3 = 2 . 4 - 3 = 5$ ist.

7. Zu einem Viereck, um welches sich ein Kreis beschreiben läßt, gehört die Zahl 4:

Denn wenn drei Punkte A, B, C, Fig. XXI., festgestellt sind, wozu mindestens drei Bedingungen gehören, hat man vermittelst des durch diese drei Punkte gehenden Kreises eine Bedingung (Ort) zur Feststellung des vierten Punktes D, und bedarf also nur noch einer vierten Bedingung, z. B. der Seite CD, zur Vollendung der Zeichnung.

Hierdurch geht die Richtigkeit der Zahl 4 für die Sätze 2 und 3 §. 13. mit hervor.

8. Zu einem Viereck, in welches sich ein Kreis beschreiben läßt, gehört die Zahl 4:

denn wenn die drei Punkte A, B, C, Fig. 6., festgestellt sind, wozu man mindestens drei Bedingungen bedarf, muß nach einem Hauptgesetz des Vierecks im Kreise, sobald BC = BE abgeschnitten, und mit AE um A ein Kreis beschrieben wird, DF = DC sein, wodurch sich ergiebt, daß D in eine vermittelst des Dreiecks ABC vollständig bestimmte Hyperbel fällt (A und C sind ihre Brennpunkte und AB — BC oder AF ist ihre Achse), woher also nur noch eine vierte Bedingung zur Feststellung des vierten Punktes D erforderlich ist. Dasselbe läßt sich elementar auch auf dem Wege erklären, daß nach der Bestimmung von A, B, C vermittelst mindestens dreier Bedingungen zur Niederlegung des vierten Punktes D, stets ein Stück, nämlich die Differenz der beiden Entfernungen von A und C = AB -- BC mitgegeben ist, also nur noch eine vierte Bedingung zur Vollendung der Konstruktion nothwendig sein kann.

9. Zu einem Paralleltrapez gehört die Zahl 4; denn nachdem drei Punkte A, B, C, Fig. XIX., festgestellt sind, wozu mindestens drei Bedingungen gehören, hat man eine der parallelen Seiten (hier AB), bedarf also nur noch einer vierten Bedingung zur Bestimmung des Punktes D, da solcher nothwendig in die Parallele CD zu AB fallen muß.

10. Zu einem Viereck, in und um welches Kreise beschrieben werden können, gehört die Zahl 3: denn nach der Feststellung der ersten drei Punkte durch mindestens drei Bedingungen ist der vierte durch den Schnitt der zugehörigen Hyperbel und des zugehörigen Kreises von selbst bestimmt.

11. Zu einem Paralleltrapez, um welches sich ein Kreis beschreiben läßt, gehört die Zahl 3, da nach der Feststellung der ersten drei Punkte durch mindestens drei Bedingungen der vierte durch den Schnitt der Parallele und des Kreises ohne Weiteres bestimmt ist.

12. Zu einem Paralleltrapez, in das sich ein Kreis beschreiben läßt, gehört die Zahl 3, da der vierte Punkt gleichfalls vermittelst des Durchschnitts der Parallele und der Hyperbel bestimmt ist, oder anders ausgedrückt: die Parallele und die Differenz der beiden Entfernungen von zwei bereits verzeichneten Punkten nach 8 als vierte und fünfte Bedingung gegeben sind.

13. Zu einem Paralleltrapez, in und um welches sich Kreise beschreiben lassen, gehört die Zahl 2:

denn angenommen die drei ersten Punkte wären festgestellt, so kann der vierte nur in zwei von den drei Linien, die Parallele den Kreis, die Hyperbel zugleich fallen, weshalb in eine dieser Linien nothwendig einer der ersten drei Punkte zu liegen gekommen sein muß, also mittelst der zwei gegebenen Bedingungen schon die ersten drei Punkte vollständig bestimmt sein konnten, und der vierte sich dann von selbst ergiebt.

14. Zu einem Parallelogramm gehört die Zahl 3, da die drei Bedingungen zur Feststellung der ersten drei Punkte ausreichen können, und der vierte sich von selbst ergiebt, wenn man durch die Endpunkte einer Seite des entstandenen Dreiecks zu den beiden anderen parallele Linien zieht.

15. Zu einem Rechteck gehört die Zahl 2, da die drei ersten Punkte, welche ein rechtwinkliges Dreieck bilden, schon durch zwei Bedingungen bestimmt sein können.

16. Zu einem Rhombus gehört die Zahl 2, da zur Feststellung der ersten drei Punkte, welche ein gleichschenkliges Dreieck bilden, schon zwei Bedingungen genügen können.

17. Zu einem Quadrat gehört die Zahl 1, da die ersten drei Punkte ein rechtwinkliges gleichschenkliges Dreieck bilden und zur Bestimmung desselben eine Bedingung ausreichen kann.

Auf dieselbe Weise läßt sich nun aus der Formel 2n — 3 auch bei besonderen Einschränkungen nach dem Wesen derselben die zugehörige Zahl der Bedingungen, in dem Sinn der Sätze 1, 2, 3, 4 §. 13. genommen, für jede beliebige vielseitige Figur ableiten. So ergiebt sich

18. Daß für jede reguläre Figur 2 die zugehörige Zahl ist. (Der Name n ist stets als Bedingung zu rechnen, da derselbe den Polygon∠ bestimmt.)

Die Feststellung dreier aufeinander folgenden Winkelspitzen ist nämlich, da sie ein gleichschenkliges Dreieck bilden, durch zwei Bedingungen möglich; dann ergiebt sich aber ohne Weiteres die Bestimmung jeder folgenden Winkelspitze, da ja alle Seiten und Winkel gleich sind.

§. 15.

Ueber die Anzahl der Bedingungen, welche durch einzelne besondere Stücke bei den geradlinigen Figuren (z. B. der ein- und umgeschriebenen Kreise) gegeben sind.

In eine besondere Untersuchung der geradlinigen Figuren in Rücksicht der Bedingungen gehört noch eine nähere Beleuchtung, folgender oft vorkommenden Stücke: Halbmesser des umgeschriebenen Kreises, Halbmesser des eingeschriebenen Kreises, Höhe, Transversale, (Verbindungslinie einer Winkelspitze mit der Mitte einer Seite) Halbirungslinie eines Winkels, welche von dem Scheitel desselben und einer Seite begrenzt wird.

1. Der Halbmesser eines um ein neck beschriebenen Kreises gilt für n Bedingungen.

Um nicht zu weitläuftig zu werden, sollen die nothwendigen Auseinandersetzungen hier und im Folgenden nur fürs Dreieck gemacht werden.

Durch die nothwendige Bestimmung des Mittelpunkts D Fig. 7. wird jede Dreiecksaufgabe eine versteckte (vergleiche §. 13. No. 3.) Vierecksaufgabe, sobald der Halbmesser des Kreises um das Dreieck gegeben ist. Durch denselben hat man aber auch drei Bedingungen, nämlich die beiden Seiten DA und CD und die Diagonale DB zur Verzeichnung mit erhalten, und bedarf also nur noch mindestens zwei Bedingungen um das Viereck ABCD oder das Dreieck ABC konstruiren zu können.

Jede Konstruktion eines Vierecks im Kreise ist in derselben Art, wenn der Halbmesser bestimmt ist, eine versteckte Fünfecks-Konstruktion, welche sieben Stücke erfordert, aber mit dreien außer dem Halbmesser vollendet werden kann, da dieser vier Stücke bildet.

2. **Der Halbmesser eines in einem neck beschriebenen Kreises gilt für 3n Bedingungen.**

Durch die nothwendige Bestimmung der drei Berührungspunkte, Fig. 8., und des Mittelpunktes wird, sobald der Halbmesser des Kreises im Dreieck bestimmt ist, jede Dreiecksaufgabe eine versteckte Siebenecksaufgabe. Durch denselben sind aber auch beim Dreieck neun Bedingungen mitgegeben, nämlich, wenn man den erhabenen ∠ FGC als Polygonwinkel annimmt, die Seite GF, die Diagonalen GD und GE und die sechs rechten Winkel an den Berührungspunkten, welche theils von Seiten mit Seiten, (∠ AFG) theils von Seiten und Diagonalen gebildet werden, weshalb also nur noch zwei Bedingungen nothwendig sind, wenn der Halbmesser bekannt ist, um das Dreieck oder das Siebeneck verzeichnen zu können. Jede Konstruktion eines Vierecks in welches sich ein Kreis beschreiben läßt bildet bei gegebenem Halbmesser in derselben Art eine versteckte Neunecks-Aufgabe, zu welcher funfzehn Bedingungen nothwendig wären, da aber der Halbmesser für 3 . 4 = 12 Stücke gilt, bedarf man außer diesem nur noch drei.

3. **Jede Höhe in einer Figur gilt für 3 Bedingungen,**

da mittelst derselben außer ihrer Länge noch die beiden mit der durchschnittenen Seite gebildeten ∠ gegeben sind.

4. **Jede Transversale in einer Figur gilt für 3 Bedingungen,**

da durch dieselbe außer ihrer Länge noch das Verhältniß der beiden Abschnitte (Seiten), in welche die zugehörige Seite getheilt werden soll = 1 : 1, und der Winkel, welcher von diesen beiden Abschnitten (Seiten) gebildet wird, = 2 R mitgegeben ist. Hiernach ist z. B. die Dreiecksaufgabe: ein Dreieck mit drei gegebenen Transversalen zu konstruiren, obgleich dieselbe eine versteckte Sechseckaufgabe, ist, vollständig bestimmt, da die drei Transversalen für 9 Bedingungen gelten. Enthielten die Bedingungen der Aufgabe nur eine Transversale, so wäre dies eine versteckte Vierecksaufgabe, und man bedurfte außer den drei Bedingungen, die in der Transversale liegen, noch deren zwei. Bei zwei Transversalen hätte man eine versteckte Fünfecksaufgabe, und es müßte außer den 6 Bedingungen, welche man durch die beiden Transversalen erhalten hat, noch eine gegeben sein.

5. **Jede Halbirungslinie eines Winkels, welche von dem Scheitel desselben und einer Seite begrenzt wird, gilt für 3 Bedingungen;**

da mit derselben außer ihrer Länge das Verhältniß der beiden Winkel, in welche sie den zugehörigen Winkel theilt = 1:1, und der Winkel der beiden Abschnitte (Seiten), welche dieselbe in der zugehörigen Seite bildet, = 2 R, gegeben sind, weshalb auch ganz ähnliche Betrachtungen wie am Ende der vorigen Nummer sich hier ergeben.

Fassen wir das eben Angeführte zusammen, so folgt hieraus für die Bedingungen der darin vorkommendeu Dreiecke und Vierecke, daß, wenn man die versteckten Figuren-Aufgaben, die sich durch Einführung solcher Stücke ergeben, unberücksichtigt läßt, wir annehmen können, jeder Radius, jede Höhe, jede Transversale, jede Halbirungslinie gilt nur für ein Stück, so daß z. B. ein Dreieck um oder in einem Kreise außer dem Radius noch 2, ein Viereck noch 3 Stücke, wie in §. 14., verlangt, und daß unter den Bedingungen eines Dreiecks Radien, Höhen, Transversalen und Halbirungslinien enthalten sein können, ohne daß die Anzahl der Bedingungen sich ändert.

§. 16.

Kennzeichen durch die Anzahl der Bedingungen bei den Kreisen und gemischten Aufgaben.

1. **Eine Kreis-Aufgabe kann nicht bestimmt sein, wenn gar keine Bedingung gegeben ist,**

da beliebig gezeichnete Kreise nicht kongruent sein müssen.

2. **Eine Kreis-Aufgabe kann bestimmt sein, wenn dieselbe eine Bedingung enthält;**

z. B. wenn der Halbmesser gegeben ist, da alle Kreise mit demselben Halbmesser kongruent sind.

3. **Eine Kreis-Aufgabe kann mehr als eine Bedingung enthalten, ohne daß dieselbe überbestimmt ist;**

z. B. einen Kreis zu verzeichnen, in welchem sich ein Dreieck mit drei gegebenen Seiten beschreiben läßt. Die Aufgabe ist nicht überbestimmt, da alle Dreiecke mit den gegebenen Seiten denselben Halbmesser des Kreises ums Dreieck haben.

Die in §. 3. näher bezeichneten gemischten Aufgaben, z. B. gemischtlinige Figuren 2c. müssen, um ein Resultat über die erforderliche Zahl der Bedingungen 2c. zu erhalten, theils in Hinsicht auf die Feststellung der Scheitelpunkte der Winkel am Umfange, theils in Rücksicht der Kongruenz in den einzelnen Fällen untersucht werden, obwohl dies recht gut auf eine allgemeine Weise geschehen könnte, hier aber der unbedeutenden Ergebnisse wegen unterlassen wird.

II. Von den Bedingungen der örtlichen Aufgaben.

§. 17.

Ueber die örtlichen Bedingungen im Allgemeinen.

Die örtlichen Bedingungen, welche nicht die Zusammensetzung einer zu konstruirenden Größe geradezu bedingen, und deshalb besser Beschränkungen genannt werden könnten, sind:

1. Punkte, in welche zu verzeichnende Punkte fallen sollen;
2. gerade Linien, in welche bestimmte Punkte oder gerade Linien zu liegen kommen sollen.

Gerade Linien können aber a) auch die Richtung anderer geraden Linien, z. B. $\nparallel$ bestimmen, b) Sekanten, oder endlich c) Berührungslinien für Kreise sein.

3. Kreislinien können Schneidungs- oder Berührungskreise für andere Kreis- und gerade Linien bilden, oder es sollen bestimmte Punkte in dieselben fallen.

§. 18.

Punkt-Bestimmungen.

Wenn ein Punkt nicht der Lage nach bestimmt ist, kann derselbe sich nur vermittelst des Durchschnitts zweier Linien ergeben. Hiedurch gehen die folgenden möglichen Fälle hervor:

A. Es sind beide Linien (Oerter) der Lage nach gegeben. (Eine gerade Linie ist nämlich der Lage nach gegeben, wenn sie durch 2 bestimmte oder bestimmbare Punkte läuft; eine Kreislinie, wenn ein in derselben liegender Punkt und das Centrum bestimmt oder bestimmbar sind.)

In diesem Fall liegt der gesuchte Punkt stets da, wo sich beide Linien durchschneiden, weshalb die Lage des Punktes doppelt sein kann, wenn eine Linie gerade, die andere eine Kreislinie ist, oder wenn beide Kreislinien sind.

B. Es ist eine Linie (Ort) der Lage nach gegeben, die zweite soll aus anderen Bedingungen bestimmt werden.

Zur Bestimmung der Lage sowohl einer geraden als einer Kreislinie kann eine Bedingung nicht ausreichen: denn zur unmittelbaren Zeichnung der Linie müssen entweder zwei Punkte gegeben sein oder festgestellt werden können, (bei den Kreislinien das Centrum und ein Punkt der Peripherie) weshalb im ersten Fall zwei Bedingungen vorhanden sind und im anderen sogar mehr als zwei gegeben sein müssen, da nach 1. §. 9. eine Bedingung zur mittelbaren Feststellung eines Punkts nicht ausreicht. Hieraus folgt aber:

1. daß zur Bestimmung der Lage eines Punktes, wenn eine Linie gegeben ist, in welcher derselbe liegen muß, mindestens noch zwei andere Bedingungen vorhanden sein müssen.

C. Es ist keine Linie der Lage nach gegeben.

Da zur Bestimmung der Lage einer Linie mindestens 2 Bedingungen gehören, so kann

2. ein Punkt nur der Lage nach bestimmt sein, sobald keine Linie vorgeschrieben ist, in welche derselbe fallen soll, wenn nicht weniger als 4 Bedingungen gegeben sind.

Als Beispiel zu B kann die Aufgabe dienen: es ist ein Punkt und eine gerade Linie der Lage nach gegeben; man soll in der letzteren einen Punkt bestimmen, welcher von dem gegebenen Punkt um eine bestimmte Länge entfernt ist. Als Beispiel zu C: es sind 2 Punkte gegeben; man soll einen dritten bestimmen, welcher von jenen zwei bestimmte Entfernungen hat.

Die Punktbestimmungen wurden schon früher in mittelbare und unmittelbare getheilt, d. h. in solche, wo andere Punkte vorher festgestellt werden, oder solche, wo keine andere Punkte vorher festzustellen sind. Da die Anzahl solcher niederzulegenden Punkte unbegrenzt ist und sich nicht geradezu aus einer Aufgabe entnehmen läßt, wird auch

3. die Anzahl der erforderlichen Bedingungen bei einer Punktbestimmung größer als 2

und 4 sein können, ohne daß die Aufgabe überbestimmt ist.

Als Beispiel kann die folgende Aufgabe dienen: es sind 4 Punkte gegeben, man soll einen fünften finden, welcher die gemeinschaftliche Winkelspitze zweier über je zwei der gegebenen Punkte verzeichneten Funfzehnecke ist. Damit dieser Punkt bestimmt ist müssen mindestens 50 Bedingungen gegeben sein: denn zur Konstruktion jeder der beiden Figuren über zwei Punkten bedarf man, da diese schon eine Seite bestimmen, noch mindestens 2n — 4, folglich für beide 4n — 8 Bedingungen; wenn aber die beiden Diagonalen, welche dem zu suchenden Punkte gegenüberliegen, bestimmt sind, ist zur Konstruktion desselben, da er beiden Figuren angehören soll, für jede nur noch ein Stück und nicht mehr 2 nothwendig, weshalb überhaupt 2 Bedingungen von den 4n — 8 abgehen und also 4n — 10 übrig bleiben, welches für die beiden Funfzehnecke dieser Aufgabe, ganz abgesehen von der möglichen verschiedenen Lage der 25 Punkte, 4 . 15 — 10 oder 50 Stücke z. B. Seiten und Diagonalen giebt.

§. 19.

Linien-Bestimmungen.

Eine Linie ist der Lage nach gegeben, wenn sie durch zwei bestimmte oder bestimmbare Punkte läuft, sie ist der Richtung nach gegeben, wenn eine Linie der Lage nach bestimmt ist oder bestimmt werden kann, welcher sie ∦ laufen soll.

Alle Linien-Aufgaben fordern entweder die Angabe

1) der Richtung, oder
2) der Lage oder
3) der Richtung und Größe oder
4) der Lage und Größe einer Linie.

Nur die letzteren sind gewöhnlich und bedürfen hier einer besonderen Erwähnung, wovon aber noch diejenigen Aufgaben eine Ausnahme machen, bei denen die zu verzeichnende Linie in der eigenen Richtung verschoben werden darf. Die übrigen Aufgaben müssen, wenn sie bestimmt sein sollen, Angaben für die Lage, die Größe und die Grenzen der Linie enthalten, wodurch sich leicht ein System aller denkbaren Linien-Aufgaben zusammenstellen läßt und die Beurtheilung über die Bedingungen genügend ergiebt.

Z. B. ist die Aufgabe: zwischen zwei Gegenseiten eines Vierecks eine Linie von bestimmter Richtung zu ziehen (welche also mit beiden Seiten festgesetzte Winkel bildet), eine unbestimmte Aufgabe, da zwar die Grenzen und die Richtung, aber nicht die Lage und Größe bestimmt sind. Es ist noch eine Bedingung erforderlich, um dieselbe zur bestimmten zu machen, z. B. daß diese Linie die Fläche des Vierecks halbiren soll, da hiemit durch Mitwirkung der vorgeschriebenen Richtung zugleich die Lage und die Größe festgesetzt sind.

Dagegen ist die Aufgabe: zu einem die Schenkel eines festliegenden Winkels berührenden Kreise eine Tangente von bestimmter Länge zu ziehen, welche in beiden Schenkeln endigt, eine unbestimmte, und zwar eine beschränkt unbestimmte Aufgabe, da sich zwei Linien von verschiedener Lage angeben lassen, welche der Aufgabe genügen, aus welchem Grunde also die Lage nicht vollständig bestimmt ist.

§. 20.

Figuren-Aufgaben.

Die örtlichen Bestimmungen bei denselben können statt finden 1) durch Punkte, 2) durch gerade Linien, 3) durch Kreislinien, 4) 5) 6) durch 2 aus den vorigen Rubriken zusammengesetzte Bestimmungen. Hieraus ergiebt sich eine Klassifikation aller möglichen örtlichen Figuren-Aufgaben, und auch zugleich der Weg, welcher bei den Untersuchungen über die Bedingungen einzuschlagen ist. Wir können hier indessen nur die gewöhnlichen Aufgaben dieser Art, nämlich 1) die sogenannten Einschreibungen, 2) die Umschreibungen, und hierauf in größerem Umfange die Kreise näher betrachten, und verweisen auf den dritten Band dieser Schrift, wo sich das Fehlende ergänzt findet.

A. Figuren-Einschreibungen.

Diese Aufgaben gehören zu denjenigen, bei welchen die örtliche Bestimmung durch gerade oder Kreislinien statt findet, d. h. Linien dieser Art als Oerter für die Winkelspitzen gegeben sind. Als Beispiele können die Aufgaben dienen: ein Dreieck, dessen Seiten gegebene Längen haben, in ein anderes Dreieck einzuschreiben.

Ein Rechteck mit einer bestimmten Diagonale dergestalt in ein Dreieck einzuschreiben, daß zwei Winkelspitzen des Rechtecks in eine Seite des Dreiecks fallen.

Das allgemeine Gesetz über die Bedingungen für die Aufgaben dieser Art läßt sich folgendergestalt ausdrücken:

wenn für jede Winkelspitze eines zu verzeichnenden necks eine Linie bestimmt ist, in welche dieselbe fallen soll (Ort), so müssen von dem neck selbst noch n Stücke gegeben sein, damit die Aufgabe bestimmt ist,

wonach also die als Beispiel gegebene erste Aufgabe vollständig bestimmt war. Der Grund hievon liegt darin, daß zur Feststellung jeder Winkelspitze nothwendig die für sie gegebene Linie (durch einen zweiten Ort) durchschnitten werden muß, um die verlangte Figur nach und nach zu verzeichnen. Was die Einschreibung aller Arten von Parallelogrammen in Dreiecke betrifft, wie dies die zweite als Beispiel gegebene Aufgabe verlangt, so gilt auch für diese das vorher aufgestellte Gesetz, so daß zur Konstruktion eines Parallelogrammes 2, für ein Rechteck 1, und für ein Quadrat gar kein Stück nothwendig sind: denn zieht man die Diagonale, so bedarf es nur der Verzeichnung des einen Dreiecks, dessen Winkelspitzen in die Seiten fallen, wozu 3 Bedingungen erforderlich sind. Da aber die Richtung der einen Rechtecksseite, also jetzt Dreiecksseite, ∦ einer Seite des festliegend gegebenen Dreiecks bekannt ist, zeigen sich nur noch 2 Stücke zur Verzeichnung des Parallelogramms erforderlich.

B. Figuren-Umschreibungen.

Diese Aufgaben gehören zu denjenigen, bei welchen die örtlichen Bestimmungen durch Punkte geschehen. Z. B. die Aufgabe: ein Dreieck Fig. 9. mit 3 gegebenen Seiten um ein anderes zu beschreiben, verlangt eigentlich die Konstruktion eines Dreiecks ABC, dessen Seiten durch die Punkte MNO laufen.

Allgemeines Gesetz über die Bedingungen für diese Aufgaben ist das folgende:

> wenn für jede Seite eines zu verzeichnenden neck ein Punkt bestimmt ist, durch welche dieselbe laufen soll, so müssen von dem neck selbst noch n Stücke gegeben sein, damit die Aufgabe bestimmt oder beschränkt unbestimmt ist.

Der Grund davon liegt im Folgenden: zur Feststellung einer Winkelspitze, Fig. 9., (A) gegen zwei Punkte (N und O) bedarf man zwei Bedingungen. Hiedurch hat man aber stets eine Linie erhalten, in welche die folgende Winkelspitze fallen muß (die Lage AC als Ort für C), so daß man also für die übrigen Winkelspitzen mit Ausnahme der letzten (B), d. h. für n — 2 auch nur n — 2 Bedingungen bedarf. Da nun für die letzte Winkelspitze zwei Linien gegeben sind, in welche dieselbe fallen muß (AB und CB), man also gar keines Stücks zur Feststellung derselben bedarf, so müssen überhaupt n — 2 + 2 oder n Stücke gegeben sein.

Zum Schluß mag hier noch die Untersuchung über die Bedingungen einer örtlichen Aufgabe stehen, welche zugleich eine Um- und eine Einschreibung ist, und beiläufig als Beispiel für das Verfahren bei ähnlichen Aufgaben dienen kann.

Um ein, innerhalb einer festliegenden Kreislinie, verzeichnetes Dreieck, Fig. 9., ein zweites zu beschreiben, dessen Seiten in die gegebene Peripherie fallen.

Zur Bestimmung einer Winkelspitze, z. B. A, scheint wegen des zweiten Durchschnitts noch ein Stück nothwendig zu sein. Angenommen dies wäre der Fall, so ergäbe sich durch AO und die Peripherie die Lage von C, und durch AN und die Peripherie die Lage von B, also auch die Lage von BC. Da nun aber kein Grund vorhanden ist, daß M in diese Linie fallen muß, so geht daraus hervor, daß die Annahme falsch und die Aufgabe ohne ein weiteres Stück bestimmt gegeben ist.

§. 21.

Oertliche Kreis-Aufgaben. Kreis-Schneidungen und Berührungen.

Ein Kreis ist der Lage nach bestimmt, wenn sein Mittelpunkt festgestellt ist. Ein Kreis ist der Größe nach bestimmt, wenn der Halbmesser gegeben ist. Ein Kreis ist endlich der Lage und Größe nach bestimmt, wenn der Mittelpunkt festgestellt ist, und der Halbmesser eine gegebene Länge hat.

Hieraus läßt sich überhaupt schließen:

1. ein Kreis kann nur der Lage und Größe nach bestimmt sein, sobald der Mittelpunkt festgestellt ist, wenn außerdem noch eine Bedingung mitgegeben wurde.

Hiernach ist z. B. die Aufgabe bestimmt: um einen gegebenen Punkt einen Kreis zu beschreiben, welcher doppelt so groß ist als ein gegebener Kreis. Sämmtliche örtliche Kreis-Aufgaben dagegen, bei denen der Mittelpunkt nicht vorgeschrieben ist, sind nichts anders als Punktbestimmungen, nach deren Ausführung, d. h. der Feststellung des Mittelpunkts, sich die Kreislinie vermittelst des Halbmessers auf irgend eine Art durch die Aufgabe ergeben muß. Aus diesem Grunde müssen die Bedingungen, welche §. 18. zur Feststellung eines Punktes nothwendig befunden wurden, und zugleich mindestens noch eine, welche die Größe des Halbmessers bestimmt, zur Kreiskonstruktion vorhanden sein. Hierdurch ergiebt sich nach 1. §. 18.

2. **daß ein Kreis nur der Lage und Größe nach bestimmt sein kann, sobald eine Linie vorgeschrieben ist, in welche der Mittelpunkt fallen soll, wenn die Aufgabe mindestens noch 3, überhaupt also 4 Bedingungen enthält,**

und nach 2. §. 18.

3. **daß dasselbe nur statt findet, sobald die Lage des Mittelpunkts durch keine Linie bedingt ist, wenn die Aufgabe mindestens 5 Bedingungen enthält.**

Als Beispiel zu dem Gesetz 2 dient die folgende Aufgabe, da sie die dort als Minimum nothwendig bewiesene Zahl von 4 Bedingungen enthält:

Einen Kreis, Fig. 10., zu zeichnen, dessen Mittelpunkt μ in eine der Lage nach gegebene Linie fällt und von einem gegebenen Punkte P um eine bestimmte Länge entfernt ist, dessen Peripherie aber durch den Punkt P′ geht.

1ste Bedingung der Ort für μ, 2te die Entfernung Pμ, 3te Punkt P, 4te, daß die Peripherie durch P′ gehen soll, womit der Halbmesser bestimmt ist. Diese 4 Bedingungen würden natürlich auch statt finden, wenn P mit P′ zusammenfallend, das Uebrige aber wie vorher, gegeben wäre.

Als Beispiel zu dem Gesetz 3 für die als Minimum von Bedingungen angegebene Zahl 5, wenn kein Ort für den Mittelpunkt geradezu vorgeschrieben ist, mag hier die Aufgabe stehen:

Einen Kreis, Fig. 11., zu zeichnen, dessen Mittelpunkt μ von zwei Punkten P und P′ um gegebene Längen entfernt ist und mit seiner Peripherie durch einen dritten Punkt P″ geht.

Den Mittelpunkt bestimmen folgende 4 Bedingungen: Punkt P, Punkt P′, Pμ und P′μ; die Größe des Halbmessers aber giebt die Bedingung, daß die Peripherie durch P″ gehen soll.

Keineswegs aber sind Aufgaben, welche zu No. 2. oder No 3. gehören, stets überbestimmt, wenn sie mehr Bedingungen enthalten. Z. B. sind in der zu No. 2. gehörenden Aufgabe: einen Kreis, Fig. 12., zu zeichnen, dessen Mittelpunkt μ in eine der Lage nach gegebene Linie fällt nnd dessen Peripherie durch zwei gegebene Punkte P und P′ geht, ganz richtig folgende 5 Bedingungen vorgeschrieben: 1) der Ort für den Mittelpunkt, 2) Punkt P, 3) Punkt P′, 4) $P\mu : P'\mu = 1 : 1$, welche 4 Bedingungen zur Feststellung des Mittelpunkts gehören. Die fünfte Bedingung, welche die Größe des Kreises bestimmt, ist aber, daß die Peripherie durch P gehen soll, da ja z. B. auch die Bedingung gegeben sein könnte, daß die Peripherie durch einen ganz anderen Punkt P″ ginge.

Eben so sind in der zu No. 3. gehörenden Aufgabe: einen Kreis, Fig. 13., so zu zeichnen, daß die Entfernungen des Centrums von 3 bestimmten Punkten P, P′, P″ sich wie n : m : p verhalten und die Peripherie durch einen vierten Punkt P‴ geht, ganz richtig 6 Bedingungen enthalten. Fünfe bestimmen den Mittelpunkt μ, nämlich die Punkte P, P′, P″, die Verhältnisse $P\mu : P'\mu = m : n$ und $P'\mu : P''\mu = p : q$; die sechste Bedingung aber, daß die Peripherie durch P‴ gehen soll, giebt den Halbmesser.

Eine Unterabtheilung von dieser Aufgabe bildet die folgende: einen Kreis Fig. 14. zu zeichnen, dessen Peripherie durch 3 gegebene Punkte P, P′, P″ geht, welche daher auch 6 Bedingungen enthält. Diese Aufgabe müßte schärfer ausgedrückt eigentlich heißen: einen Kreis zu zeichnen, dessen Mittelpunkt von 3 gegebenen Punkten gleich weit entfernt ist, dessen Peripherie aber durch einen dieser Punkte P geht. 5 Bedingungen: P, P′, P″, $P\mu : P'\mu = 1 : 1$, $P'\mu : P''\mu = 1 : 1$ bestimmen das Centrum, die sechste, daß die Peripherie durch P gehen soll, die Größe des Halbmessers. So wie in dieser Aufgabe sind bei vielen anderen, namentlich bei allen sogenannten Kreis-Schneidungs und Berührungsaufgaben, [bei denen festliegende Linien von gesuchten Kreislinien unter bestimmten krummlinigen oder gemischtlinigen Winkeln geschnitten werden, deren Größe bei den Berührungsaufgaben in 0, (Berührung einer geraden Linie oder zweier Kreise von Außen) und 2 R (Berührung zweier Kreise von Innen) übergeht] immer schon 2 Bedingungen in dem Begriff Kreis enthalten, nämlich zweimal das Verhältniß der beiden Halbmesser, welche daher stets bei der Aufzählung der Bedingungen mitzurechnen sind. Es ergiebt sich daraus, daß die gewöhnlichen Kreis-Schneidungsaufgaben, bei denen ein Kreis gesucht wird, eigentlich 9 Bedingungen enthalten, und deren 6 ausgesprochen sein müssen.

Z. B. bei der Aufgabe: einen Kreis zu zeichnen der 3 festliegende Kreise, jeden unter einem bestimmten Winkel schneidet (siehe No. 2184.) bestimmen 8 Bedingungen: 3 Kreise, 3 Winkel, und das zweimal gegebene Verhältniß 1 : 1 den Mittelpunkt; die 9te Bedingung aber, daß die Kreislinie einen Scheitel von den entstehenden krummlinigen Winkeln und folglich auch die übrigen treffen soll, die Länge des Halbmessers. Die Aufgabe ist also durch die sechs ausgesprochenen Bedingungen vollständig bestimmt.

Erwägt man übrigens, daß durch die den krummlinigen Winkeln zugehörigen Tangenten, welche sich in dem Scheitel derselben vereinigen, der Supplement-Winkel mitgegeben ist, welcher entsteht, wenn man nach demselben Scheitel die Radien beider Kreise zieht, so ergiebt sich daraus, daß die vorstehende Aufgabe, in dem Sinn der früher und eben gegebenen Erläuterungen, ein untergeordneter Fall der allgemeineren ist: es sind drei festliegende Kreislinien gegeben; man soll einen solchen Punkt bestimmen, daß drei sich in demselben vereinigende Linien, von denen jede in einer der gegebenen Kreislinien endigt, sich wie n : m : p verhalten, und mit den nach den Durchschnittspunkten gezogenen Halbmessern bestimmte Winkel bilden.

Ferner ergiebt sich aus dem Vorigen,

daß die gewöhnlichen Berührungsaufgaben,

bei denen ein Kreis gesucht wird, ebenfalls eigentlich 9 Bedingungen enthalten, und deren drei ausgesprochen sein müssen.

Die Berührungsaufgaben sind nämlich, wie schon oben bemerkt wurde, nur eine einzelne Klasse der Kreisschneidungsaufgaben, und müssen demnach denselben Gesetzen wie jene unterliegen, welches auch vollständig statt findet, da bei denselben immer drei Winkel, deren Scheitel in die Berührungspunkte fallen, = 0 oder = 2 R mitgegeben sind. Z. B. bei der der vorhergehenden Kreis-Schneidungsaufgabe untergeordneten Berührungs-Aufgabe: einen Kreis zu zeichnen, welcher drei festliegende Kreislinien berührt. Die Anzahl der ausgesprochenen Bedingungen reduzirt sich aber hier auf 3, da in der Bedingung der Berührung die erwähnten drei Winkel stillschweigend vorgeschrieben werden.

Dritte Abtheilung.

Ueber die Analysis, Auflösung, Determination und den Beweis der Aufgaben.

---

§. 22.

Ueber den Zusammenhang der Auflösung des Beweises und der Analysis.

Nachdem die Möglichkeit der Auflösung einer Aufgabe im Allgemeinen durch die Untersuchungen, welche in der vorigen Abtheilung angegeben wurden, festgestellt ist, kömmt es darauf an, die Auflösung selbst, d. h. die Zeichnung der geforderten Größe aufzufinden. Um dies Geschäft schärfer aufzufassen, betrachte man die Beziehung irgend einer Aufgabe zu ihrer Auflösung, z. B. der Aufgabe:

Es wird verlangt, eine Größe, Fig. 15., unter folgenden Bedingungen zu verzeichnen:

V
- A) soll dieselbe ein Dreieck sein;
- B) der Halbmesser des in demselben beschriebenen Kreises die Länge ϱ;
- C) eine Seite die Länge a;
- D) der Gegenwinkel dieser Seite die Größe α haben.

Auflösung.

I
- a) Beschreibe über BC = a einen Kreisabschnitt, welcher einen $\angle = R + \frac{\alpha}{2}$ faßt;
- b) ziehe zu BC eine um ϱ entfernte ⫲;
- c) verbinde den Durchschnittspunkt O mit B und C;
- d) fälle aus O den $\perp$ DO;
- e) beschreibe um O mit OD einen Kreis;
- f) ziehe aus B und C zu diesem Kreise Berührungslinien, und verlängere dieselben bis zu ihrem Durchschnittspunkt A,

so hat man das verlangte $\triangle$ ABC.

Diese Auflösung kann aber nur als solche gelten, wenn die eben angegebene Konstruktion des $\triangle$ ABC darzuthun gestattet, daß $\angle A = \alpha$, BC = a und OD, der Halbmesser des Kreises im $\triangle$, $= \varrho$ ist, kurz daß sich der Lehrsatz erweisen läßt:

wenn a, b, c, d, e, f oder I statt finden, müssen auch A, B, C, D oder V vorhanden sein.

Beweis.

Da I

O in dem Bogen eines über BC $= a$ beschriebenen Abschnitts liegt, welcher einen $\angle = R + \frac{\alpha}{2}$ faßt, und zugleich O seine Lage in einer um ϱ von BC entfernten $\nparallel$ hat,	BC, BA und CA aber Berührungslinien zu dem mit OD beschriebenen Kreise sind:

so ist II

$\angle BOC = R + \frac{\alpha}{2}$,	BC $= a$,	der $\perp OD = \varrho$,	BC, BA und CA sind Berührungslinien.
Hieraus folgt III			
$\angle OBC + \angle OCB = R - \frac{\alpha}{2}$,	BC $= a$,	der $\perp OD = \varrho$,	u. $\angle ABO = \angle OBC$, $\angle ACO = \angle OCB$
Hieraus folgt IV			
$\angle ACB + \angle ABC = 2R - \alpha$,	BC $= a$,	der $\perp OD = \varrho$,	u. $\angle ABO = \angle OBC$, $\angle ACO = \angle OCB$
Hieraus folgt V			
$\angle A = \alpha$,	BC $= a$,	der Halbmesser des Kreises im $\triangle$ ist $= \varrho$,	

was zu beweisen war.

In der Nothwendigkeit des zuletzt gegebenen Beweises liegt die hauptsächlichste Beziehung zwischen einer Aufgabe und ihrer Auflösung. Es besteht dieselbe nämlich darin, daß, wenn man den Inhalt der Auflösung als Voraussetzung annimmt, sich die Bedingungen der Aufgabe als zugehörige Behauptung müssen ableiten lassen, daß also die gelöste Aufgabe als Lehrsatz aufgestellt werden kann. Daraus folgt aber genügend, daß es bei der Aufsuchung der Auflösung einer Aufgabe eigentlich auf nichts anderes ankömmt, als: die entsprechenden Voraussetzungen (Gründe) zu einer gegebenen Behauptung (Folge) zu finden.

Bei Begründung einer Wahrheit, (eines Lehrsatzes) insofern nicht eine unmittelbare Folgerung, wie bei den Zusätzen, genügt, sondern mehrere Wahrheiten verbunden und Zwischensätze gebildet werden müssen, kann man bekanntlich einen doppelten Weg einschlagen, je nachdem man entweder die eine Operation unserer Erkenntnißthätigkeit, das Verbinden (Synthesis), oder die andere, das Trennen, Zergliedern (Analysis) anwendet, d. h. man führt den Beweis eines Satzes entweder synthetisch oder analytisch. In der ersten Art geht man von gegebenen oder schon erkannten Wahrheiten (Voraussetzungen) aus und reiht daran durch Folgerungen und Zwischensätze endlich die zu findende oder zu begründende Wahrheit (Behauptung); man verbindet also das schon Erkannte zu dem zu Erkennenden. Hingegen bei dem analytischen Beweise führt man die Behauptung, als schon erkannt angenommen, durch frühere Wahrheiten auf die Voraussetzung zurück; man zerlegt gleichsam das zu Erkennende in schon Erkanntes. Dies ganz allgemein auf die Mathematik (nicht allein auf die Lehrsätze derselben) angewandt, giebt bekanntlich die synthetische und analytische Methode zur Behandlung des mathematischen Stoffs. Auf jede Aufgabe an und für sich, und insbesondere als Lehrsatz gestellt, müßte also ebenfalls dies doppelte Verfahren angewandt werden können. Berücksichtigt man indessen, wie oben angeführt wurde, daß es bei einer

Aufgabe gerade darauf ankömmt: die entsprechenden Voraussetzungen (Gründe), zu einer Behauptung (Folge) zu finden, so erscheint der analytische, von der Behauptung ausgehende, Weg als der allein statthafte. Es dürfte aber angemessen sein bei einer Aufgabe insbesondere die gegenseitige Stellung beider Verfahrungsarten zu erörtern. Wenn man

a. das sogenannte synthetische Verfahren

anwenden wollte, müßte man willkührliche Voraussetzungen annehmen, d. h. bei einer Aufgabe beliebige Konstruktionen bilden, und darauf versuchen ob sich durch Zwischenschlüsse geradezu oder durch Verknüpfung mit bekannten Sätzen, die gegebenen Behauptungen, d. h. hier die vorgeschriebenen Bedingungen ableiten lassen, und die Annahme solcher Konstruktionen so oft wiederholen, bis dies möglich wird. Hiedurch könnte man z. B. bei der vorher behandelten Aufgabe nach manchen vergeblichen Versuchen darauf fallen:

Den mit ϱ beschriebenen Kreis, Fig. 16., zwischen die Schenkel des $\angle\, \alpha$ als Berührungskreis (auf bekannte Art) zu schieben, hierauf von den Berührungspunkten E und D aus die Längen EF und DG = a abzusetzen, in G und F ⊥ ⊥ zu errichten, aus dem Durchschnittspunkt H mit HG einen Kreis zu beschreiben und zu beiden Kreisen um H und O eine gemeinschaftliche Berührungslinie BC zu ziehen, so soll ABC das verlangte △ sein.

Aus dieser Konstruktion lassen sich die Bedingungen der Aufgabe wirklich folgendergestalt ableiten:

$$\begin{array}{rl} \text{da} & DB = BK \\ & EC = CK \\ & GB = BI \\ & CF = CI \\ \hline \text{so ist} & GD + FE = 2\,BC \text{ durch Add.} \\ \text{d. h.} & 2\,a = 2\,BC \\ \text{also} & a = BC. \end{array}$$

Nun ist der Kreis im $\triangle$ mit dem Halbmesser ϱ und $\angle$ A mit der Größe α verzeichnet, folglich ist erwiesen, daß die Bedingungen A, B, C, D, welche im Anfang dieses Paragraphs angegeben wurden, statt finden.

Dagegen besteht bei einer Aufgabe

b. das sogenannte analytische Verfahren

darin: daß man untersucht, welche Voraussetzungen, d. h. bei einer Aufgabe, Konstruktionen zunächst zu den gegebenen Behauptungen, hier also Bedingungen gehören, hierauf diese Voraussetzungen wieder als Folge betrachtet und die entsprechenden Gründe sucht, und auf diese Weise mit Hinzuziehung bekannter Sätze ꝛc. fortfährt, bis man auf Voraussetzungen, Konstruktionen, kommt, welche sich wirklich darstellen lassen, da in diesem Fall die Schlüsse in umgekehrter Ordnung genommen, die Bedingungen ergeben müssen. Bei der in Rede stehenden Aufgabe finden sich z. B. auf diesem Wege folgende Betrachtungen.

(Fig. 15.) Die Bedingungen A, B, C, D oder V

$\angle A = \alpha$,	$BC = a$,	der Halbmesser des Kreises im $\triangle = \varrho$,	
fänden statt,			
wenn IV $\angle ACB + \angle ABC = 2R - \alpha$,	$BC = a$,	$OD = \varrho$ und $\perp BC$,	$\angle ABO = \angle OBC$, $\angle ACO = \angle OCB$ wäre. IV fände statt
wenn III $\angle OBC + \angle OCB = \frac{2R - \alpha}{2}$,	$BC = a$,	$OD = \varrho$ und $\perp BC$,	und BC, BA, CA Berührungslinien zu dem mit OD beschriebenen Kreise wären. III fände statt
wenn II $\angle BOC = R + \frac{\alpha}{2}$,	$BC = a$,	$OD = \varrho$ und $\perp BC$,	und BC, BA, CA Berührungslinien zu dem mit OD beschriebenen Kreise wären. II fände statt
wenn I O in dem Bogen eines über $BC = a$ beschriebenen Abschnitts läge, welcher einen $\angle = R + \frac{\alpha}{2}$ faßt, und O zugleich seine Lage in einer um ϱ von BC entfernten $\mp$ hätte,			BC, BA und CA aber Berührungslinien zu dem mit OD beschriebenen Kreise wären.

Da sich nun der Inhalt der in I nothwendig gefundenen Voraussetzungen, wie es in der zuerst gegebenen Auflösung geschehen ist, darstellen läßt, und die Schlüsse in umgekehrter Ordnung genommen (wofür man den hinter der Auflösung stehenden Beweis zu vergleichen hat) die Bedingungen V ergeben müssen, so ist die Auflösung gefunden.

§. 23.

Feststellung der Begriffe Analysis, Auflösung, Beweis.

Der oben gethane Ausspruch, daß das synthetische Verfahren im Allgemeinen für das Aufgabenlösen unpassend ist, wird sich durch die Betrachtungen a und b des vorigen §. noch mehr bestätigt haben, da sich in a, ganz entgegengesetzt gegen b, deutlich zeigt, daß man bei dem synthetischen Verfahren ohne allen Anhalt, also ganz willkührlich schließen und kombiniren muß, und deshalb in der Regel das Ziel verfehlt. So wäre es bei der als Beispiel gewählten Aufgabe unstreitig ein wunderbarer Zufall zu nennen, wenn man ohne Weiteres darauf fiele, auf die gezeigte Art die beiden Kreise zu konstruiren, und darauf eine gemeinschaftliche Berührungslinie zu ziehen.

Demnach kann nur das analytische Verfahren bei dem Aufgabenlösen in Betracht kommen, und es liegt dasselbe auch dem Begriff der sogenannten Analysis bei einer Aufgabe zum Grunde, welchen wir nach dem Vorigen folgendergestalt festsetzen können:

> Die Analysis einer geometrischen Aufgabe ist die Angabe des Zusammenhanges zwischen den Bedingungen der Aufgabe und der geforderten Größe,

oder anders ausgedrückt:

die Analysis zeigt, daß die Bedingungen V einer Aufgabe nur erfüllt sein können, wenn der Inhalt eines Satzes IV statt findet, daß IV nur erfüllt sein kann, wenn III statt findet, daß III nur erfüllt sein kann, wenn II statt findet, und daß endlich nur II und demnach auch V erfüllt sein kann, wenn der Inhalt eines Satzes I statt findet, woher also die Auflösung von der geometrischen Darstellung des Inhalts von I abhängt. Hiemit im Zusammenhange lassen sich die Begriffe: Auflösung oder Konstruktion einer Aufgabe, nämlich:

die Angabe der Zeichnung einer geforderten Größe,

und des Beweises bei einer Aufgabe:

daß durch die gegebene Konstruktion die Bedingungen erfüllt sind,

auch folgendergestalt abfassen;

Die Auflösung einer Aufgabe, welche die Bedingungen V und in der Analysis die Sätze IV, III, II, I enthält, ist die geometrische Darstellung von dem Inhalte des letzten Satzes I der Analysis. Der Beweis einer Aufgabe aber legt dar, daß, wenn die Auflösung I konstruirt oder als Voraussetzung angenommen wird, auch die Bedingungen V als Behauptung, also konstruirt, vorhanden sein müssen.

§. 24.

Feststellung der Begriffe Determination und Bestimmungsgleichung.

In den vorigen Auseinandersetzungen ist eine Beziehung zwischen der Aufgabe und ihrer Auflösung unberücksichtigt geblieben. Es kann sich nämlich ereignen, daß Zeichnungen, welche die Auflösung oder der Schlußsatz I der Analysis fordern, nur unter gewissen Umständen möglich sind, woraus von selbst folgt, daß deshalb die Sätze II, III, IV der Analysis und also auch die Bedingungen der Aufgabe (V) nur unter denselben Umständen erfüllt werden können. Bei der als Beispiel gewählten Aufgabe findet sich in der Art der erste Theil der Auflösung, Fig. 15., nämlich die Bestimmung des Punktes O nur ausführbar, wenn die um ϱ von BC entfernte ∦ den um E beschriebenen Kreis schneidet oder berührt, weshalb demnach auch das gesuchte △ ABC nur in diesem Falle konstruirt werden kann. Da nun jede Auflösung nur Zeichnungen fordert, deren Stücke überhaupt oder durch die Bedingungen der Aufgabe bekannt sein müssen, so können auch die Umstände, unter welchen die Auflösung ausführbar ist, nur von den Verhältnissen der Bedingungen und von allgemeinen Konstruktionsgesetzen abhängig sein. Hiedurch bildet sich aber bei jeder Aufgabe außer der Analysis ꝛc. noch eine eigenthümliche Untersuchung und Bestimmung jener Verhältnisse. Man pflegt dieselbe Determination oder Bestimmung einer Aufgabe zu nennen, und kann nach dem Vorigen den Begriff derselben folgendergestalt festsetzen:

die Determination ist die Aufsuchung und Angabe der Verhältnisse der Bedingungen, welche die Erfüllung derselben gestatten,

oder im Zusammenhange mit dem Früheren ausgedrückt:

die Determination bestimmt: welche Verhältnisse der Inhalt des Schlußsatzes I der Analysis oder die Auflösung haben muß, damit sowohl I selbst als auch die in V geforderte Größe konstruirt werden kann, und reduzirt diese Verhältnisse darauf in der Art, daß die Angabe derselben nur Relationen der in der Aufgabe vorkommenden Bedingungen enthält.

So ergiebt sich bei dem gewählten Beispiel leicht, daß die in der Auflösung geforderte Durchschneidung oder Berührung der von BC um ϱ entfernten $\#$ mit dem um E beschriebenen Kreise nur möglich sein kann, wenn $\varrho <$ oder $=$ GF ist, welche Linie $\perp$ BC steht und verlängert den Mittelpunkt E trifft. Die Angabe dieses Verhältnisses bedarf aber noch einer Reduktion, um den Schlußsatz der Determination nur durch die gegebenen Stücke ϱ, a, α ausgedrückt zu haben, welches durch allmählige Substitutionen vorzunehmen ist.

$\varrho \leqq GF$ fände statt,

wenn $\varrho \leqq EC - GE$; dies fände statt,

wenn $\varrho \leqq \dfrac{GC}{\cos GCE} - GC \operatorname{tg} GCE$; dies fände statt,

wenn $\varrho \leqq \dfrac{GC}{\cos (R - GEC)} - GC \operatorname{tg} (R - GEC)$; dies wenn $\varrho \leqq \frac{GC}{\cos[R-(2R-BOC)]} - GC \operatorname{tg}[R-(2R-BOC)]$;

dies fände statt,

wenn $\varrho \leqq \left[\frac{1}{\cos(BOC-R)} - \operatorname{tg}(BOC-R)\right] GC$,

" $\varrho \leqq \left[\frac{1}{\cos\left(R+\frac{\alpha}{2}-R\right)} - \operatorname{tg}\left(R+\frac{\alpha}{2}-R\right)\right]\frac{a}{2}$,

" $\varrho \leqq \left(\frac{1}{\cos\frac{\alpha}{2}} - \operatorname{tg}\frac{\alpha}{2}\right)\frac{a}{2}$,

" $\varrho \leqq \frac{1-\sin\frac{\alpha}{2}}{\cos\frac{\alpha}{2}}\,\frac{a}{2}$,

" $\varrho \leqq \frac{a}{2}\sqrt{\frac{\left(1-\sin\frac{\alpha}{2}\right)^2}{\left(1-\sin\frac{\alpha}{2}\right)\left(1+\sin\frac{\alpha}{2}\right)}}$,

" $\varrho \leqq \frac{a}{2}\sqrt{\frac{1-\sin\frac{\alpha}{2}}{1+\sin\frac{\alpha}{2}}}$,

" $\varrho \leqq \frac{a}{2}\sqrt{\frac{1-\cos\left(90^\circ-\frac{\alpha}{2}\right)}{1+\cos\left(90^\circ-\frac{\alpha}{2}\right)}}$,

" $\varrho \leqq \frac{a}{2}\operatorname{tg}\frac{90^\circ-\frac{\alpha}{2}}{2}$ wäre, welches demnach die Bestimmungsgleichung ist. Zeichnet man nämlich ein rechtwinkliges $\triangle$, Fig. 15. a., mit einem $\angle\, A = \frac{90^\circ-\frac{\alpha}{2}}{2}$, so bildet das Verhältniß der diesem $\angle$ gegenüberliegenden Kathete zu der anliegenden, oder CB : CA, das Maximum, welches $\varrho : \frac{a}{2}$ erreichen darf, da aus der Bestimmungsgleichung sich

$$\frac{\varrho}{\frac{a}{2}} = \operatorname{tg} \frac{90^\circ - \frac{\alpha}{2}}{2} \text{ ergiebt}$$

$$\text{und hier } \frac{BC}{AC} = \operatorname{tg} \frac{90^\circ - \frac{\alpha}{2}}{2} \text{ ist}$$

$$\text{also } \varrho : \frac{a}{2} = CB : AC \text{ sein muß.}$$

§. 25.

Zusätze bei den Aufgaben.

Zuweilen pflegt man noch die Betrachtungen über die mehrfachen Resultate, welche eine Auflösung ergiebt, mit zur Determination zu rechnen. Z. B. bei der vorher gegebenen Auflösung schneidet die $\ddagger$ den Kreis, Fig. 15., in 2 Punkten O und O′, so daß die folgenden Operationen der Konstruktion auch an den Punkt O′ geschlossen werden könnten, welches in diesem Fall in der That ausführbar ist, da sich durch die Kongruenz der △△ BOC und BO′C auch die der △△ BA′C und BAC ergiebt, und deshalb in der Auflösung nicht verneint wurde. Wir ziehen es indessen vor, dergleichen und ähnliche Untersuchungen oder Bemerkungen als Zusatz zu einer Aufgabe hinzustellen, und halten die Abhandlung derselben durch die Analysis, die Auflösung, die Determination und den Beweis, von denen die Auflösung und der Beweis zuweilen auch Synthesis oder Komposition genannt werden, für erschöpft.

Nachdem wir durch das Vorige den Sinn der zur Abhandlung einer Aufgabe gehörenden Theile nur im Allgemeinen, und zwar in gegenseitiger Beziehung untersucht haben, ist es jetzt nothwendig, dies noch im Besonderen zu wiederholen.

§. 26.

Ueber die Analysis insbesondere.

Eben so wie die Lehrsätze ꝛc. des Systems der Geometrie nach zwei verschiedenen Methoden, entweder 1) der eigentlich geometrischen, oder 2) der algebraischen abgehandelt werden, kann man auch nach einer oder der anderen Methode, die Analysis zu finden suchen. In diesem Sinne giebt es

1) eine geometrische,

2) eine algebraische Analysis,

welche letztere wir algebraisch-trigonometrische, oder kürzer trigonometrische Analysis nennen werden, sobald bei derselben die Trigonometrie benutzt wird. Um das Wesen der geometrischen und der algebraischen Analysis anschaulicher darzustellen, wollen wir eine und dieselbe Aufgabe nach beiden Methoden lösen, und hinter jeder die allgemeinen Eigenthümlichkeiten derselben zusammenfassen.

Aufgabe. Es ist ein Punkt P in einer der Lage nach bestimmten geraden Linie L und eine festliegende Kreislinie K gegeben; man soll einen Kreis zeichnen, welcher den gegebenen Kreis von Innen und die gerade Linie in dem bestimmten Punkt P berührt.

1. Geometrische Analysis.

Die Bedingungen wären erfüllt, wenn der gesuchte Mittelpunkt μ Fig. 17. innerhalb eines in P auf L errichteten $\perp$ läge, die verlängerte Centrale $M\mu$ den Berührungspunkt B träfe und $B\mu = \mu P$ wäre. Zieht man nun BP und ME, so ergiebt sich aus dem Vorigen, daß $\angle MBE = \angle BEM$ und $\angle \mu BP = \angle BP\mu$, also $\angle MEB = \angle \mu PB$ und folglich $ME \mp \mu P$ sein müßte. Da nun $\mu P \perp L$ ist, so fände das Letztere statt, wenn die verlängerte ME oder MF ebenfalls $\perp$ L wäre, also E den Durchschnittspunkt des konstruirbaren $\perp$ MF mit K, ferner B den Durchschnittspunkt derselben Peripherie mit der verlängerten EP, und endlich μ den Durchschnittspunkt der verlängerten BM mit dem in P auf L errichteten ⊥ bildete. Da sich nun die Durchschnitte E und B und die beiden ⊥⊥ verzeichnen lassen, M aber gegeben ist, so ist auch der gesuchte Mittelpunkt μ und der Halbmesser μP gefunden.

Abgesehen von dem analytischen Verfahren, welches jede Analysis enthält, läßt sich, in Uebereinstimmung mit dem vorstehenden Beispiel, das Wesen der geometrischen Analysis folgendergestalt feststellen: man denkt sich den geforderten Gegenstand den Bedingungen entsprechend verzeichnet, und sucht aus der Betrachtung der Zeichnung mittelst bekannter Sätze solche Beziehungen ihrer Stücke zu entdecken, deren Konstruktion die ganze Zeichnung zu vollenden gestattet. Gelingt dies nicht unmittelbar, oder kann man die zuletzt geforderte Konstruktion nicht bewerkstelligen, so zeichnet man theils bekannte (durch die Bedingungen mitgegebene) theils unbekannte Hilfs-Linien, Punkte und Flächen, vergleicht die Eigenschaften, welche an diese geknüpft sind, mit den übrigen vorausgesetzten Eigenschaften der Zeichnung, und setzt, während man diese beständig im Auge hat, solche Versuche fort, bis man die vorher näher charakterisirten Beziehungen entdeckt hat, woraus sich dann leicht die vollständige Darstellung der Zeichnung ergiebt.

2. Algebraische Analysis.

a. Ohne Trigonometrie. Fig. 15. a.

Denkt man sich die geforderte Kreislinie unter den vorgeschriebenen Bedingungen gezeichnet, so müßte die verlängerte Centrallinie Mμ den Berührungspunkt B treffen, und $\mu P \perp L$ sein. Fällt man nun, um die gegenseitige Lage der Punkte P und M festzustellen, den ⊥ MD, nimmt alle Linien gemessen an, und setzt die Länge der bekannten Linien $MB = r$, $MD = a$, $PD = p$ und der unbekannten Linien $\mu P = \mu B = \varrho$, $\mu D = y$, $\mu M = z$, so fänden die Bedingungen statt, wenn die Stücke der Figur die Beziehungen hätten, welche die folgenden Gleichungen ausdrücken, nämlich: wenn

1) $z = \varrho - r$ wäre, da sich beide Kreise berühren sollen und r bestimmt ist; ferner

2) $y = p - \varrho$ wäre, da die Linie L in P berührt werden soll; endlich

3) $z^2 = a^2 + y^2$ wäre, da die Lage der Punkte P und M vorgeschrieben ist.

Diese Gleichungen wären vorhanden, wenn [1) u. 2) in 3) substituirt] $(\varrho - r)^2 = a^2 + (p - \varrho)^2$,

$$\varrho^2 - 2r\varrho + r^2 = a^2 + p^2 - 2p\varrho + \varrho^2,$$
$$2p\varrho - 2r\varrho = a^2 + p^2 - r^2,$$
$$2\varrho(p - r) = a^2 + p^2 - r^2,$$
$$\text{also } \varrho = \frac{a^2 + p^2 - r^2}{2(p - r)} \text{ wäre.}$$

Indem man nun die Länge des gesuchten Halbmessers durch lauter bekannte Größen ausgedrückt erhalten hat, ist die Analysis vollendet, und es bedarf zur Vervollständigung der Aufgabe in geometrischer Hinsicht nur der Auflösung, d. h. einer solchen Konstruktion, welche dem Halbmesser die von der Formel bestimmte Länge giebt.

Man kann diese Konstruktion ganz nach der geometrischen Analysis ausführen, nämlich die ⊥ ⊥ MF und PG fällen und errichten, PE bis B und BM bis μ verlängern, so bildet μ den gesuchten Mittelpunkt und μP den Halbmesser ϱ, dessen Länge $= \frac{p^2 + a^2 - r^2}{2(p - r)}$ ist. Denn zeichnet man a oder den ⊥ MD, wodurch sich DP oder p ergiebt, errichtet in E den ⊥ EH, verlängert FM bis I, BI bis G und PM bis N, so ist, da IE ∓ GP und IM = ME, auch $G\mu = \mu P$, also $GP = 2\mu P$, und da ∠GBE = ∠EHG = R, GBEH ein Viereck, um welches sich ein Kreis beschreiben läßt. Hieraus folgt aber

$$\left.\begin{array}{ll} & PB \times PE = PG \times PH. \\ \text{Nun ist} & PB \times PE = PN \times PQ \end{array}\right\} \text{Sekantensatz}$$

$$\text{also muß } PG \times PH = PN \times PQ,$$

$$\text{oder } 2P\mu(PD - DH) = (PM + MN)(PM - MN),$$

$$\text{oder } 2P\mu(PD - ME) = PM^2 - MN^2,$$
$$\text{oder } 2P\mu(PD - ME) = PD^2 + MD^2 - MN^2,$$
$$\text{d. h. } 2P\mu(p - r) = p^2 + a^2 - r^2,$$
$$\text{also wirklich } P\mu = \frac{p^2 + a^2 - r^2}{2(p - r)} \text{ sein.}$$

Das Wesen der algebraischen Analysis, wie das Vorstehende bestätigen wird, liegt zunächst und hauptsächlich darin: daß man in dem auf verlangte Art konstruirt gedachten Gegenstande, oder in Beziehung auf denselben, (Punkt) sämmtliche bekannte und unbekannte Stücke als gemessen betrachtet, und dieselben statt der Zahlen in der Art mit Buchstaben benennt, daß die Bezeichnung zugleich möglichst die Bedingungen der Aufgabe ausdrückt (gleiche Stücke mit denselben Buchstaben, die unbekannten mit x, y, z).

Hierauf versucht man durch bekannte Lehrsätze ꝛc. Proportionen oder Gleichungen zwischen den gegebenen und gesuchten Stücken aufzufinden, welche eine Bedingung oder mehrere zugleich ausdrücken, und setzt dies auch auf mittelbare Weise, nämlich durch Konstruktionen bekannter und unbekannter Hilfs-Punkte, Linien und Flächen so lange fort, bis man jede Bedingung eingeführt, und zusammengenommen eben soviel von einander unabhängige Gleichungen und Proportionen als unbekannte Größen entdeckt hat. Ist dies gelungen, so kömmt die Figur bei dem übrigen Theil der Analysis nicht mehr in Betracht, sondern es werden die unbekannten Größen nach den Gesetzen der Algebra aus den Gleichungen entwikkelt, um durch die geometrische Deutung der Formel die Auflösung zu bilden, oder wenigstens die Größe der gesuchten Stücke zu erhalten.

b. Trigonometrische Analysis.

Nimmt man den Kreis, Fig. 17. a., unter den gegebenen Bedingungen verzeichnet an, und macht dieselben Schlüsse wie bei der algebraischen Analysis ohne Trigonometrie, bezeichnet auch die Stücke auf dieselbe Weise, nämlich BM = r den ⊥ MD = a, den ⊥ PD = p, $\mu P = \mu B = \varrho$,

$\mu D = y$, $M\mu = z$, setzt aber noch die Größe des $\angle DM\mu = \varphi^\circ$, so müßten zur Erfüllung der Bedingungen folgende Gleichungen statt finden:

1) $z = \varrho - r$, da sich beide Kreise berühren sollen und r bestimmt ist.

2) $y = p - \varrho$, da die Linie L in P berührt werden soll.

3) $y = z \sin \varphi$, 4) $a = z \cos \varphi$ } da die Lage der Punkte P und M gegeben ist.

Diese Gleichungen fänden statt, wenn [1) und 2) in 3) und 4) substituirt]

$$\left.\begin{array}{ll} \text{I.} & p - \varrho = (\varrho - r)\sin\varphi \\ \text{II.} & a = (\varrho - r)\cos\varphi \end{array}\right\} \text{ wäre.}$$

Dazu müßte, wenn man aus II.

$$\frac{a}{\cos\varphi} + r = \varrho \text{ in I. substituirt}$$

$$p - \frac{a}{\cos\varphi} - r = \left(\frac{a}{\cos\varphi} + r - r\right)\sin\varphi \text{ sein,}$$

und $p\cos\varphi - a - r\cos\varphi = a\sin\varphi$,

oder $(p - r)\cos\varphi = a(1 + \sin\varphi)$,

und $$\frac{\cos\varphi}{1 + \sin\varphi} = \frac{a}{p - r},$$

oder $$\sqrt{\frac{1 - \sin^2\varphi}{(1 + \sin\varphi)^2}} = \frac{a}{p - r},$$

oder $$\sqrt{\frac{1 - \sin\varphi}{1 + \sin\varphi}} = \frac{a}{p - r},$$

und $$\sqrt{\frac{1 - \cos(90^\circ - \varphi)}{1 + \cos(90^\circ - \varphi)}} = \frac{a}{p - r},$$

d. h. $$\operatorname{tg}\frac{90^\circ - \varphi}{2} = \frac{a}{p - r}.$$

Indem man nun eine Funktion des gesuchten Winkels durch lauter bekannte Größen ausgedrückt erhalten hat, ist die Analysis vollendet, und es bedarf nur noch einer Konstruktion, welche $\operatorname{tg}\frac{90^\circ - \varphi}{2} = \frac{a}{p - r}$ giebt.

Die aus der geometrischen Analysis, Fig. 17., gebildete Auflösung genügt hier ebenfalls. Fällt und errichtet man nämlich die $\perp \perp$ MF und PD, verlängert PE bis B und BM bis μ, so ist $\angle DM\mu = \varphi$ und deshalb μ der gesuchte Mittelpunkt, zu welchem der Halbmesser μP gehört: denn

$$FP = EF \operatorname{tg} FEP,$$

d. h. $$a = (p-r) \operatorname{tg} FEP,$$

oder $$\frac{a}{p-r} = \operatorname{tg} FEP.$$ Es sollte

aber $$\frac{a}{p-r} = \operatorname{tg} \frac{90^\circ - \varphi}{2}$$ sein,

folglich ist $$\angle FEP = \frac{90^\circ - \varphi}{2}.$$

Nun hat man $\angle FEP = \angle MEB = \angle MBE = \frac{1}{2}\angle \mu ME$

also $$\tfrac{1}{2} \angle \mu ME = \frac{90^\circ - \varphi}{2},$$

oder $\angle \mu ME = 90^\circ - \varphi$, also

ist $\angle \mu MD = \varphi$ (da MD $\perp$ PD) u. $\operatorname{tg} \frac{90^\circ - \angle \mu MD}{2} = \frac{a}{p-r}$

was zu beweisen war.

Die Analysis ohne Trigonometrie weicht von der algebraischen Analysis mit derselben nach diesem Beispiel in dem einzigen Stücke ab, daß hier Winkel als gesuchte und gegebene Größen mittelst ihrer Funktionen eingeführt werden, und darauf die Verbindung derselben mit den übrigen Größen nach den Lehrsätzen der Trigonometrie vorgenommen wird.

§. 27.

Bemerkungen über die geometrische und algebraische Analysis.

Die eben vollendeten Auseinandersetzungen sollten nur die Begriffe der verschiedenen Analysen bestimmen, zergliedern aber das Wesen derselben im Einzelnen keineswegs genügend, weshalb wir diesen wichtigen Gegenstand ganz speziell in eigenen Abtheilungen dieser Schrift abzuhandeln gedenken, und hier nur einige Bemerkungen anreihen wollen, welche entweder die Stellung beider Arten von Analysis zum Aufgabenlösen überhaupt erörtern sollen, oder sich gemeinschaftlich sowohl auf die eine als auf die andere Art beziehen. Der Weitläuftigkeit wegen ist es indessen nicht thunlich, die geometrische Analysis der algebraischen in einer regelrechten Untersuchung gegenüber zu stellen, und daraus Grundsätze für den zweckmäßigen Gebrauch der einen und der anderen zu entwickeln. Wir beschränken uns auf die folgenden Angaben.

Bei den Aufgaben der niederen Geometrie führt die geometrische Analysis im Durchschnitt genommen kürzer zur Auflösung und giebt einfachere Konstruktionen. Ganz besonders findet dies aber bei den örtlichen Aufgaben und großentheils auch bei solchen unörtlichen, die Winkel unter den gegebenen Stücken haben, statt. Dagegen sind die Resultate der algebraischen Analysis umfassender, indem die Endgleichung bei gehöriger Deutung (siehe §. 32.) eine Auflösung für alle Fälle der Aufgabe giebt, welche bei der geometrischen Analysis einzeln betrachtet werden müssen. Ferner kann man wohl aus der algebraischen aber nicht immer aus der geometrischen Analysis erkennen: ob eine Aufgabe durch die gerade und die Kreislinie lösbar ist, da, wenn dies nicht statt findet, die Endgleichung höher als vom zweiten Grade wird, und sich durch keine Faktorenzerfällung auf die ersten beiden Grade zurückführen läßt (worüber das Einzelne im dritten Bande dieser Schrift gegeben werden soll). Endlich ereignet es sich oft, daß nach vergeblichen Versuchen eine geometrische Analysis zu finden, doch noch eine algebraische gefunden wird, während das Umgekehrte viel seltener statt findet.

Aus dem Allen geht hervor, daß jede Aufgabe zunächst geometrisch und dann algebraisch zu behandeln ist, was, vom Gesichtspunkte des Unterrichts betrachtet, noch aus besonderen Gründen (siehe §. 2.) zweckmäßig erscheint.

§. 28.

Analysis mit Proportionen.

In Beziehung auf die Haupteintheilung der Analysis ist

noch zu bemerken, daß die geometrische Analysis oft durch den Gebrauch der Proportionen und die Benutzung derselben ohne eigentliche Gleichungen doch ganz den Charakter der algebraischen annimmt, und in diesem Fall wohl auch nur dann noch geometrische Analysis zu nennen ist, wenn sich sämmtliche Veränderungen, welche mit den Proportionen vorgenommen wurden, durch rein geometrische Behandlung der Linien und Flächen (wie dies Euklid thut) erweisen lassen. Als Beispiel für solche zweifelhafte Analysis kann die folgende Aufgabe dienen:

Von einem $\triangle$ ABC, Fig. 1., soll durch eine Linie XY $\#$ AC ein $\triangle$ BXY $= \frac{1}{3} \triangle$ ABC abgeschnitten werden.

Analysis. Angenommen, XY wäre die verlangte Linie, so soll dieselbe 1) $\#$ AC oder $\triangle BXY \backsim \triangle BAC$ sein, und dann soll 2) die Fläche des $\triangle BXC = \frac{1}{3} \triangle ABC$ abgeschnitten werden. Aus 1) folgt

$$\triangle BXY : \triangle ABC = BY^2 : BC^2.$$

In dieser Proportion sind 2 Größen BXY und BY^2 als unbekannt anzusehen; man hat aber die 2te Bedingung noch nicht benutzt, aus der sich ferner

$$\triangle BXY : \triangle BAC = 1 : 3$$

ableiten läßt. Aus beiden Proportionen folgt nun

$$BY^2 : BC^2 = 1 : 3,$$

also $BY^2 = \frac{BC^2}{3}$. Daraus eine Proportion gebildet, $BC : BY = BY : \frac{BC}{3}$, giebt BY als mittlere Proportionale zwischen BC und $\frac{BC}{3}$.

Auflösung. Beschreibe über BC einen Halbkreis, errichte in D, dem Drittel-Punkt von BC, den $\perp$ DE, schneide BY = BE ab und ziehe aus Y eine $\#$ XY zu AC, so hat man die verlangte Linie.

Beweis. Man hat BC : BE = BE : BD konstruirt,

$$\text{also ist}\quad BC : BY = BY : \frac{BC}{3}$$

$$\text{und}\quad BY^2 = \frac{BC^2}{3},\quad \text{woraus sich}$$

$$BY^2 : BC^2 = 1 : 3 \quad \text{ergiebt. Nun}$$

$$\text{ist aber auch}\quad \underline{BY^2 : BC^2 = \triangle BXY : \triangle BAC},$$

$$\text{folglich muß}\quad \triangle BXY : \triangle BAC = 1 : 3,$$

$$\text{also auch}\quad \triangle BXY = \frac{\triangle ABC}{3}\quad \text{sein},$$

was zu beweisen war.

Die Analysis der vorstehenden Aufgabe scheint namentlich wegen der Hervorhebung der unbekannten Größen $\triangle$ BXY und BY^2 algebraisch zu sein, und könnte auch, der Form nach, ganz als solche behandelt werden. Sie ist aber dennoch als geometrische Analysis anzusehen, da die Ableitung der Proportionen ganz geometrisch bewiesen werden kann, und die Hauptschlüsse von Anfang bis zu Ende an der Figur selbst gemacht wurden.

§. 29.

Umsetzung der trigonometrischen Analysis in die algebraische Analysis ohne Trigonometrie.

In Rücksicht auf die Eintheilung der algebraischen Analysis muß noch erwähnt werden, daß sich, obwohl zuweilen mit großen Weitläuftigkeiten, eine Analysis mit Trigonometrie auf eine solche reduziren läßt, welche dieselbe nicht enthält. Ist nämlich ein Winkel gegeben, so hat man das Verhältniß jedes Seiten-Paars eines beliebigen, durch diesen Winkel der Gestalt nach bestimmten, recht$\angle$ $\triangle$. Diese Verhältnisse, als Quotienten genommen, bilden aber nichts anders als die trigonometrischen Funktionen, und können folglich statt derselben gesetzt werden. Will man hingegen einen unbekannten Winkel finden, so führt man die Bestandtheile dieser Quotienten statt der Funktionen als unbekannte Größen ein, sucht die Werthe dieser Quotienten zu entwickeln, und hat mit denselben das

Verhältniß zweier Seiten eines recht∠ △ gefunden, welches diesen ∠ enthält. Als Beispiel kann die folgende Aufgabe dienen:

Man soll ein △ Fig. 18. konstruiren, in welchem eine Seite eine gegebene Länge hat, die beiden übrigen Seiten sich wie 3 : 2 verhalten und der Gegen∠ der einen doppelt so groß ist als der Gegen∠ der anderen.

Sei ∠ $C = \varphi$ so ist ∠ $B = 2\varphi$.
" $AB = x$ " " $AC = \frac{3}{2}x$.
" $BC = a$ gegeben.
Es ist $AB : AC = \sin C : \sin B$,
oder $2 : 3 = \sin \varphi : \sin 2\varphi$,
$2 : 3 = \sin \varphi : 2 \sin \varphi \cos \varphi$,
also $2 : 3 = 1 : 2 \cos \varphi$,
und $\cos \varphi = \frac{3}{4}$

Hieraus folgt, daß man über a ein gleichschenkliges △ zeichnen muß, in welchem BE oder $\frac{a}{2} : BD = 3 : 4$, und daß man ferner ∠ DBC = ∠ DBA abzusetzen hat, wodurch sich das gesuchte △ ABC ergiebt.

Zieht man nun die Höhe AF, und setzt, nachdem ∠ B halbirt ist, $AB = x$, $AG = y$, $GF = z$, $FB = v$, $BG = w$, so findet sich zur Umsetzung der Funktionen: $\frac{y+z}{x} = \sin 2\varphi$, $\frac{z}{w} = \sin \varphi$, $\frac{v}{w} = \cos \varphi$, und mittelst des Pythagoras und $x : v = y : z$ (da ∠ B halbirt ist) läßt sich $\frac{y+z}{x} = \frac{2vz}{w^2}$ erweisen, woher man durch bloße Substitutionen in die trigonometrische Analysis

$$2 : 3 = \frac{z}{w} : \frac{y+z}{x},$$

$$\text{oder } 2 : 3 = \frac{z}{w} : \frac{2vz}{w^2},$$

$$2 : 3 = 1 : \frac{2\,v}{w},$$

also $\frac{v}{w} = \frac{3}{4}$ und dadurch den $\angle\,\varphi$ erhält, welche Proportionen sich leicht umsetzen und folgerecht als Gleichungen abhandeln lassen, womit das Trigonometrische vollständig aus der Analysis verschwunden ist.

Die eben besprochene Umwandlung führt indessen im Allgemeinen zu großen Weitläuftigkeiten, woher dieselbe auch nur aus besonderen Gründen, z. B. im Unterrricht, wenn der Schüler noch keine Trigonometrie kennt, vorgenommen wird. Dies rührt daher, daß gerade durch die Hilfe der Trigonometrie die algebraische Behandlung umfassender wird, wenn man dieselbe nicht unzeitig, nämlich bei unörtlichen oder solchen Aufgaben, welche keine Winkel als gegebene Stücke enthalten, herbeizieht.

§. 30.

Ueber die Abfassung der Analysis.

Wenden wir jetzt wieder unsere Aufmerksamkeit auf das Eigenthümliche, welches dem geometrischen und dem algebraischen Verfahren zugleich angehört, so ist zunächst zu erinnern, daß sich streng genommen selten während der Aufsuchung einer Analysis dieselbe in einer so konsequenten Form ergiebt, wie dies namentlich bei dem ersten gegebenen Beispiele statt fand. Denn die Hilfslinien, welche sich dort sehr einfach ergaben, sind bei bedeutenderen Aufgaben gerade am schwersten zu finden, indem hiebei eine Menge von Schlußreihen eingreifen, die nicht immer direkt aus der vorliegenden Figur entspringen, sondern zuweilen gebildet werden durch die Erinnerung an ähnliche Aufgaben, wo diese Hilfslinien gewisse Relationen erzeugten, oder durch früher gewonnene Erkenntnisse bestimmter Eigenschaften, welche an jene Hilfslinien geknüpft sind, oder aus dem Bestreben, die Aufgabe auf eine bekannte zu reduziren u. s. w. Soll also eine Analysis vollständig niedergeschrieben sein, so darf eigentlich die spezielle Analysis, welche zur Bestimmung der Hilfslinien, Flächen rc. führte, nicht fortgelassen werden. Natürlich geschieht dies aber im Allgemeinen, da dieser Gegenstand weniger mit der Geometrie als mit der Individualität des analysirenden Kopfes zusammenhängt. Eine eigenthümliche Analysis dieser Art bietet die folgende Aufgabe dar, welche wir deshalb als Beleg für das Vorige hieher setzen.

Es soll in einen Kreis ein $\triangle$ ABC, Fig. 19., dergestalt eingeschrieben werden, daß die Seiten durch drei beliebig gegebene Punkte P, P′, P″ laufen.

(Die ungetheilten Stellen des Folgenden gelten für alle 4 möglichen Lagen der 3 Punkte, nämlich:

Fall a) Fig. 19. a, wenn alle drei Punkte P P′ P″ außerhalb des Kreises liegen.

Fall a′) Fig. 19. a′, wenn zwei Punkte P P′ innerhalb liegen und ein Punkt P″ außerhalb des Kreises gegeben ist.

Fall a″) Fig. 19. a″, wenn ein Punkt P″ innerhalb liegt und 2 Punkte P und P′ außerhalb des Kreises gegeben sind.

Fall a‴) Fig. 19. a‴, wenn alle drei Punkte innerhalb des Kreises liegen.

Bei der Reduktion können zwei Fälle in eine Lage zusammenfallen, weshalb eine dies andeutende Bezeichnung darin gegeben ist, daß Fig. b b′ z. B. heißen soll: diese Figur gilt für beide Fälle a und a′. Die getheilten Stellen zeigen dagegen die Veränderung an, welche die verschiedenen Fälle ergeben.)

Analysis. Nimmt man an, daß zwei von den gegebenen Punkten unendlich weit von dem Kreise entfernt wären, so verwandelt sich die Aufgabe in die folgende: Fig. c c′ und Fig. c″ c‴.

Man soll in einen Kreis ein $\triangle$ CGI so einschreiben, daß die Seiten CG und CI mit den der Lage nach gegebenen Linien OP'' und OP' ‡ laufen und die dritte Seite durch einen gegebenen Punkt N gehe.

Wenn CG ‡ OP' und CI ‡ OP'' wäre, so müßte ∠ O = ∠ C sein, also die Sehne GI eine gegebene Länge haben, und die durch N zu ziehende Linie NG Berührungslinie zu einem um M beschriebenen Kreise sein, welcher die Entfernung der bekannten Sehne vom Mittelpunkte zum Halbmesser hat.

Setzt man jetzt nur einen, der in der Hauptaufgabe bestimmten drei Punkte, unendlich weit entfernt, so ergiebt sich die folgende Aufgabe Fig. bb' und Fig. b'' b'''.

Es soll in einen Kreis ein △ BCG so eingeschrieben werden, daß 2 Seiten BG und BC durch die gegebenen Punkte O und P'' laufen, und die dritte Seite CG einer der Lage nach gegebenen Linie OP' ‡ werde.

Man versuche diese Aufgabe auf die erste zu reduziren. Um die erste Bedingung GC ‡ OP' einzuführen, behalte man die Linie CG zur ferneren Betrachtung. Hiedurch wird man, da noch die beiden anderen Bedingungen, die Punkte O und P'', eingeführt werden müssen, natürlich darauf gebracht, aus C oder G, z. B. aus C, CI ‡ OP'' zu ziehen. Nun sind CI und CG zwei Seiten eines neuen Dreiecks CGI, welche gegebenen Linien OP'' und OP' ‡ laufen sollen, und die Aufgabe wäre auf die vorige reduzirt, wenn ein Punkt bestimmt wäre, durch welchen die dritte Seite gehen müßte. Da man keinen Grund hat, diesen Punkt außerhalb der Linien OP'' oder OP' anzunehmen, so wähle man den Durchschnittspunkt N von GI und OP'', (oder n), und versuche ob derselbe nicht bestimmbar ist. Da nun CI ‡ OP'' angenommen, und die Bedingung, daß das Dreieck im Kreise liegen soll, noch nicht in Betrachtung gezogen wurde, so fällt man, um dies zu benutzen, wahrscheinlich auf die Relation ∠ CIG + ∠ CBG = ∠ P''NG + ∠ P''BG = 2R. Dazu müßte aber durch P'', B, G, N eine Kreislinie gehen, also auch das gegebene Rechteck OB×OG = OP''×ON sein, wodurch ON, also auch der Punkt N, sich finden läßt, und die Aufgabe vollständig auf die vorhergehende reduzirt ist.

Jetzt kann man es unternehmen, die Hauptaufgabe auf die zweite zu reduziren, siehe Fig a, Fig a', Fig. a'', Fig. a'''. Es ist klar, daß man zur Einführung eines Punktes die Analysis an eine Seite des Dreiecks, gleichviel an welche, z. B. an CB, knüpfen muß, welche durch P'' gehen soll. Um nun die Aufgabe auf die vorhergehende zurückzuführen und die übrigen Bedingungen (P und P') zu benutzen, muß von C oder B aus eine ∦ zu den durch die Punkte P, P,' P'' bestimmten Linien gezogen werden. Zieht man aber die Linie ∦ P P'', so ist P' nicht in Betracht gezogen; wenn man dieselbe ∦ P' P'' nimmt, so ist wieder P nicht eingeführt. Wird aber von B oder C, z. B. von C, C G ∦ P P' gezogen, so sind alle drei Punkte betrachtet, da die Lage der Linie P P' durch die Punkte P und P' bestimmt wird, und die Linie B C durch den Punkt P'' gehen soll. Indem man aber C G ∦ P P' annimmt und B C durch P'' gehen soll, so hätte man die zweite Aufgabe, wenn nur noch ein Punkt bestimmt wäre, durch welchen die dritte Seite B G des entstandenen △ B C G gehen müßte. Da nun kein Grund angegeben werden kann, diesen Punkt außerhalb der Linien P P', P' P,'' P P'' oder ihren Verlängerungen anzunehmen, und von diesen drei Linien P P' deshalb am vortheilhaftesten dazu erscheint, da C G ∦ P P' ist, so versuche man den Durchschnittspunkt O der Linien B G und P'P zu bestimmen. Aus der Annahme C G ∦ P P' und der Bedingung, daß das △ in einen Kreis beschrieben werden soll, kömmt man aber wahrscheinlich auf die Relation:

$$\underbrace{\overbrace{\angle CGB + \angle CAB = 2R = \angle POB + \angle PAB}^{\text{Fig. a und Figur a''}} \quad \overbrace{\angle CGB = \angle CAB \text{ und } \angle POB = \angle PAB}^{\text{Fig. a' und Fig. a'''}}}_{\text{Fig a, Fig. a', Fig. a'', Fig. a''',}}$$

weshalb durch die Punkte ABOP ein Kreis gehen und Rechteck $P'B \times P'A = P'O \times P'P$ sein müßte. Da nun $P'B \times P'A$ bekannt ist, hat man die Länge $P'O$, also auch den Punkt O, durch welchen die Seite BG des $\triangle$ BCG laufen muß, wodurch die Hauptaufgabe vollständig auf die zweite reduzirt erscheint.

§. 31.

Ueber die Uebung in der Analysis.

Den vorher gegebenen Andeutungen über die Analysis muß noch hinzugefügt werden, was aus ihnen selbst hervorgeht, daß, um es zu einer gewissen Vollständigkeit im Aufgabenlösen zu bringen, nicht die Behandlung ungleichartiger Aufgaben ausreicht, sondern nothwendig die Hauptaufgaben eines ganzen Systems z. B. der Dreiecks-Konstruktionen nach und nach gelöst werden müssen, damit

1) hiebei die hauptsächlichsten Gesetze und Eigenschaften hervorgehen, welche an gewissen Hilfslinien rc. haften, und, obgleich dieselben oft wiederkehren, doch nicht unter die Schulsätze der Geometrie aufgenommen sind, da man diese hiedurch viel zu sehr überladen würde.

2) Ergiebt sich allein hiedurch die Möglichkeit, eine Masse von Aufgaben durch leichte Reduktionen auf schon bekannte gelöst zu sehen, während man im Gegentheil nicht selten an relativ leichten Aufgaben mühsame Versuche verschwendet. (Das Einzelne über diesen Gegenstand ist in Rücksicht auf den Unterricht in den nachfolgenden Bemerkungen über diesen Gegenstand §. 2. erörtert.)

Als Belag für das Vorige können die 2 Aufgaben dienen:

1. ein Dreieck so zu konstruiren, daß sich ein gegebener Kreis in, ein anderer um dasselbe beschreiben läßt, und die Differenz zweier Winkel eine bestimmte Größe erhält.

Hat man die beiden Gesetze kennen gelernt, daß der ∠, Fig. 20., welchen der Halbmesser des Kreises im Dreieck mit der Halbirungslinie eines ∠ bildet, gleich ist der halben Differenz der übrigen beiden Winkel, und, daß die Entfernung des Mittelpunkts des Kreises im, und des Kreises ums △, mittlere Proportionale ist, zwischen dem Radius des Kreises ums △ und der Differenz, welche man erhält, sobald von dem zuletzt genannten Halbmesser der Durchmesser des Kreises im Dreieck abgezogen wird, so hat man die folgende kurze Auflösung:

ziehe den Halbmesser MA, zeichne $\angle$ MAO = der Hälfte der gegebenen Differenz, beschreibe mit der vorher bestimmten mittleren Proportionale um M einen Kreis, ferner um einen Durchschnittspunkt O oder O′ desselben mit der Lage AE den bestimmten Kreis im Dreieck, und ziehe die Berührungslinien AB und AC, so hat man das verlangte $\triangle$ ABC.

2. Einen Kreis zu konstruiren, welcher eine festliegende Kreislinie K′ in einem bestimmten Punkte P berührt, und von einer zweiten in derselben Art gegebenen Kreislinie K eine vorgeschriebene Sehne s abschneidet. Fig. 21.

Bei der Lösung der sogenannten Berührungsaufgaben wird man auf das Gesetz gestoßen sein, daß bei jeder zwei Punkte und einen Kreis schneidenden Kreislinie sich die verlängerte gemeinschaftliche Sehne mit der festliegenden in einem unveränderlichen Punkte treffen muß. Hiedurch kömmt man wahrscheinlich bei der vorstehenden Aufgabe darauf, in P eine Berührungslinie an K′ zu ziehen, zur Bestimmung des unveränderlichen Punktes einen beliebigen Kreis zu zeichnen, welcher K′ in P berührt, K aber trifft, und dann die gemeinschaftliche Sehne bis O zu verlängern. Zieht man sodann aus diesem Punkte O eine Berührungslinie an den mit ME beschriebenen Kreis, welcher sich durch die Länge von CD oder s ergiebt, so bestimmen sich die Punkte D und C, und die Aufgabe ist damit auf die Zeichnung einer Kreislinie, welche durch drei gegebene Punkte P, C, D geht, reduzirt.

§. 32.

Ueber die Auflösung insbesondere.

Aus der geometrischen Analysis ergiebt sich jedesmal, wenn man die oft wiederkehrenden Hilfs-Konstruktionen kennt, die gesuchte Auflösung so einfach, daß es über diesen Gegenstand weiter keiner Andeutungen bedarf. Anders ist es dagegen bei der algebraischen Analysis. Hier erfordert die Darstellung der Formel, von welcher die unbekannte Größe in der Endgleichung angegeben wird, viel mehr Aufmerksamkeit, wenn man eine kurze und elegante Konstruktion zu Stande bringen will, weshalb dieser Gegenstand später besonders abgehandelt werden soll. Außerdem aber macht noch die Deutung der Formel, sobald dieselbe mehrere Werthe für die unbekannte Größe angiebt, in wiefern dieselben nämlich sämmtlich mit der Aufgabe zusammenhängen, ein eigenes nicht uninteressantes Geschäft aus, worüber das Einzelne ebenfalls im dritten Bande dieser Schrift angegeben werden soll. Ein Beispiel hiefür giebt der goldene Schnitt:

Die Linie AB, Fig. 22., so zu theilen, daß $AB : AC = AC : CB$ wird,

also ($AB = a$, $AC = x$ gesetzt)

$a : x = x : a - x$ wäre. Dies fände statt,

wenn $x^2 = a^2 - ax$,

und $x^2 + ax = a^2$,

also $x = \pm\sqrt{a^2 + \left(\frac{a}{2}\right)^2} - \frac{a}{2}$ wäre,

demnach entweder $x = +\left(\sqrt{a^2+\left(\frac{a}{2}\right)^2} - \frac{a}{2}\right)$,

oder $x = -\left(\sqrt{a^2+\left(\frac{a}{2}\right)^2} + \frac{a}{2}\right)$

zu konstruiren ist.

Von diesen Werthen scheint der zweite unbrauchbar zu sein, da schon $\sqrt{a^2+\left(\frac{a}{2}\right)^2} > a$ ist, also dasselbe noch mehr $\left(\sqrt{a^2+\left(\frac{a}{2}\right)^2} + a\right)$ sein muß. Beachtet man aber das negative Vorzeichen der Formel, und nimmt, wie es dasselbe verlangt, dies x entgegengesetzt dem eigentlich gesuchten AC, also AC′ als Verlängerung von AB, so ergiebt sich bald, daß dieser Werth einzeln genommen zu der Aufgabe

$AB : AC' = AC' : C'B$ oder $a : x = x : a + x$

gehört, für welche

$$x^2 = a^2 + ax,$$

$$x^2 - ax = a^2,$$

$$x = \pm\sqrt{a^2 + \left(\frac{a}{2}\right)^2} + \frac{a}{2},$$

demnach entweder $x = +\left(\sqrt{a^2 + \left(\frac{a}{2}\right)^2} + \frac{a}{2}\right)$,

oder $x = -\left(\sqrt{a^2 + \left(\frac{a}{2}\right)^2} - \frac{a}{2}\right)$ ist,

wo der vorhergehende unbrauchbare Werth den ersten, und dagegen die vorige Differenz den zweiten Werth bildet. Hieraus folgt aber, daß die gefundene allgemeine Formel

$$x = \pm\sqrt{a^2 + \left(\frac{a}{2}\right)^2} - \frac{a}{2}$$

eine Aufgabe voraussetzt, von welcher der goldene Schnitt nur ein Fall ist, nämlich:

man soll innerhalb, oder in der Verlängerung einer gegebenen Linie einen Punkt finden, dessen Entfernung von dem einen Endpunkt die mittlere Proportionale ist, zwischen dem Abstande von dem anderen Endpunkte und der gegebenen Linie. Hat man übrigens die gewöhnlichen und die trigonometrischen Mittel zur Konstruktion der Formeln genügend handhaben gelernt, so ist es, ausgenommen, wenn die Deutung der Formel ein anderes nothwendig macht, nicht anzurathen, diese Konstruktion bei jeder Endgleichung vorzunehmen, da man ohnehin weiß, daß dies, sei es nun mehr oder minder gut, gelingen muß, und im Vergleich gegen die Auflösungen der geometrischen Analysis doch im Durchschnitt sehr schlecht ausfällt.

§. 33.

Ueber die Determination insbesondere.

In dem Beispiel §. 24. zeigte sich der Durchschnitt des Kreises und der Parallele nur möglich, wenn $\varrho \leqq FG$, Fig. 15., wodurch sich durch trigonometrische Entwickelungen, als Schluß der Determination, die Bestimmungsgleichung

$\varrho \leqq \frac{a}{2} \operatorname{tg} \frac{90^\circ - \frac{\alpha}{2}}{2}$ ergab. So kömmt es bei jeder Determination nicht bloß auf eine, durch die Konstruktion erhaltene geometrische Angabe: unter welchen Umständen die Auflösung ausführbar ist, an, sondern auf eine Relation, die bloß vermittelst der zur Aufgabe gegebenen Stücke gebildet wird. Hieraus folgt aber von selbst, daß im Allgemeinen die Determinationen nur auf algebraischem (namentlich oft trigonometrisch algebraischem) Wege gefunden werden können, und deshalb bei der geometrischen Analysis, wenn man beide Verfahrungsarten ausschließt, wegfallen müssen. Die im §. 22. für dieselbe Aufgabe gegebene Auflösung, welche eine gemeinschaftliche Berührungslinie, Fig. 16., zu den Kreisen um O und H zu ziehen verlangt, führt zu derselben Bestimmungsgleichung. Das Minimum für die Berührungslinie nämlich wird sich ergeben, sobald sich beide Kreise, Fig. 16. a, berühren, weshalb die Aufgabe nur möglich sein kann, wenn

$a \geqq$ als die Berührungslinie BC wäre;

dies fände statt, wenn

$$\frac{a}{2} \geqq BK,$$

$$\frac{a}{2} \geqq AK \operatorname{tg} \frac{\alpha}{2},$$

$$\frac{a}{2} \geqq (AO + OK) \operatorname{tg} \frac{\alpha}{2},$$

$$\frac{a}{2} \geqq \left(\frac{\varrho}{\sin \frac{\alpha}{2}} + \varrho\right) \operatorname{tg} \frac{\alpha}{2},$$

$$\frac{a}{2} \geqq \varrho \, \frac{1 + \sin \frac{\alpha}{2}}{\cos \frac{\alpha}{2}},$$

$$\frac{a}{2}\sqrt{\frac{1-\sin^2\frac{\alpha}{2}}{\left(1+\sin\frac{\alpha}{2}\right)^2}} \geqq \varrho$$

$$\frac{a}{2}\sqrt{\frac{1-\sin\frac{\alpha}{2}}{1+\sin\frac{\alpha}{2}}} \geqq \varrho$$

$\frac{a}{2}\,\mathrm{tg}\,\frac{90^\circ-\frac{\alpha}{2}}{2} \geqq \varrho$ wäre, welches die frühere Bestimmungsgleichung ist. Ueberhaupt läßt sich ganz allgemein behaupten, daß, wenn man eine Bestimmungsgleichung aus einer Auflösung entwickelt hat, sich aus einer anderen Auflösung dieselbe Bestimmungsgleichung ergeben muß.

Heiße z. B. bei der hier gewählten Aufgabe die erste Auflösung die Parallelen-Konstruktion, die zweite die Tangenten-Konstruktion. Bei der Parallelen-Konstruktion ergab sich die Bestimmungsgleichung $\varrho \leqq \frac{a}{2}\,\mathrm{tg}\,\frac{90^\circ-\frac{\alpha}{2}}{2}$, woraus von selbst folgt, daß die Aufgabe nur lösbar ist, wenn $\varrho \leqq \frac{\alpha}{2}\,\mathrm{tg}\,\frac{90^\circ-\frac{\alpha}{2}}{2}$. Gesetzt nun, bei der Tangenten-Konstruktion ergäbe sich eine andere Bestimmungsgleichung, also ϱ nicht $\leqq \frac{a}{2}\,\mathrm{tg}\frac{90^\circ-\frac{\alpha}{2}}{2}$ d. h. $\varrho > \frac{a}{2}\,\mathrm{tg}\frac{90^\circ-\frac{\alpha}{2}}{2}$, so folgte daraus, daß dieselbe Aufgabe nur lösbar ist, wenn $\varrho > \frac{a}{2}\,\mathrm{tg}\,\frac{90^\circ-\frac{\alpha}{2}}{2}$. Es ist aber unmöglich, daß eine

Aufgabe nur lösbar sein soll, wenn entweder eine bestimmte Bedingung, oder ihr Gegentheil statt findet, folglich ist die Annahme falsch und die Behauptung richtig.

Der größeren Klarheit wegen haben wir es vorgezogen, den Beweis für einen einzelnen Fall zu machen, obwohl leicht zu ersehen ist, daß derselbe ohne Schwierigkeiten in gleicher Art hätte allgemein gegeben werden können.

§. 34.

Ueber den Beweis bei einer Aufgabe insbesondere.

An sich bedürfte es bei den Auflösungen, welche aus einer Analysis gebildet werden, keines Beweises, da jede Analysis ja, wenn man bloß auf die logische Form sieht, selbst einen regressiven Beweis bildet. Indessen ist es im Allgemeinen anzurathen, auch den progressiven Beweis zu machen, um sich zunächst zu überzeugen, daß kein Irrthum in den Schlüssen vorgekommen ist, und dann ganz besonders, um die Richtigkeit der Aufgabe zu prüfen. Sind nämlich in einer Aufgabe zuviel Bedingungen gegeben, so kann es sich leicht ereignen, daß dies gar nicht bemerkt wird, da aus den gerade nothwendigen Bedingungen sich die Analysis vollständig ergiebt. In diesem Fall nun giebt der progressive Beweis den Fehler genau zu erkennen, da sich die Existenz der überflüssigen Bedingungen natürlich aus der zu solcher Analysis gehörenden Auflösung nicht ableiten läßt.

Einigermaßen stellt sich übrigens dieser Gegenstand bei der geometrischen Analysis anders als bei der algebraischen. Denn bei der letzteren zerfällt der Beweis in zwei Theile, nämlich in denjenigen, welcher die Uebereinstimmung des gesuchten Stücks mit dem in der Formel angegebenen Werth darlegt, und in einen anderen Theil, welcher alle Bedingungen erfüllt zeigt. So ist bei der §. 26. als Beispiel behandelten Berührungsaufgabe der erste Theil des Beweises, daß nämlich die Konstruktion, Fig. 17. a,

$$\mu P = \frac{p^2 + a^2 - r^2}{2(p - r)} \text{ oder } \varrho$$

ergiebt, an jener Stelle mitgetheilt; der zweite Theil aber ist der folgende:

substituirt man den Werth von ϱ in die erste Gleichung $z = \varrho - r$, so erhält man

$$M\mu \text{ oder } z = \frac{p^2 + a^2 - r^2}{2(p - r)} - r,$$

folglich

$$z + r \text{ oder } \mu B = \frac{p^2 + a^2 - r^2}{2(p - r)},$$

demnach sind μB und μP Radien des Kreises um μ; es berührt dieser Kreis also die Peripherie um M, da B in der Verlängerung der Centrale μM liegt, und ferner eben so die Linie L in P, da der Halbmesser $P\mu$ ein $\perp$ auf L ist.

Dieser zweite Theil des Beweises nun ist jedoch, wie sich leicht bemerken läßt, zur Prüfung der Aufgabe vollständig überflüssig, da schon aus der Bedingungsgleichung $z = \varrho - r$, $z + r = \varrho$, also $\mu B = \mu P$, der übrige Theil des Beweises aber aus der Konstruktion sich ergiebt, und überall in der Art geprüft werden kann, ob sich aus den Bedingungsgleichungen und der Konstruktion die Bedingungen der Aufgabe sämmtlich ableiten lassen.

Hieraus folgt genügend, daß die Bildung dieses zweiten Theils des Beweises nur als Bürgschaft für die richtige Entwickelung der unbekannten Größe nützlich ist, und deshalb bei der algebraischen Behandlung einer Aufgabe, sobald dieselbe niedergeschrieben wird, allein der erste Theil nicht fehlen darf.

Anmerkung.

In einer schätzbaren Aufgabensammlung steht eine Analysis für die folgende Aufgabe:

Ein Dreieck zu beschreiben, dessen Seiten einen der Lage und Größe nach gegebenen Kreis berühren, dessen Spitzen auf dem Umfange eines anderen der Lage und Größe nach gegebenen Kreises liegen, und dessen Höhe einer gegebenen geraden Linie gleich sei.

Durch einen synthetischen Beweis würde der Bearbeiter leicht bemerkt haben, daß die Aufgabe überbestimmt ist, da wenn r und ϱ die Halbmesser bedeuten, die Centrallinie $= \sqrt{r(r - 2\varrho)}$ sein muß, und nicht, wie es in der Aufgabe geschieht, von beliebiger Größe angenommen werden darf.

Bemerkungen

über

den Unterricht im Aufgabenlösen.

§. 1.

Allgemeine Bemerkungen.

In der Vorrede ist bereits erwähnt worden, daß der gewöhnliche Vortrag des Systems der Geometrie als Unterricht im Aufgabenlösen nicht ausreichen kann, da eine Menge fremder Hilfsmittel dem Schüler vorher anzueignen sind, wenn seine Leistungen die Auflösung aus dem System geradezu hervorgehender Aufgaben, oder die Auffindung der Beweise einiger abgeleiteten und umgekehrten Lehrsätze desselben überschreiten sollen. Doch würde sich auch kein besonderes Resultat ergeben, wenn man die zu diesem Unterricht festgesetzten Stunden nach augenblicklicher Eingebung, vielleicht gar mit wissenschaftlich interessanten Aufgaben, ausfüllen wollte, da überhaupt hiebei, abgesehen von allem anderen, schon gegen die erste Regel alles Unterrichts: vom Leichten zum Schweren aufzusteigen, fast unausbleiblich gefehlt wird. Deshalb muß der Unterricht im Aufgabenlösen, wie jeder andere, so vorher überlegt und während der Stunde selbst geregelt abgehalten werden, daß jeder Schritt den folgenden sichert und erleichtert. Es sind also, wenn wir eine Haupteintheilung machen wollen: 1) die Anordnungen für den Unterricht, und 2) die Anordnungen während des Unterrichts anzugeben.

§. 6.

1. Anordnungen für den Unterricht.

Da in der Regel ein Theil der Geometrie früher vorgetragen wird als die Gleichungen, so bestimmt sichs von selbst, daß der Unterricht im Aufgabenlösen mit der geometrischen

Analysis beginnen muß, während bei der algebraischen die Benutzung der Trigonometrie aus ähnlichen Gründen zuletzt statt finden wird, wenn man nicht die ganze algebraische Analysis bis nach den Vortrag der Trigonometrie verschieben will. Außerdem bestimmt aber zu dieser Einrichtung noch viel dringender das verschiedene Wesen beider Arten von Analysis. Da nämlich die algebraische, nach der Auffindung der Gleichungen, in der Entwickelung der unbekannten Größen einen ganz mechanischen Theil enthält, und auch die Konstruktionen der Formel, im Durchschnitt genommen, weitläuftig und einförmig ausfallen, so ist die geometrische Analysis, welche gerade diese Mängel nicht hat, zum ersten Unterricht bei weitem geeigneter. Sie hat für den Schüler durch die vollständige Uebersicht des Gedankenganges bis zur Auflösung mehr Befriedigendes, ermüdet ihn nicht so leicht, und entwickelt das Denk- und Vorstellungsvermögen desselben in kürzerer Zeit, als die algebraische Analysis. Doch muß hier besonders bemerkt werden, daß eine zu frühzeitige Anwendung des analytischen Verfahrens, sei es nun beim Beweise der Lehrsätze oder bei den Aufgaben, wenn dieselbe mit dem synthetischen Vortrage zugleich geschieht, nach unserer Erfahrung, im Durchschnitt genommen unfruchtbar ist. Diese Erscheinung läßt sich auch a priori annehmen, da der schwächere Schüler, welcher noch gar nicht im Verstehen befestigt ist, verwirrt wird, sobald er noch außerdem erfinden, also eine ganz neue geistige Kraft in Anregung bringen soll. Nur wenn der Vortrag der Geometrie synthetisch bis zu der Lehre vom Kreise fortgeschritten ist, möchte es zweckmäßig sein, einen regelmäßigen Unterricht im Aufgabenlösen anzufangen, und sich bis dahin mit der analytischen Behandlung der zum Vortrage gehörigen Aufgaben zu begnügen.

Betrachtet man nun die unübersehliche Masse von Aufgaben, aus welcher, von diesem Zeitpunkt ab, zum Unterricht doch nur eine gewisse Menge benutzt werden kann, so muß man sich nothwendig über die Beantwortung der folgenden beiden Fragen ins Klare bringen:

1) nach welchen Rücksichten die Auswahl der Aufgaben vorzunehmen ist, und 2) in welcher Folge die gewählten Aufgaben dem Schüler zu übergeben sind.

ad 1. Wir halten es für nothwendig die folgenden Aufgabenarten auszuwählen:

a. Aufgaben, auf welche sich die Analysis vieler anderen zurückführen läßt.

b. Aufgaben, deren Analysis von vielen anderen wenig abweicht.

c. Aufgaben, welche eine besondere Anwendung einzelner Lehrsätze der Geometrie bilden.

d. Aufgaben, welche für besondere Zwecke im Unterricht (z. B. Erläuterungen über die Bedingungen) nützlich werden können.

e. Aufgaben, welche sich durch hervorstechende Eigenthümlichkeit auszeichnen.

ad 2. Die Folge der Aufgaben betreffend, scheinen uns die nachstehenden Punkte berücksichtigt werden zu müssen:

a. Die Ordnung muß sich im Allgemeinen nach den Abschnitten des Vortrags der Geometrie richten, so daß z. B. alle Aufgaben, welche in der Analysis keine Sätze vom Kreise und keine Proportionen bedürfen, vor den übrigen durchzunehmen sind.

b. Jede Aufgabe, welche einen Theil der Analysis bei einer anderen bildet, muß dieser voranstehen, weshalb die meisten anfänglichen Aufgaben förmliche Vorbereitungen zur Analysis der nachfolgenden bilden werden.

c. Mitten unter die nach b vorbereiteten Aufgaben müssen ganz unvorbereitete gegeben werden, sobald der Schüler nur einige Sicherheit im Aufgabenlösen erlangt hat, damit diese befestigt und die erforderliche Selbstständigkeit erreicht wird.

d. Die Aufgabenarten müssen wechseln, (so daß z. B. nicht fortgesetzt lauter Dreiecks-Konstruktionen folgen) damit durch den Wechsel bei dem Schüler ein neues Interesse angeregt wird.

e. Nach Berücksichtigung aller vorhergehenden Punkte endlich muß durchgängig die Folge der Aufgaben im Einzelnen noch danach bestimmt werden, daß die leichteren den schwereren vorangehen, wobei aber nicht zu vergessen ist, daß die Leichtigkeit der Analysis einer Aufgabe ganz besonders von der Verbindung mit vorangegangenen Aufgaben oder Lehrsätzen abhängt.

Diese Punkte möchten durchgängig bei der Auswahl und Anordnung der Aufgaben, sowohl der geometrischen als der algebraischen und trigonometrischen Analysis dergestalt zu berücksichtigen sein, daß nach denselben diese drei Klassen, jede von der anderen unabhängig, zu formiren wären. Ferner ist zu bemerken, daß dieselben Gründe, welche die Vorausstellung aller Aufgaben bedingen, auf die sich andere reduziren lassen, auch die Voranschickung und Zusammenstellung der nicht in den Lehrbüchern enthaltenen hauptsächlichsten Lehrsätze, Data, Oerter und sonstigen Hilfsmittel zum Aufgabenlösen erforderlich machen. Geschieht dies nämlich nicht, so verliert der Schüler unnützerweise den Muth und der Lehrer die Zeit: denn der größere Theil der Anfänger ist natürlich nicht geeignet, die in diesem Falle statt findenden Hindernisse zu überwinden, da ja dies Ziel gerade erst durch den Unterricht erreicht werden soll. Erst in der späteren Zeit müssen dem Schüler, nachdem er seine Kräfte im Unterricht gestärkt hat, solche Aufgaben gegeben werden, bei denen er genöthigt ist, die erforderlichen Gesetze selbst zu finden, wie dies schon vorher in 2 c bemerkt wurde.

Schließlich ist noch in Beziehung auf die Anordnungen für den Uuterricht zu erwähnen, daß man bald daran denken muß, den Schüler nicht bloß in der Stunde, sondern auch außerhalb derselben mit Aufgaben zu beschäftigen, wozu die schwereren, um dort Zeit zu gewinnen, am passendsten erscheinen. Dies macht übrigens dem Schüler keinesweges soviel materielle Arbeit als es scheint, wenn man nur anfänglich jede

Aufgabe hat vollständig bearbeiten lassen, da hiedurch soviel Sicherheit in den Schüler hineinkömmt, daß man sich früh genug bei einer unveränderten Aufgabenart nur mit der Analysis begnügen kann.

§. 3.

2. Anordnungen während des Unterrichts.

Schon während des Niederschreibens des vorigen Paragraphen hat es uns nicht fern gestanden, daß alle Anordnungen in Beziehung auf den Unterricht unmöglich bei jedem Lehrer übereinstimmend ausfallen können und dürfen. Um indessen nicht einen Theil der Arbeit unvollständig zu halten, zogen wir es vor, dort und auch in diesem Paragraphen unsere Ansichten und unser Verfahren ohne Weiteres hinzustellen.

Die Anordnungen während des Unterrichts drehen sich um das Lösen und Beweisen der, schon der Reihefolge nach vorherbestimmten Aufgaben und Sätze, und um die Durchnahme der von den Schülern außerhalb der Stunde gefundenen Auflösungen. Die Aufgabe wird gehörig erläutert der Klasse mitgetheilt. Die Schüler suchen die Analysis und die übrigen zugehörigen Stücke. Alle zuerst fertig gewordenen treten einzeln vor und zeigen dem Lehrer das Gefundene mit der besonderen Rücksicht, daß die übrigen nicht gestört werden. Ein bloßer Blick auf die Figur reicht oft hin die Analysis des Schülers zu erkennen. Wenn etwas falsch ist, muß der Lehrer den Grund, gerade für den besonderen Fall, angeben und die ursprüngliche Idee des Schülers verfolgen. Besonders in der ersten Zeit darf es nie versäumt werden, sich die Analysis sagen zu lassen, da dem, an die Synthesis gewöhnten Schüler, namentlich bei den leichten Aufgaben, die Analysis unbequem und überflüssig erscheint. Den schwächeren, nicht fertig gewordenen Schülern, kann zuweilen eine Andeutung durch die Zeichnung einer Hilfslinie der Analysis, oder durch die Erinnerung an einen bezüglichen Lehrsatz gegeben werden. Hierauf wird vom Lehrer die Aufgabe vollständig, und mit allen für den

Unterricht gehörigen Nebenbemerkungen z. B. über Oerter, Bedingungen, Determination 2c. durchgenommen, und wenn Zeit da ist, tragen außerdem die Schüler ihre eigenen, oft sehr von einander abweichenden Analysen 2c. vor. Zuletzt schreitet der Unterricht zu einer anderen Aufgabe, oder zu einem neuen Lehrsatz 2c. fort. Was endlich die Durchnahme der außerhalb der Klasse bearbeiteten Aufgaben betrifft, so nimmt diese den Anfang der Stunde damit ein, daß die Aufgaben, deren Analysis nicht von allen Schülern gefunden wurden, möglichst kurz vorgetragen werden, und einige Bemerkungen über die verschiedenen Auflösungen der Schüler folgen, wodurch dieselben in den Stand gesetzt werden sollen, zur folgenden Stunde, neben den neuerdings gegebenen Aufgaben, auch die fehlenden zu bearbeiten.

Erläuterungen

zu

der nachfolgenden Schrift.

I. Eintheilung des ganzen Werks.

§. 1.

Ohne die vorhergehenden Untersuchungen und die Erläuterungen, welche so eben begonnen werden, zerfällt, unsere ganze Arbeit zunächst in 3 Theile: I. geometrische Analysis; II. algebraische Analysis ohne Trigonometrie; III. algebraische Analysis mit Trigonometrie, wofür die Gründe im Anfange von §. 2., der Bemerkungen über den Unterricht, angegeben sind. Jeder Theil zerfällt wieder in 3 Hauptstücke:

A. Erstes Hauptstück. Anleitungen, deren Inhalt aus Lehrsätzen, Hilfssätzen (zur Analysis brauchbaren Bemerkungen) Daten, Oertern und Aufgaben zur Einübung der vorstehenden Sätze besteht. Der Grund dieser Zusammenstellung ist am Ende des §. 2, der vorhergehenden Abhandlung und am Anfange des ersten Hauptstücks angegeben.

B. Zweites Hauptstück. Uebungen für Anfänger. Die in diesem Hauptstück zusammengestellten Aufgaben sind entweder durch die Anleitungen des ersten Hauptstücks vorbereitet, oder an sich leicht.

C. Drittes Hauptstück. Uebungen für weiter vorgeschrittene Schüler. Bei der Auswahl derselben ist nicht bezweckt worden, durch die Anleitungen vorbereitete Aufgaben zu geben, wofür der Grund in §. 2. ad 2 c der vorhergehenden Bemerkungen angeführt ist. Im zweiten und dritten Hauptstück sind mehrere Abtheilungen für verschiedene Aufgabenarten formirt, da es hiedurch erleichtert ist, die Resultate von ganzen Aufgaben-Klassen zu übersehen, während keineswegs damit dem Schüler ein Schade geschieht, da die einzelnen Aufgaben, nach den Abschnitten des Vortrags der Geometrie in jedem Hauptstück so geordnet sind, daß die leichteren den schwereren vorangehen (siehe §. 2. ad 2 a und b) und durch die Menge von Abtheilungen, welche in die verschiedenen Hauptstücke zerstreut sind, die Gleichförmigkeit doch wohl vermieden ist, und noch mehr vermieden werden kann, wenn man aus verschiedenen Kapiteln gleichzeitig (z. B. Kreis-Aufgaben, Theilungen ꝛc.) den Schüler beschäftigt. Den vorhergenannten 3 Theilen sollen endlich vier Anhänge folgen.

I. Anhang. Ueber das Bilden der Aufgabensysteme.

II. Anhang. Systematische Uebersicht der Aufgaben, da es für den Lehrer gewiß Interesse hat die Resultate der verschiedenen Systeme übersehen zu können.

III. Anhang. Praktische Aufgaben. Diese Aufgaben, welche sich von den übrigen nur durch die Einkleidung unterscheiden, insofern dieselbe hier aus den praktischen Lebensverhältnissen genommen ist, sollen Mittel an die Hand geben, die Anwendung der Geometrie anschaulich zu machen, was für die Schüler gewöhnlich einen großen Reiz hat, und hiedurch die Theilnahme an der Wissenschaft und dem Vortrage erhöht. Daß diese Aufgaben so früh als möglich im Unterricht zu benutzen sind, bedarf wohl kaum noch angeführt zu werden.

IV. Anhang. Gemischte Nachträge.

Nach dem Vorigen ergiebt sich die folgende

Uebersicht des ganzen Werks.

Erster Theil. Die geometrische Analysis.

Betrachtungen über die geometrische Analysis.

I. Hauptstück. Anleitungen und Beispiele.

A. Erster Abschnitt. Anleitungen und Beispiele mit Rücksicht auf die Lehren der Geometrie bis zum Kreise. (z. B. der 5 ersten Abschnitte in E. G. Fischer's Lehrbuch der Geometrie.)

1stes Kapitel. Voranschickungen, welche die bekannten Aufgaben des Systems, nebst ihren Folgerungen enthalten.

2tes Kapitel. Vorbereitungen und Beispiele, zu denen hauptsächlich Dreiecksaufgaben gewählt sind.

3tes Kapitel. Vorbereitungen und Beispiele für Verwandlungen und Theilungen.

4tes Kapitel. Schlußbemerkungen.

B. Zweiter Abschnitt. Anleitungen und Beispiele mit Rücksicht auf die Lehren vom Kreise ohne Proportionen (z. B. des 6ten bis 10ten Abschnitts in E. G. Fischer's Lehrbuch der Geometrie).

1stes Kapitel. Voranschickungen, welche die bekannten Aufgaben des Systems, nebst ihren Folgerungen enthalten.

2tes Kapitel. Vorbereitungen und Beispiele.

3tes Kapitel. Schlußbemerkungen.

C. Dritter Abschnitt. Anleitungen und Beispiele mit Rücksicht auf die Lehre der Aehnlichkeit (z. B. des

11ten bis 14ten Abschnitts in E. G. Fischer's Lehrbuch der Geometrie).

1stes Kapitel. Voranschickungen, welche die bekannten Aufgaben des Systems, nebst ihren Folgerungen enthalten.

2tes Kapitel. Vorbereitungen und Beispiele.

3tes Kapitel. Schlußbemerkungen.

II. Hauptstück. Uebungen, welche entweder durch das 1ste Hauptstück vorbereitet, oder an sich leicht sind.

A. Erster Abschnitt. Aufgaben, welche ohne die Lehre vom Kreise und ohne Proportionen lösbar sind.

1stes Kapitel. Dreiecks- und Parallelogramm-Aufgaben.

2tes Kapitel. Vierecks-Aufgaben aller Art.

3tes Kapitel. Verwandlungen.

4tes Kapitel. Theilungen.

5tes Kapitel. Gemischte Aufgaben.

B. Zweiter Abschnitt. Aufgaben, welche durch die Lehre vom Kreise ohne Proportionen lösbar sind.

1stes Kapitel. Dreiecks- und Parallelogramm-Aufgaben.

2tes Kapitel. Vierecks-Aufgaben aller Art.

3tes Kapitel. Verwandlungen.

4tes Kapitel. Kreis-Aufgaben.

5tes Kapitel. Gemischte Aufgaben.

C. Dritter Abschnitt. Aufgaben, welche durch die Lehre von der Aehnlichkeit lösbar sind.

1stes Kapitel. Dreiecks- und Parallelogramm-Aufgaben.

2tes Kapitel. Vierecks-Aufgaben aller Art.

3tes Kapitel. Verwandlungen.

4tes Kapitel. Kreis-Aufgaben.

5tes Kapitel. Theilungen.

6tes Kapitel. Gemischte Aufgaben.

III. Hauptstück. Uebungen, welche nicht immer durch das erste Hauptstück vorbereitet sind.

A. Erster Abschnitt. Aufgaben, welche ohne die Lehre von der Aehnlichkeit lösbar sind.

1stes Kapitel. Dreiecks- und Parallelogramm-Aufgaben.

2tes Kapitel. Vierecks-Aufgaben aller Art.

3tes Kapitel. Verwandlungen.

4tes Kapitel. Kreis-Aufgaben.

5tes Kapitel. Theilungen.

6tes Kapitel. Gemischte Aufgaben.

B. Zweiter Abschnitt. Aufgaben, welche durch die Lehre von der Aehnlichkeit lösbar sind.

1stes Kapitel. Dreiecks- und Parallelogramm-Aufgaben.

2tes Kapitel. Vierecks-Aufgaben aller Art.

3tes Kapitel. Verwandlungen.

4tes Kapitel. Kreis-Aufgaben.

5tes Kapitel. Theilungen.

6tes Kapitel. Gemischte Aufgaben.

C. Dritter Abschnitt, Schwer lösbare Aufgaben.

1stes Kapitel. Dreiecks- und Parallelogramm-Aufgaben.

2tes Kapitel. Vierecks-Aufgaben aller Art.

3tes Kapitel. Verwandlungen.

4tes Kapitel. Kreis-Aufgaben.

5tes Kapitel. Theilungen.

6tes Kapitel. Gemischte Aufgaben.

Zweiter Theil. Die algebraische Analysis ohne Trigonometrie.

Dritter Theil. Die algebraische Analysis mit Trigonometrie.

I. Anhang. Ueber das Bilden der Aufgaben-Systeme.

II. Anhang. Uebersicht der in dem Werke enthaltenen Aufgaben-Systeme.
III. Anhang. Praktische Aufgaben.
IV. Anhang. Gemischte Nachträge.

II. Ueber die in dem Werke gebrauchten Zeichen.

§. 2.

Ueber die Nothwendigkeit der Verkürzungen jeder Art bei der Bearbeitung der Aufgaben.

Die in den vorstehenden Abtheilungen enthaltenen Aufgaben vollständig abzuhandeln, hat uns aus vielen Gründen unzweckmäßig geschienen. Einmal entsteht dadurch eine übergroße Weitläuftigkeit, und ferner ist dieselbe nach unserem Urtheil obenein unfruchtbar, da der Lehrer nur selten der Auflösung und des Beweises rc. bedürfen wird, wenn die Analysis mitgetheilt ist; der Schüler aber, wenn er bei dem Gebrauch einer vollständig abgehandelten Aufgabensammlung nicht ermüdet, doch wohl bei den Vortheilen dadurch große Nachtheile in den Kauf erhält, daß seine Kräfte gar nicht in Anspruch genommen werden. Wir haben sogar die Verkürzung der folgenden Arbeit viel weiter treiben müssen, als unser Wunsch war. Es sind nämlich das ganze Werk hindurch, außer den gewöhnlichen Zeichen und Abkürzungen, eine große Menge anderer gebraucht. Wir hatten aber nur die Wahl: entweder auf die Mittheilung der von uns bearbeiteten Aufgabensysteme gänzlich zu verzichten, da durch ungefähr 300 Aufgaben ohne Abkürzungen schon ein Paar Bände gefüllt werden; oder aber mittelst der gebrauchten Abkürzungen rc. als Resultate der Bearbeitung ganzer Systeme über 2000 Aufgaben, neben den zugehörigen Anleitungen schon in zwei Bänden mitzutheilen.

Uebersicht der Zeichen und Abkürzungen.

A. Allgemeine.

U. d. A.	heißt:	Ueber die Aufgabe (Abhandlung.)
Bemerk.	—	Bemerkungen über den Unterricht im Aufgabenlösen.
g. Betr.	—	Betrachtungen über die geometrische Analysis.
a. Betr.	—	Betrachtungen üb. die algebraische Analysis.
d. A. d. h. Gl.	—	durch Addition der homologen Glieder.
d. S. d. h. Gl.	—	durch Subtraktion der homologen Glieder.
d. A. d. V. Gl.	—	durch Addition der Verhältniß-Glieder.
d. S. d. V. Gl.	—	durch Subtraktion der Verhältniß-Glieder.
w. = Verh.	—	wegen gleicher Verhältnisse.
d. Zus. s.	—	durch Zusammensetzung.

P. P'. P'' rc.	sind der Lage nach gegebene Punkte.
X. Y. Z. rc.	„ „ „ „ gesuchte „ „
L. L.' L.'' rc.	„ „ „ „ gegebene Linien.
→L. →L'. auch → a. rc.	„ der Richtung nach gegebene „
a. b. c. rc.	„ „ Größe „ „ „
x. y. z. rc.	„ „ „ „ gesuchte „
L ∦ L'.	sind 2 der Lage nach gegebene Parallel-Linien.
K. K'. K''.	sind der Größe und Lage nach geged. Kreislinien.
M. M'. M.''	sind die zugehörigen Mittelpunkte.
r. r'. r''.	„ „ „ Radien.
$\mu. \mu'. \mu''.$ rc.	sind die Mittelpunkte gesuchter Kreislinien.
$\varrho. \varrho'. \varrho''.$ rc.	„ „ Radien „ „
s. s'. s.''	sind der Größe nach gegebene Sehnen.
$\alpha. \beta. \gamma. \delta.$ rc.	„ „ „ „ „ Winkel.
∠(ab) ∠(LL') rc.	sind Winkel, welche die Linien a und b oder L und L' bilden.
f². f'². F² rc.	sind der Größe nach gegebene Figuren.
(ab) (cd) rc.	„ „ „ „ „ Rectangel.
𝔄𝔅ℭ. 𝔄𝔅ℭ𝔇 rc.	„ „ Gestalt „ „ Figuren.
(m : n); (m' : n') rc.	sind Linien, welche ein gegebenes Verhältniß ausdrücken.

B. Bei Dreiecken.

Ein △ ist durch A B C bezeichnet. Fig. I bis IX.

a ist die Gegenseite von A. α der ∠ bei A.
b ⸗ ⸗ ⸗ ⸗ B. β ⸗ ⸗ ⸗ B.
c ⸗ ⸗ ⸗ ⸗ C. γ ⸗ ⸗ ⸗ C.

h der Perpendikel von A auf a oder die Höhe auf a.
h′ ⸗ ⸗ ⸗ B ⸗ b ⸗ ⸗ ⸗ ⸗ b.
h″ ⸗ ⸗ ⸗ C ⸗ c ⸗ ⸗ ⸗ ⸗ c.
p ist die Projektion von b auf a, oder der Abschnitt, den h auf a, von C an gerechnet, bildet.
q ist die Projektion von c auf a.
} Fig. I und Fig. II.

t ist die Transversale, von A nach der Mitte von a.
t′ ⸗ ⸗ ⸗ ⸗ B ⸗ ⸗ ⸗ ⸗ b.
t″ ⸗ ⸗ ⸗ ⸗ C ⸗ ⸗ ⸗ ⸗ c.
} Fig. III.

$t_{(m:n)}$ ist die Transversale von A nach dem Punkte in a, wo diese Seite wie (m : n) getheilt ist.
$t'_{(m':n')}$ ist die Transversale von B nach b, getheilt $= (m' : n')$
$t''_{(m'':n'')}$ ist die Transversale von C nach c, getheilt $= (m'' : n'')$
} Fig. IV.

m ist die Halbirungslinie des ∠ α von A bis a.
m′ ⸗ ⸗ ⸗ ⸗ ∠ β ⸗ B ⸗ b.
m″ ⸗ ⸗ ⸗ ⸗ ∠ γ ⸗ C ⸗ c.
} Fig. V.

r ist der Radius des umgeschriebenen Kreises.
ϱ ⸗ ⸗ ⸗ ⸗ eingeschriebenen ⸗
ϱ' ⸗ ⸗ ⸗ ⸗ angeschr. Kr., der a und die Verlängerung von b und c berührt.
ϱ'' ist der Radius des angeschr. Kr., der b und die Verlängerung von a und c berührt.
ϱ''' ist der Radius des angeschr. Kr., der c und die Verlängerung von a und b berührt.
} Fig. VI.

(a + b + c) ist die Länge des Umfangs des △.
(a + b) ist die Summe, (a — b) der Unterschied zweier Seiten.

◺. Zeichen für ein rechtwinkliges △. Fig. VII.
Darin ist c die Hypothenuse, es wird also:

$$t'' = r = \frac{c}{2}. \quad h = b. \quad h' = a.$$

△. Zeichen für ein gleichschenkliges △. Fig. VIII. und Fig. VIII. a.

$$\beta = \gamma. \ t' = t''. \ h' = h''. \ h = t = m. \ m' = m''.$$

△. Zeichen für ein gleichseitiges △. Fig. IX.
a die 3 Seiten. h die 3 Höhen. $r = \frac{2}{3}h$. $\varrho = \frac{1}{3}h$.

C. Parallelogramme.

Jedes ▱ wird aus 2 △△ ABC mit ihren Zeichen so zusammengesetzt, Fig. X., daß c Diagonale wird.

Das △ ABC leitet seine Zeichen aus ABC ab.

c' = 21'' = CD. Den ∠(cc') bilden die Diagonalen in E.

▭. Zeichen für Rectangel, aus ◺, Fig. VII., abgeleitet giebt Fig. XI.

◇. Zeichen für Rhombus, aus △, Fig. VIII., so daß a Diagonale wird; a' die Diagonale AD, Fig. XII.

□. Zeichen für Quadrat. a die Seite. c Diagonale. Fig. XIII.

D. Vierecke.

⏢. Zeichen für Viereck ABCD, Fig. XIV — XVII.

a ist die Seite von A bis B; b von B bis C; c von C bis D; d von D bis A.

e ist die Diagonale von A bis C; e' von B bis D.

Die ∠∠, welche von den Seiten des ⏢ gebildet werden, sind: ∠A = ∠(ad), ∠B = ∠(ab), ∠C = ∠(bc), ∠D = ∠(cd).

Die ∠∠, welche von Seiten und Diagonalen gebildet werden, sind nach A durch ∠(ae), ∠(ae'), ∠(ce), ∠(ee') ꝛc. bezeichnet.

∠(bd) wird von b und d in der Verlängerung in S gebildet.

∠(ac) „ „ a „ c „ „ „ N „

⏢. Zeichen für Paralleltrapez. Zeichen analog Fig. XIV. in Fig. XIX. angedeutet, so daß a und c die ⫲ S. werden. ∠(ae) = ∠(ce); ∠(ae') = ∠(ce').

⏢ im ⊙. Zeichen für ein Viereck im Kreise. Zeichen aus Fig. XIV. in Fig. XXI. angedeutet. ∠C = (2R — ∠A). ∠D = (2R — ∠B). ∠(ae) = ∠(ce') ꝛc. r ist der Radius des umgesch. ⊙.

⏢ um ⊙. Zeichen für ein Viereck um einen Kreis.

Zeichen aus Fig. XIV. in Fig. XXII. angedeutet. ρ ist der Radius des eingesch. Kreises.

E. Kreise.

⊙. Zeichen für Kreis; vergl. A.

⊙ P oder P′ oder L.L′ oder K.K′ 2c. bedeutet: daß ein ⊙ durch P, P′ gehen, oder L.L′ oder K.K′ 2c. berühren soll. Fig. XXIII.

⊙ L_s oder $L'_{s'}$ zeigt an: daß ein ⊙ die Linie L oder L′ so schneiden soll, daß eine gegebene Sehne s oder s′ sich bildet. Fig. XXIV.

⊙ K_s oder $K'_{s'}$ 2c.: es soll ein ⊙ von den Kreislinien K oder K′ die gemeinschaftlichen Sehnen s oder s′ 2c. abschneiden. Fig. XXV.

⊙ K_d oder $K'_{d'}$ 2c.: es soll ein ⊙, K oder K′ so schneiden, daß der Durchmesser von K oder K′ die gemeinschaftliche Sehne wird, Fig. XXVI., also diese Kreislinien halbirt werden.

⊙ L_α, oder L'_β, oder L''_γ bedeutet: daß der, durch die Schneidung eines ⊙ und einer geraden Linie L, L′, L″, bestimmte Abschnitt einen gegebenen ∠ α, β, γ faßt. Fig. XXVII.

⊙ P_b, $P'_{b'}$, $P''_{b''}$ sagt: daß die aus P oder P′ oder P″ nach einem ⊙ laufenden Berührungslinien die Längen b, b′, b″ 2c. haben sollen. Fig. XXVIII.

⊙ K_b, $K'_{b'}$, $K''_{b''}$: die gemeinschaftliche Berührungslinie von K oder K′ oder K″ mit einem ⊙ soll b oder b′ oder b″ sein. Fig. XXVIII.

⊙ L_μ sagt: der Mittelpunkt eines gesuchten ⊙ soll in die gegebene Linie L fallen. Fig. XXIX.

§. 3.

Beispiele zur Einübung der auf nebenstehenden Tafeln bemerkten Zeichen und Abkürzungen.

Die verschiedenen Zeichen und Abkürzungen sind auf den ·benstehenden Tafeln auseinandergesetzt. Es scheint uns aber ·thwendig denselben noch die nachstehende Reihe von Erläu·ungen hinzuzufügen.

1. △ aus a, α, h oder b, β, h′ oder c, γ, h″ bedeutet:

es soll ein Dreieck, Fig. I. und II., aus einer Seite, dem ·egenwinkel, und dem Perpendikel, welcher vom Scheitelpunkt ·ses ∠ auf die Seite gefällt ist (der auf dieser Seite stehen·n Höhe) konstruirt werden.

2. △ aus a, t, h′ oder a, t, h″ oder b, t′, h oder b, t′, h″ oder c, t″, h oder c, t,″ h′ verlangt:

ein Dreieck, Fig I. und III., zu konstruiren aus einer ·eite, der aus der Mitte dieser Seite bis zum Scheitelpunkte · Gegen∠ gezogenen Transversale, und dem Perpendikel, ·lcher vom Endpunkt der Seite auf einen Schenkel des Ge·n∠ gefällt ist.

3. △ aus (β — γ), r, ϱ oder (α — β), r, ϱ oder (α — γ), r, ϱ 2c. fordert:

die Zeichnung eines Dreiecks, Fig. I. und VI., aus dem ·terschiede zweier Winkel, dem Radius des umgeschriebenen ·d dem Radius des eingeschriebenen Kreises.

4. △ aus α, m, $t_{(m:n)}$ oder β, m′, $t'_{(m:n)}$ oder γ, m″, $t''_{(m:n)}$ heißt:

es soll ein Dreieck, Fig. V. und IV., gezeichnet ·rden aus einem ∠, und zwei von dem Scheitel desselben ·d der Gegenseite begrenzten Linien, von denen die eine den ·inkel halbirt, und die andere die Seite im Verhältniß zweier ·gebenen Linien theilt.

5. △ aus (b : c), (p — q), $t'_{(m:n)}$ bedeutet:

es soll ein △, Fig. I. und II. und IV., konstruirt wer·n aus einem gegebenen Verhältniß zweier Seiten, dem Un·

terschied der von der Höhe in der dritten Seite gebildeten Abschnitte, und der Länge einer Transversale, welche von einem Endpunkt der zuletzt genannten Seite ausläuft, und die Gegenseite nach dem Verhältniß m : n theilt.

6. △ aus a, ϱ', ϱ'', oder a, ϱ', ϱ''', oder b, ϱ'', ϱ', oder b, ϱ'', ϱ''', oder c, ϱ''', ϱ', oder c, ϱ''', ϱ'' heißt:

es soll ein Dreieck, Fig. VI., gezeichnet werden aus einer Seite, dem Halbmesser eines Kreises am Dreieck, welcher diese Seite und die Verlängerung der beiden anderen Seiten berührt, und aus dem Halbmesser eines zweiten Kreises am Dreieck, welcher eine andere Seite und die Verlängerung der übrigen beiden Seiten ebenfalls berührt.

7. △ aus a, (b + c), (h' + h'') oder b, (a + c), (h + h'') oder c, (a + b), (h + h') fordert:

die Konstruktion eines Dreiecks, Fig. I. und II., mit einer gegebenen Seite, einer vorgeschriebenen Summe der anderen beiden Seiten, und einer bestimmten Summe der auf denselben stehenden beiden Höhen.

8. △ aus (a + b + c), ϱ, h oder (a + b + c), ϱ, h' oder (a + b + c), ϱ, h'' sagt:

es soll ein △, Fig. I. und VI., aus dem Umfange, dem Radius des eingeschriebenen Kreises und einer Höhe gezeichnet werden.

9. ◺ aus f^2, c verlangt:

ein rechtwinkliges Dreieck, Fig. VII., mit einer gegebenen Fläche und einer bestimmten Hypotenuse zu verzeichnen, oder: man soll eine gegebene Fläche in ein rechtwinkliges Dreieck mit einer bestimmten Hypotenuse verwandeln.

10. △ aus h, h' bedeutet:

es soll ein gleichschenkliges Dreieck, Fig. VIII. und VIII. a., konstruirt werden aus einer auf einem Schenkel stehenden Höhe, und aus der Höhe, welche die Grundlinie trifft.

11. △ aus ϱ fordert:

die Konstruktion eines gleichseitigen Dreiecks, Fig. IX., mit einem gegebenen Radius des eingeschriebenen Kreises.

12. ▱ a, b, ∠ (c c′) heißt:

es soll ein Parallelogramm, Fig. X., mit zwei gegebenen Seiten und einem bestimmten, von beiden Diagonalen gebildeten, Winkel verzeichnet werden.

13. ▭ aus a, (c — b) oder b, (c — a) verlangt:

die Zeichnung eines Rechtecks, Fig. XI., mit einer gegebenen Seite und einem bestimmten Unterschiede zwischen der anstoßenden Seite und einer Diagonale.

14. ◇ aus a, a′ sagt:

es soll ein Rhombus, Fig. XII., mit zwei bestimmten Diagonalen gezeichnet werden.

15. □ aus c bedeutet:

es soll ein Quadrat, Fig. XIII., mit einer gegebenen Diagonale konstruirt werden.

16. ⏢ aus a, c, e, e′, ∠ (e e′) oder
b, d, e, e′, ∠ (e e′) fordert:

die Konstruktion eines Vierecks, Fig. XIV. bis XVII., aus zwei gegenüberliegenden Seiten, den beiden Diagonalen, und dem von denselben gebildeten Winkel.

17. ⏢ aus f^2, e, e′, ∠ A, ∠ C oder f^2, e, e′, ∠ B, ∠ D heißt:

es soll ein Viereck, Fig. XIV. bis XVII., aus der Fläche, den beiden Diagonalen, und zwei gegenüberliegenden Winkeln des Umfanges konstruirt werden; oder: man soll eine gegebene Fläche in ein Viereck verwandeln, von welchem die beiden Diagonalen und zwei Gegenwinkel des Umfanges bestimmt sind.

18. ⏢ aus a, d, ∠ A, ∠ (c e), ∠ (b e) oder a, b, ∠ B, ∠ (d e′), ∠ (c e′) oder b, c, ∠ C, ∠ (e a), ∠ (e d) verlangt:

die Konstruktion eines Vierecks, Fig. XIV. bis XVII., aus zwei aneinanderstoßenden Seiten (Nebenseiten), dem von ihnen eingeschlossenen Winkel, und den beiden Winkeln, welche die von dem Scheitel des gegebenen Winkels auslaufende Diagonale mit den beiden unbekannten Seiten bildet.

19. ⏢ aus a, c, e, e′ sagt:

man soll ein Paralleltrapez. Fig. XIX., aus den beiden ⋕ Seiten, und den beiden Diagonalen zeichnen.

20. ⏢ aus (b + d), (c — a), ∠ B, ∠ (e e′) fordert:

die Konstruktion eines Paralleltrapezes, Fig. XIX., aus der Summe der nicht ⋕ Seiten, dem Unterschiede der ⋕ Seiten, einem Winkel am Umfange, und einem von den Diagonalen gebildeten Winkel.

21. ⏢ im ⊙ aus r, e, a oder r, e, c verlangt:

die Zeichnung eines gleichschenkligen Paralleltrapezes, Fig. XX., aus dem Radius des umgeschriebenen Kreises, einer Diagonale, und einer der ⋕ Seiten.

22. ◺ im ⊙ aus ∠ A, e, e′, ∠ (e e′) bedeutet:

es soll ein Viereck im Kreise, Fig. XXI., aus einem Winkel am Umfange den beiden Diagonalen und dem von ihnen gebildeten Winkel verzeichnet werden.

23. ◺ um ⊙ aus e, a′, b, ∠ (ae) heißt:

es soll ein Viereck um einen Kreis, Fig. XXII., aus einem Paar Nebenseiten, der ihren Durchschnittspunkt treffenden Diagonale, und einem Winkel, welchen dieselbe mit einer dieser Seiten bildet, gezeichnet werden.

24. P, P′, L; in L soll X so bestimmt werden, daß PX = P′ X, heißt:

es sind zwei Punkte und eine Linie der Lage nach gegeben; man soll in der letzteren einen Punkt bestimmen, welcher von den beiden gegebenen Punkten gleichweit entfernt ist.

25. ⊙ aus L ⋕ L′ und P zwischen L und L′ sagt:

man soll eine Kreislinie zeichnen, Fig. XXIII., welche zwei festliegende ⋕ Linien berührt und durch einen zwischen denselben liegenden Punkt geht.

26. ⊙ aus K, L und P in L fordert:

die Konstruktion eines Kreises, Fig. XXIII., welcher eine festliegende Kreislinie, und eine der Lage nach gegebene gerade Linie in einem bestimmten Punkte berührt.

27. ⊙ aus K_s, $L_{s'}$, P in L verlangt:

die Beschreibung einer Kreislinie, Fig. XXIII. und XXIV., welche von einer festliegenden Kreislinie eine bestimmte Sehne s, von einer der Lage nach gegebenen geraden Linie eine zweite Sehne s' abschneidet, und durch einen in dieser Linie gegebenen Punkt geht.

28. ⊙ aus K_d, $K'_{d'}$, L bedeutet:

man soll eine Kreislinie zeichnen, Fig. XXIII. und XXVI., welche zwei festliegende Kreislinien in den Endpunkten ihrer Durchmesser schneidet (halbirt), und eine der Lage nach gegebene gerade Linie berührt.

29. ⊙ aus L_α, L'_β, K heißt:

es soll ein Kreis, Fig. XXIII. und XXVII., konstruirt werden, von dem zwei der Lage nach gegebene Linien die $\measuredangle$ α und β fassende Segmente abschneiden, und welchen außerdem eine festliegende Kreislinie berührt:

30. ⊙ aus P_b, $P'_{b'}$, $K_{b''}$ fordert:

eine solche Verzeichnung eines Kreises, Fig. XXVIII., daß die aus zwei gegebenen Punkten an denselben gezogenen Berührungslinien die Längen b und b' erreichen, und die zu einem festliegend gegebenen Kreise verzeichnete, gemeinschaftliche Berührungslinie die Größe b'' erhält.

31. ⊙ aus K_d, L_μ, P_b verlangt:

die Konstruktion einer Kreislinie, Fig. XXVI., XXVII. und XXIX., welche eine der Lage nach gegebene Kreislinie (halbirt) im Durchmesser schneidet, mit ihrem Mittelpunkt in eine festliegende gerade Linie fällt, und durch eine von einem bestimmten Punkte auslaufende Linie, welche die Länge b hat, berührt wird.

32. ⊙ aus K_b, $K'_{b'}$, $K''_{b''}$ heißt:

es sind 3 festliegende Kreislinien gegeben; man soll eine 4te so verzeichnen, daß sich die Längen der 3 gemeinschaftlichen Tangenten, welche von den gegebenen Kreisen nach dem gesuchten gezogen werden können = b, b' und b'' ergeben.

Bemerkung. Es wird zweckmäßig sein, bei der Einübung der Bezeichnung, wenn man dieselbe im Unterricht wählt, den Schüler dieselbe Aufgabe auf verschiedene Art in Zeichen ausdrücken zu lassen, wie dies z. B. in den Aufgaben 1, 2, 3 u. s. w. geschehen ist.

Erster Theil.

ie geometrische Analysis.

Betrachtungen über die geometrische Analysis.

§. 1.

Eine streng wissenschaftliche Scheidung der geometrischen Analysis in solche Klassen, von denen die eine oder die andere nothwendig zur Auflösung jeder Aufgabe führte, ist unstatthaft, da hier sehr viele Wege zu demselben Ziele führen. Für den Schüler ist es aber nützlich, ein gewisses Fachwerk zu besitzen, nach welchem derselbe arbeiten kann, da hiedurch einzelne Zielpunkte in einem großen Raume gegeben werden, deren allmählige Verfolgung in jedem Fall die Arbeit erleichtert. In diesem Sinne nun pflegen wir die folgenden Abtheilungen der geometrischen Analysis im Unterricht zu benutzen, und wollen uns derselben zugleich bedienen, um das Wesen dieser Analysis im Einzelnen zu betrachten.

1. Analysis durch passende Benutzung der im System der Geometrie mitgetheilten Gesetze der geforderten und gegebenen Größen, oder, wo diese Gesetze nicht unmittelbar genügen sollten, durch Aufsuchung von neuen, welche mit der Aufgabe im Zusammenhange stehen.

2. Analysis durch Benutzung der geometrischen Oerter.

3. Analysis durch Benutzung der sogenannten Daten.

4. Analysis durch Reduktion (Zurückführung) auf schon bekannte Aufgaben, oder durch das Bilden von Hilfsaufgaben.

5. Analysis, welche aus zwei oder mehreren der vorstehenden Arten zusammengesetzt ist.

I. Analysis durch Gesetze.

§. 2.

Verfahren, wenn die Gesetze zur Analysis bekannt sind.

Nehmen wir die Aufgabe: ein ▱, Fig. X., aus a, c, c′ (Seite und beiden Diagonalen) zu verzeichnen, so würde die Kenntniß des Gesetzes der Diagonalen, nach welchen dieselben sich gegenseitig halbiren, unmittelbar die Analysis begründen und beenden, da sich hienach in dem angenommenen ▱ AB das △CBE ergiebt, und durch Verlängerung der halben Diagonalen CE und BE um sich selbst die Punkte D und A festgestellt werden können, folglich die Zeichnung des gesuchten ▱ gefunden ist. Es kam also nur darauf an, dies Gesetz der geforderten Größe zu kennen.

Aehnlich wäre es mit der Aufgabe: ein △, Fig. III., aus a, t′, t″ (d. h. einer Seite und den beiden Transversalen, welche von den Endpunkten dieser Seite und den Mitten der anderen beiden Seiten begrenzt werden) zu konstruiren, indem die Analysis als geschlossen anzusehen ist, wenn man weiß, daß die Transversalen sich im Verhältniß von 2 : 1 schneiden, da hienach das △ BGC aus a, $\frac{2}{3}$t′, und $\frac{2}{3}$t″ konstruirbar ist, woraus sich die Lage der Punkte F und E, so wie der Linien BF und CE, also auch des Punktes A ergiebt.

Auflösung und Beweis sind leicht gefunden, natürlich dieser aber nur durch Hineinziehung des obigen Gesetzes der Transversalen. Auch liegt die Determination nicht fern, da $\frac{2}{3}t' + \frac{2}{3}t'' > a$ und $\frac{2}{3}t' - \frac{2}{3}t'' < a$ sein mußten, um △BGC verzeichnen zu können.

Anmerkung. Hätte man das Gesetz über das Schneiden der Transversalen als unbekannt voraussetzen müssen, obgleich dasselbe wohl in den meisten Systemen der Geometrie mitgetheilt wird, und sich im Nothfall auch leicht entdecken ließe, so würde die 4te Art der Analysis, die durch Reduktion, wie wir in §. 25. zeigen werden, ebenfalls zum Ziele führen.

§. 3.

Verfahren, wenn die Gesetze zur Analysis unbekannt sind.

Schwieriger wird freilich diese Art der Analysis, wenn dem Anfänger das zu benutzende Gesetz ganz unbekannt ist, da es dann auf die Entdeckung desselben ankäme. Hat man z. B. die Aufgabe: $\triangle$, Fig. 23., aus a, (b — c), ($\beta - \gamma$) (d. h. aus einer Seite, dem Unterschiede der anderen Seiten und der Differenz ihrer Gegen$\measuredangle$) und man kennt den Satz nicht, daß wenn $AD = AB = c$, d. h. $CD = (b - c)$ bestimmt wird, sich dadurch der $\angle DBC = \frac{\beta - \gamma}{2}$ bildet, so wird die sonst ganz leichte Aufgabe bedeutend schwerer. Der Anfänger müßte dann erst dies Gesetz entdecken, indem er z. B. schlösse, daß, wenn um A mit c ein Kreis beschrieben wird, $\angle ABC - \angle ACB$ oder $(\beta - \gamma) = \angle AEB - \gamma = \angle CAE = 2 \angle DBC$ (als Periph.- und Centri$\measuredangle$), folglich $\angle DBC = \frac{\beta - \gamma}{2}$ sein müßte. Dann wäre die fernere Analysis:

Durch $CB = a$, $CD = (b - c)$ und $\angle CBD = \frac{\beta - \gamma}{2}$ ist $\triangle BDC$ konstruirbar. Aus diesem erhält man aber DB und $\angle ADB$, also auch das $\triangle$ (gleichschenklige $\triangle$) ABD, und mittelst desselben Punkt A, woraus sich leicht die Zeichnung des ganzen $\triangle ABC$ ableiten läßt.

Auflösung. Fig. 23 a. Ziehe $CB = a$, trage in B an a den $\angle \frac{\beta - \gamma}{2}$, beschreibe um C mit (b — c) einen Kreis, welcher die Linie DB in 2 Punkten D und D′ treffen muß, verlängere CD, und setze $\angle ADB$ in B an BD, so ergiebt sich das verlangte $\triangle ABC$.

Beweis. Aus $CB = a$ und $\angle ADB = \angle ABD$, also auch $AD = AB$ und $AC - AB = AC - AD = CD = (b - c)$ folgt, daß das $\triangle ABC$ die bestimmte Seite und den vorgeschriebenen Unterschied der anderen beiden Seiten hat. Beschreibt man nun um A mit AD einen Kreis, so ist $\angle ABC - \angle ACB = \angle AEB - \angle ACB = \angle EAC = 2\angle DBC = 2\frac{\beta-\gamma}{2}$ also $\angle ABC - \angle ACB = (\beta - \gamma)$, folglich hat das $\triangle$ auch die gegebene Differenz der beiden $\measuredangle$ ABC und ACB.

Determination. $(b-c)$ als Unterschied zweier Seiten muß $<$ sein als a, und CD, damit der Kreis um C die Linie BD schneidet, $>$ als der $\perp$ CF, d. h. $(b-c) > a \sin\frac{\beta-\gamma}{2}$.

Zusatz. Da das $\triangle$ CDB aus 2 Seiten und dem Gegen$\angle$ der kleineren gezeichnet wurde, so ergeben sich die beiden $\triangle\triangle$ CDB und CD′B; aus dem ersten folgt das $\triangle$ CAB, aus dem letzten CBA′, welche beiden $\triangle\triangle$ jedoch $\cong$ sind, so daß man nur ein Resultat, aber in verschiedener Lage erhält.

§. 4.

Bemerkungen über die vorhergehenden beiden Verfahrungsarten.

Die angeführten Beispiele zeigen, daß es bei dieser Art der Analysis hauptsächlich darauf ankömmt, zu untersuchen: in welcher Beziehung alle Bedingungen der Aufgabe mit der geforderten Größe stehen, und welche früher erkannten Sätze hiemit zusammenhängen. Dabei heben wir alle Bedingungen heraus (vergleiche Ueber die Aufgabe §. 23.), da keine Analysis als geschlossen angesehen werden kann, wenn nicht alle Bedingungen der geforderten Größe in Anschlag gebracht worden sind. Ist nun eine genaue Kenntniß der Wahrheiten des Systems vorauszusetzen, so wird die vorher bezeichnete, scharfe Vergleichung die Wahl der Sätze leiten, welche zum Ziele führen können. Außerdem verlangt aber die Analysis in §. 3., daß der Schüler im Stande sei, neue Gesetze aus bekannten abzuleiten, eine Fähigkeit, welche man bei Anfängern nicht immer machen kann. Dies nun zu erleichtern, dient ein Theil der im ersten Hauptstück mitzutheilenden und und in den Bemerk. §. 2. (soll heißen Bemerkungen über den Unterricht im Aufgabenlösen) näher bezeichneten Anleitungen.

2. Analysis durch Benutzung der Oerter.

§. 5.

In der Abhandlung U. d. A. (soll heißen über die Aufgabe) §. 6. ergaben sich beschränkt und unbeschränkt unbestimmte Aufgaben, je nachdem nur eine bestimmte Anzahl, oder unendlich viele Resultate den Bedingungen der Aufgabe genügten. So gehört z. B. zu den ersteren die Aufgabe: ein △ aus zwei Seiten und dem Gegen∠ der kleineren zu verzeichnen, da sich hieraus zwei △△ konstruiren lassen, was in diesem Fall aus dem Schneiden einer geraden und einer Kreislinie in 2 Punkten entstand. Diese Klasse der unbestimmten Aufgaben ergiebt sich erst als solche in Folge der Zeichnung, und behält in der Anzahl der Bedingungen eine Uebereinstimmung mit den bestimmten Aufgaben. Anders ist es mit den unbeschränkt unbestimmten Aufgaben, welche durch das Fehlen einer oder mehrerer Bedingungen entstehen, wie dies häufig bei den Verwandlungen und Theilungen der Figuren statt findet, z. B. ein △ in ein anderes von gegebener Grundlinie zu verwandeln, bei welcher Aufgabe nur die Fläche und die Grundlinie für das neue △ gegeben sind, also ein Stück zu einer bestimmten Zeichnung mangelt. Die Bestimmung der Auflösung ist bei solchen Aufgaben erleichtert, da man eine Willkühr in der Annahme eintreten lassen kann, und doch noch zu einem Resultate gelangt. Es kömmt aber eigentlich dann noch darauf an, für die unendlich vielen Resultate solcher unbestimmten Aufgabe dieselbe Beziehung aufzufinden. So würde sich bei der Konstruktion eines △ aus Grundlinie und Höhe ergeben, daß die Spitzen aller möglichen Dreiecke, wenn die Grundlinie festgelegt ist, in einer

Parallele liegen müßten, deren senkrechter Abstand gleich der Höhe wäre. Dies führt uns nun zu dem Begriff eines geometrischen Orts. Ein solcher Ort ist nämlich (im engeren Sinne) eine gerade oder krumme Linie, von der jeder beliebige Punkt gegen einen oder mehrere andere der Lage nach bestimmte Punkte oder Linien dieselbe Beziehung hat. In diesem Sinne war obige Parallele der geometrische Ort für die Spitze des zu verzeichnenden Dreiecks, und eben so kann man sagen, daß wenn von einer Linie = a, der eine Endpunkt A festliegt, die um A mit a beschriebene Kreislinie der Ort für den anderen Endpunkt ist. Zugleich bemerkt man, daß durch das Schneiden zweier Oerter ein und desselben Punktes, letzterer sich bestimmen muß, und zwar werden zwei gerade Linien als Oerter nur einen Punkt, eine gerade und eine Kreislinie aber, oder zwei Kreislinien, zwei Punkte angeben. Da es nun bei der Konstruktion einer geometrischen Größe nur auf das Festlegen von Punkten ankömmt, so springt hiedurch schon der große Nutzen der geometrischen Oerter für das Lösen der Aufgaben hervor; ja wollte man darin weiter gehen, so könnte man wohl alle Konstruktionen auf das Schneiden von geometrischen Oertern zurückführen, und in sofern alle Arten von geometrischer Analysis in dieser zusammenfassen.

§. 6.

Beispiele für die Analysis durch Oerter.

1. Aufgabe. Fig. 24. △ aus a, b, h (zwei Seiten und der auf einer dieser Seiten stehenden Höhe).

Analysis. Legt man durch die Länge a die Grundlinie BC des △ fest, so hat man (siehe §. 5.) durch die Länge b eine ⊙linie als Ort für die Spitze, und durch h (siehe §. 5.) eine Parallele zu a als zweiten Ort für denselben Punkt. Wo beide sich schneiden, und zwar diesmal doppelt, liegt die gesuchte Spitze.

Auflösung. BC = a gezeichnet, um C mit b einen

⊙ beschrieben, auf a den ⊥ h gesetzt, durch den Endpunkt desselben eine ‡ zu a gezogen, endlich die Durchschnittspunkte der Parallele und des Kreises A und A′ mit B und C verbunden, ergeben die △△ BCA und BCA′.

Beweis. Einfach.

Determination. $b \geqq h$, da sonst kein Schneiden der ‡ und des ⊙ statt findet.

Zusatz. Zwei △△ ABC und A′BC, welche der Größe aber nicht der Gestalt nach übereinstimmen, genügen den Bedingungen der Aufgabe, weshalb dieselbe eine beschränkt unbestimmte ist.

2. Aufgabe. In ein △ ABC, Fig. 25., soll ein Quadrat so eingeschrieben werden, daß von zwei Winkelspitzen jede in eine Seite des △, und die beiden übrigen in die dritte Seite BC desselben fallen. (Eine örtliche Aufgabe, siehe U. d. A. §. 5. u. §. 20)

Analysis. Die Aufgabe ist als gelöst anzusehen, sobald man einen der 4 Winkel-Punkte des Quadrats gefunden, und zwar würde das Aufsuchen von X oder Y zu gleichen Betrachtungen führen, weshalb wir nur einen Punkt, z. B. X, suchen wollen. Ein Punkt bestimmt sich durch das Schneiden zweier Oerter; AC selbst ist aber der eine Ort für X, es fehlt daher nur ein zweiter, d. h. irgend eine Linie MN, die so beschaffen ist, daß wenn man beliebige Punkte X′, X″, X‴ ꝛc. in derselben annimmt, und die Linien X′Y′, X″Y″ ꝛc. (ähnlich wie im □ XZ) zieht, diese Figuren Quadrate werden. Dazu müßte Y′X′ : Y″X″ : Y‴X‴ = Y′Z′ : Y″Z″ : Y‴Z‴ sein. Dies wird aber nur statt finden, wenn die Verlängerung von MN den Punkt B trifft, da allein in diesem Fall sowohl die eine als die andere Reihe von Verhältnissen = BY′ : BY″ : BY‴ sein kann. Ein Punkt des Orts MN, Fig. 25. a, nämlich B, ist also gefunden; ein zweiter muß sich aber ergeben, wenn man irgend wo Y′Z′ ⊥ BC zieht, und ‡ BC YX′ = Y′Z′ macht, da X′ dann in dem Ort MN liegen muß.

Auflösung. Man nehme in AB den Punkt Y' beliebig, fälle den ⊥ Y'Z', ziehe Y'X' ∦ BC und = Y'Z', verbinde B mit X', und verlängere diese Linie bis AC, so ist X ein Punkt des Quadrats u. s. w.

Beweis. YV ist nach der Konstruktion ein ▱ mit rechten ∡, es braucht daher nur gezeigt zu werden, daß XY = YZ, da in diesem Fall das ▱ ein Quadrat ist. Nun verhält sich BY' : BY = Y'Z' : YZ = Y'X' : YX, und Y'Z' ist = Y'X' n. K., folglich muß wirklich YZ = YX sein.

§. 7.

Ueber die Aufsuchung geometrischer Oerter.

Aus den vorstehenden Beispielen wird sich nicht allein das Verfahren der Analysis durch Oerter ergeben haben, sondern diese Beispiele zeigen auch, daß es hauptsächlich auf die Bestimmung der zu benutzenden Oerter ankömmt, d. h. die Analysis setzt entweder eine Kenntniß, oder ein Auffinden derselben voraus. Erstere denken wir zwar ebenfalls durch das Mittheilen der vorzüglichsten Oerter in den Anleitungen des 1sten Hauptstücks bei dem Anfänger zu begründen (siehe Bemerk. §. 2.); zur Selbstständigkeit beim Lösen der Aufgaben ist es aber wichtig, solche Oerter selbst auffinden zu können, um auf diesem Wege die Analysis zu bilden, weshalb wir hierüber noch Einiges anführen wollen. In §. 5. ist der Begriff eines geometrischen Orts nicht ohne Weiteres hingestellt worden, sondern es ist derselbe mit Absicht aus den unbestimmten Aufgaben abgeleitet, um durch diese Beziehung auf den Weg zu kommen, wie solche Oerter aufzusuchen sind. In Aufgaben, welche der Anzahl der Bedingungen nach (vergleiche U. d. A. §. 13.) bestimmt erscheinen, berücksichtige man die eine oder die andere Bedingung nicht, bilde sich also eine unbestimmte Aufgabe; suche für diese dann mehrere Resultate, und sehe, ob dieselbe nicht in irgend einer allgemeinen Beziehung stehen, indem sich daraus in den meisten Fällen ein geometrischer Ort ergeben wird. Führt man darauf die fortgelassene Bedingung ein, so wird sich durch Wiederholung des gleichen Verfahrens ein zweiter Ort für denselben Punkt geradezu, oder nach der Bestimmung anderer Oerter für Zwischenpunkte ergeben. Durch das Verbinden dieser Oerter ist endlich die Analysis als geschlossen anzusehen.

Die Wichtigkeit dieses Gegenstandes erheischt einige Beispiele.

§. 8.

Beispiele zur Aufsuchung der Oerter.

1. für 2 Oerter.

Aufgabe. Aus einem bestimmten Punkte, Fig. 26., P soll nach einer festliegenden Kreislinie K eine Sekante gezogen werden, welche eine Sehne von der Länge s abschneidet.

Aufsuchung der Oerter. Läßt man die in der Lage von P enthaltene Bedingung fort, so wird man in dem Kreise eine unendliche Menge von Sehnen s eintragen können. Da dieselben, Fig. 26. a., aber alle einerlei Größe haben, ist ihre gemeinschaftliche Beziehung, daß die (leicht gefundenen) senkrechten Abstände vom Mittelpunkte gleich sind, $MD = MD' = MD''$ 2c., d. h.: eine um M mit MD beschriebene Kreislinie geht durch D, D', D'' 2c., oder allgemein gesagt: die mit dem, zu s gehörenden, senkrechten Abstand, beschriebene Kreislinie ist der geometrische Ort für die Mitten der Sehnen s. Ein Ort ist daher für die Aufgabe gefunden, und es kömmt nun darauf an, für den ihm zugehörigen Mittelpunkt der Sehnen einen zweiten Ort zu bestimmen. Zu dem Ende lasse man die Bedingung der Aufgabe, daß s gegeben ist, fort, und führe die Lage des Punktes P, Fig. 26. b., oder die Länge PM wieder ein. Aus P lassen sich unendlich viele Sekanten ziehen, und es handelt sich nur darum: für die Mitten der Sehnen dieser Sekanten eine gemeinschaftliche Beziehung zu entdecken. Diese liegt aber offenbar darin, daß die Verbindungslinien der in Rede stehenden Punkte mit M und P, also DM und DP, oder D'M und D'P rc. rechte ∡ bilden, weshalb die Punkte D, D', D'' rc. in einer über PM als Durchmesser beschriebenen Kreislinie liegen müssen. Hiemit ist der zweite zu suchende Ort gefunden, und es ergiebt sich schließlich, daß in diesem Fall, wo beide Oerter Kreislinien bilden, zwei Punkte für D vorhanden sind. Hieraus folgt die

Analysis. Durch s, Fig. 26., ergiebt sich der senkrechte Abstand dieser Sehne vom Mittelpunkt = p, und eine mit p beschriebene Kreislinie ist der geometrische Ort für die Mitte D der Sehne s. Da nun $\angle$ MDP = R ist, so muß die über PM beschriebene Kreislinie ebenfalls ein Ort für D sein. Durch beide Oerter bestimmt sich außer P ein zweiter Punkt D der gesuchten Sekante, weshalb diese selbst gefunden ist.

Auflösung. Trage s, Fig. 26., willkührlich = SN in den Kreis, fälle $\perp$ MG, beschreibe mit demselben um M einen Kreis, eben so über MP mit $\frac{1}{2}$ MP, und ziehe endlich aus P durch die Schneidungspunkte dieser ⊙⊙ die Linien PF und PF', so ist die gesuchte Sekante doppelt gezeichnet.

Beweis. Da MG = MD = MD' n. K., so ist EF = E'F' = SN = s, wie dies verlangt wurde.

Determination. s $\leqq$ Durchmesser des ⊙ K.

Anmerkung. Wir haben in dieser Analysis mit Absicht das Legen einer Tangente aus P an den ersten Ort umgangen, da in diesem Fall die Analysis zu der aus Oertern und Reduktion gemischten Art gehört haben würde.

§. 9.

2. Beispiel, für einen Ort.

Aufgabe. Es ist ein $\angle$ α, Fig. 27., und in dem einen Schenkel ein Punkt P gezeichnet; man soll aus P eine Linie PY ziehen, welche in dem anderen Schenkel endigt, und von einer festliegenden Linie MN halbirt wird.

Analysis und Aufsuchung des Orts. Hier enthalten die Bedingungen der Aufgabe selbst schon einen Ort, nämlich MN für die Mitte X der Linie PY; kann man daher diesen Ort durch einen andern schneiden, so wäre ein zweiter Punkt der gesuchten Linie PY, also diese selbst gefunden. Läßt man zu dem Ende die Bedingung, welche in MN liegt, fort, so kann man unendlich viele Linien von P zwischen den Schenkeln des ∠ α ziehen, deren Mitten aber alle wegen der gleichen Verhältnisse PX : XY, PX′ : X′Y′ u. s. w. in einer geraden Linie, und zwar in der aus der Hälfte von PB gezogenen Parallele zu BN liegen müssen, welche deshalb den gesuchten Ort für X bildet.

§. 10.

3. Beispiel, für mehr als 2 Oerter.

Aufgabe. △ aus a, α, t′.

Aufsuchung der Oerter. Läßt man die Bedingung t′ fort, so kann man über CB = a, Fig. 28. a., (als festliegend) mehrere Punkte A, A′, A″ rc., annehmen, die mit B und C den ∠ α bilden. Bedenkt man nun, daß die Peripherie ∡ auf demselben Bogen (oder Sehne) nur gleich sein können, wenn durch die Endpunkte desselben und den Scheitelpunkt des Winkels eine Kreislinie geht, so findet sich damit für A eine Kreislinie als geometrischer Ort (dessen Verzeichnung hier als bekannt vorausgesetzt wird). a und der Kreis für den Scheitel von α liegen also fest, und es kömmt nun darauf an, diesen Ort durch einen zweiten zu schneiden. Die aus C gezogene Sehne könnte einen solchen bilden. Diese ist aber nicht gerade zu bestimmbar, sondern ergiebt sich, wie das Folgende zeigen wird, erst durch zwei andere Oerter, Fig. 28. Demnach führt man, übereinstimmend mit den Regeln des, §. 7. allgemein angedeuteten Verfahrens, t′ wieder ein, wodurch sich nach §. 5. durch den festliegenden Punkt B und die Länge t′ eine Kreislinie als Ort für den Endpunkt von t′ ergiebt. Dieser Punkt ist aber die Mitte der Sehne CA, welche als zweiter Ort des Punkts A benutzt werden sollte. Es kömmt daher ferner darauf an: einen zweiten Ort für die Mitte D dieser Sehne zu finden, welcher sich in der über dem Radius CM als Durchmesser konstruirten Kreislinie (wie in §. 8.) leicht ergiebt. Wir haben auf die Art 4 Oerter erhalten 1) die über a beschriebene Kreislinie, welche einen zum Peripherie$\angle$ α gehörenden Abschnitt faßt; 2) die um B mit t' beschriebne Kreislinie; 3) die über dem Radius des ersten $\odot$ als Durchmesser beschriebene Kreislinie; 4) die aus C durch den Schneidungspunkt des zweiten und dritten Orts gezogene Sehne, durch welche der dritte fehlende Punkt A des $\triangle$ ABC, also dies selbst festgestellt ist. Auflösung und Beweis sind aus dem Vorigen leicht abzuleiten.

Bei der Auflösung wird man bemerken, daß die Oerter 2) und 3) ein Resultat geben, wenn $t' < a$ oder $= BM' + CM'$ ist, daß die beiden Werthe $BM' + CM'$ und $BM' - CM'$ ein Maximum und Minimum für t' bilden, d. h. die Aufgabe unmöglich ist, wenn $t' > BM' + CM'$, oder $t' <$ als $BM' - CM'$ ist, und daß sich zwei Resultate ergeben, wenn $t' > a$ ist.

3. Analysis durch Daten.

§. 11.

In der Abhandlung II. d. A. §. 8. ist auseinandergesetzt worden: daß die Bedingungen einer Aufgabe von einander unabhängig gegeben sein müssen, also eine Abhängigkeit zwischen denselben statt findet. Diese Vorstellung führt zu den sogenannten Daten. Es sind solche Daten nämlich diejenigen Stücke einer geometrischen Größe, welche entweder an und für sich aus den Gesetzen und Konstruktionen der Geometrie abgeleitet werden können, oder durch die Zusammenstellung namhaft gemachter Stücke dieser Größe hervorgehen, und demnach bei einer Aufgabe als mitgegeben zu betrachten sind. So kann z. B. gesagt werden, aus der Größe s einer Sehne in einem mit r beschriebenen Kreise, läßt sich der zu s gehörige Abstand p durch das Fällen eines ⊥ (vergleiche §. 8.) ableiten, d. h. dieser Abstand p ist ein Datum, welches sich aus s und r ergiebt. Wäre die Möglichkeit der Konstruktion eines solchen Perpendikels noch nicht gezeigt worden, so könnte p nicht als Datum aus r und s betrachtet werden, wie z. B. durch die Größe eines ∠ nicht der dritte Theil, wohl aber die Hälfte mitgegeben ist. Solche Daten folgen also aus bekannten Konstruktionen unmittelbar, ohne daß man dazu die besonderen Bedingungen einer gestellten Aufgabe zu vergleichen hätte. So ist, nachdem man die Verwandlung einer jeden Figur in ein Quadrat gezeigt hat, die Seite eines, einer Figur gleichen Quadrats ein durch dieselbe gegebenes Datum. In derselben Art wären die Theile einer Linie, der rechte ∠, $\frac{2}{3}$ R, (durch die Konstruktion eines △) also auch $\frac{1}{3}$ R, das Supplement, das Komplement eines ∠ rc. solche unmittelbare Daten. Außerdem gehen aber Daten auf mittelbare Weise aus der Zusammenstellung der Bedingungen einer Aufgabe hervor. Z. B. durch die Seite a, Fig. I., und die auf der zweiten Seite b stehende Höhe h′ ist der Gegenwinkel γ der dritten Seite c als mittelbares Datum gegeben, da sich aus a und h′ ein ◺ konstruiren läßt, welches γ bestimmt. So kann auch leicht gezeigt werden, daß die 3 Stücke a, α, r (Radius des umgeschriebenen ⊙) eines △ in solcher Beziehung zu einander stehen, daß durch 2 derselben das dritte mitgegeben ist. Wie diese Daten bei der Analysis der Aufgaben benutzt werden können, liegt nicht fern; wir behalten uns aber vor, dafür insbesondere Beispiele (§. 13. §. 14. und §. 15.) hinzustellen, und wollen in dem folgenden Paragraph zunächst ein Paar schwerere Daten entwickeln, da sich dieselben nicht immer so nahe und leicht wie oben ergeben, sondern oft auf längerem Wege durch Gesetze der Figuren, ähnlich wie bei der ersten Art der Analysis, gefunden werden müssen, weshalb wir auch unter den, §. 1. der Eintheilung näher bezeichneten Anleitungen des ersten

Hauptstücks, die wichtigsten Daten, in Hinsicht auf die in den Bemerk. §. 2. angegebenen Gründe, mittheilen werden.

§. 12.

Zwei Daten als Beispiele.

Das Datum: in jedem △ stehen h, m (die Mittellinie des $\angle\alpha$) und $(\beta-\gamma)$ in solcher Beziehung, daß durch zwei dieser Stücke das dritte mitgegeben ist, zeigt sich, wenn man das Gesetz bemerkt: der durch m und h eines △, Fig. 29., (die Mittellinie eines ∠, und die Höhe, welche dessen Scheitel trifft) gebildete ∠ ist stets $= \frac{\beta-\gamma}{2}$.

Behauptung. $\angle EAD = \frac{\beta-\gamma}{2}$.

Beweis. $\angle EAD = \frac{\alpha}{2} - \angle DAB$;

aber $\angle DAB = R - \beta$,

also ist $\angle EAD = \frac{\alpha}{2} - R + \beta$,

und $2\angle EAD = \alpha - 2R + 2\beta$,

oder $2\angle EAD = \beta + \beta + \alpha - 2R$,

d. h. $2\angle EAD = \beta - (2R - \alpha - \beta)$; aber $2R - \alpha - \beta = \gamma$;

also ist $2\angle EAD = \beta - \gamma$,

und $\angle EAD = \frac{\beta-\gamma}{2}$, w. z. b. w.

Die Richtigkeit des hingestellten Datums ergiebt sich nun leicht aus diesem Gesetz, wenn man bedenkt, daß zur Konstruktion des ◺ EAD nur zwei von den drei Stücken h, m, und $(\beta-\gamma)$ gegeben zu sein brauchen.

Noch schwerer aufzufinden ist das folgende Datum. In jedem △ ist durch r und ϱ (Radius des um- und des eingeschriebenen Kreises) die Entfernung x der beiden Mittelpunkte mitgegeben: denn es ist x die mittlere Proportionale zwischen r und $(r - 2\varrho)$. (Dies Datum setzt also die Konstruktion einer mittleren Proportionale, vergleiche §. 11., voraus.)

Zeichnung. Für $\triangle ABC$, Fig. 30., sei D der Mittelpunkt des um-, E der des eingeschriebenen Kreises, und $DE = x$. Ziehe die Linien CEI, BE, DEGH, ADN, IA, IB und $\perp EF = \varrho$.

Beweis. Es ist $\angle ICB = \angle ICA$, also $IA = IB$, und

$$\angle IBA = \angle ICB = \angle ICA \text{ (Per.} \measuredangle\text{)};$$

aber $$\angle ABE = \angle EBF, \text{ folglich hat man}$$

$$\angle IBA + \angle ABE = \angle ICB + \angle EBF,$$

d. h. $$\angle IBE = \angle IEB, \text{ weshalb}$$

$IE = IB = IA$. Ferner ist $\triangle IAN \backsim \triangle ECF$, da $\angle INA = \angle ICA = \angle FCE$ ist. Diese Vorbereitungen begründen leicht das Folgende:

$$EG : EI = EC : EH, \text{ (Sehnensatz)}$$

oder $r - x : IA = EC : r + x$, da $EI = IA$ bewiesen.

Nun ist $EC : EF = AN : IA$, da $\triangle IAN \backsim \triangle ECF$,

folglich muß $r - x : EF = AN : r + x$ durch Zusammensetzung sein,

d. h. $r - x : \varrho = 2r : r + x$,

oder $r - x : 2\varrho = r : r + x$. Hieraus folgt d. S. d. h. G.

$$x : r + x - 2\varrho = r : r + x \text{ und d. S. d. V. G.}$$

$$r - 2\varrho : x = x : r, \text{ w. z. b. w.}$$

Zusatz. Wenn $\varrho = \frac{r}{2}$ ist, muß $x = 0$ sein, d. h. die beiden Mittelpunkte fallen zusammen, was beim $\triangle$ statt findet, wo $r = \frac{2}{3}h$ und $\varrho = \frac{1}{3}h$ ist.

Anmerkung. Diese beiden Daten sind in der Abhandlung II. d. A. §. 31. benutzt worden, wo sich auch Beispiele für ihre Anwendung finden. Zugleich kann hier bemerkt werden, daß der Lehrer durch solche versteckte Daten verleitet werden kann, unmögliche Aufgaben aufzustellen, z. B. die Aufgabe $\triangle$ h, m, $(\beta - \gamma)$ ist unmöglich, da aus zwei der genannten Stücke sich das dritte mit ergiebt; vergleiche II. d. A. §. 8., und die Anmerkung zu §. 34.

§. 13.

Analysis durch unmittelbare Daten. Beispiel 1.

Aufgabe. Es sind zwei Punkte A und B, Fig. 31., und eine Linie L der Lage nach gegeben; man soll in L einen Punkt X so bestimmen, daß ∠AXC = ∠BXD wird.

Analysis. Durch die Lage eines Punktes und einer Linie ist der senkrechte Abstand des ersteren von der Linie mitgegeben. Man kennt also hier die ⊥⊥ AC und BD, und dadurch auch CD. Nun soll ∠AXC = ∠BXD gefunden werden, folglich muß △ CAX ∽ △ BDX sein, woraus sich CX : DX = AC : BD ergiebt,
während CX + DX = CD bekannt ist.
Man hat also die Summe und das Verhältniß von CX und DX durch die angeführten Daten erhalten, wodurch sich die einzelnen Stücke, und damit der Punkt X, bestimmen.

Auflösung. Fälle die ⊥⊥ AC und BD, und theile CD nach dem Verhältniß AC : BD, so bestimmt dies den gesuchten Punkt X.

Beweis. Da sich nach der Konstr. verhält CX : DX = AC : DB, und bei C und D rechte ∠∠ sind, so ist △ ACX ∽ △ BXD, und daher ∠AXC = ∠BXD w. z. b. w.

Anmerkung. Diese Aufgabe kann auch ohne Benutzung der Aehnlichkeit gelöst werden: denn denkt man sich BX bis zum Durchschnitt mit dem ⊥ AC verlängert, so ergiebt sich durch einfache Schlüsse, daß CE = CA sein muß, also Punkt E, und folglich auch Punkt X bestimmbar ist.

§. 14.

Analysis durch mittelbare Daten. Beispiel 2.

Aufgabe. Es sind zwei Kreislinien K und K′, Fig. 32., der Lage nach gegeben; man soll einen Punkt X so bestimmen, daß die an beide Kreise gezogenen Berührungslinien XB und XB′ einen gegebenen $\angle \alpha$ einschließen, und XB = b wird.

Analysis. Durch die Lage der beiden Kreise ist die Centrale MM′, und durch ihre Größe sind die Radien BM = r und B′M′ = r′ gegeben. Aus b und r bestimmt sich ferner das △ BMX, also auch die Länge MX, der mit derselben um M beschriebene Kreis, und der $\angle$ MXB, aus welchem sich $\angle$ MXE = α — $\angle$ MXB ergiebt. Durch die beiden Stücke MX und $\angle$ MXE ist aber das △ XME, und daraus der ⊥ ME gegeben. Zieht man also M′G ≑ B′X, so bestimmt sich, da GE = M′B′ = r′ ist, MG = ME — r, und daraus schließlich, indem auch MM′ gegeben ist, das △ MGM′, weshalb mittelst der Lage von M′G die ≑ Richtung für B′X bekannt ist, und sich X als Durchschnittspunkt mit der abgeleiteten Kreislinie ergiebt.

Auflösung. Ziehe in einem beliebigen Punkte H eine Berührungslinie HN = b zu K, beschreibe mit MN einen Kreis um M, zeichne $\angle$ HNS = α, fälle den ⊥ MS, und bestimme MQ = MS — r′. Ferner beschreibe man über MM′ als Hypotenuse das △ MGM′, in welchem MG = MQ sein muß, ziehe M′B′ ≑ MG, und B′X ≑ M′G, so bestimmt sich der verlangte Punkt X in der mit MN gezeichneten Kreislinie.

Beweis. Verbindet man M mit X und zieht die Berührungslinie XB, so ergiebt sich △ MXE ≌ △ MNS und △ BMX ≌ △ HMN; jenes, da MN = MX, MS = ME (MG + r) ist, dieses, da man MX = MN, MB = MH hat. Aus der Kongruenz dieser beiden Paare △△ ergiebt sich aber $\angle$ HNM + $\angle$ MNS, oder α = $\angle$ BXM + $\angle$ B′XM, oder $\angle$ BXB′, und HN, oder b = BX, während die Schenkel XB und XB′ Berührungslinien sind, woraus genügend folgt, daß der Punkt X den Bedingungen gemäß bestimmt ist.

Anmerkung. Um nicht zu weitläuftig zu werden, lassen wir die Angabe der verschiedenen Resultate, die Determination 2c. fort, und stellen dagegen folgende Bemerkungen her:

1) die Aufgabe wäre auch mittelst einer gemischten Analysis lösbar, da, wenn MS und der mit dieser Länge um M beschriebene Kreis gefunden ist, man die Aufgabe auf die andere reduzirt hat, zu dieser Kreislinie und der gegebenen K' eine gemeinschaftliche Berührungslinie zu ziehen; 2) läßt sich eine Analysis durch Reduktion entwickeln, siehe 1599.; 3) endlich findet sich die einfachste, aber zur höheren Geometrie gehörende Analysis durch ein Datum und zwei Oerter: denn der Punkt X befindet sich in einer durch K, K', $\angle \alpha$, dessen Schenkel K und K' berühren, nach 608. bestimmbaren Kurve, und zugleich in der um M beschriebenen Kreislinie, welche die mittelst b und r gegebene Länge MX zum Halbmesser hat.

§. 15.

Analysis durch mittelbare Daten. Beispiel 3.

Aufgabe. $\triangle$ aus a, α, (b + c).

Analysis. Schneidet man, Fig. 33., $BD = BA + AC = (b + c)$ ab, und zieht DC, so ergiebt sich, da $AC = AD$ sein muß, nach dem Satz vom Außen$\angle$, $\angle BDC = \frac{1}{2} \angle BAC = \frac{\alpha}{2}$. Durch $\angle D = \frac{\alpha}{2}$, $BC = a$, $BD = (b + c)$ ist aber $\triangle$ BDC bestimmt, folglich DC gegeben, aus welcher Linie und $\angle$ D das $\triangle$ ACD hervorgeht. Dies bestimmt nun AC, und damit schließlich das verlangte $\triangle$ ABC.

Die Aufgabe läßt sich durch eine gemischte Analysis lösen, wenn man wie vorher $\angle D = \frac{\alpha}{2}$ ableitet, und nun erwägt, daß mittelst a und $\frac{\alpha}{2}$ eine durch B und C gehende Kreislinie als erster Ort für D gegeben ist, und die um B mit $BD = (b + c)$ beschriebene Kreislinie den zweiten bildet. Eine Analysis durch Oerter ergiebt sich aber, wenn man bedenkt, daß der Punkt A wegen der gegebenen Linie a und der Summe (b + c) sich in einer Ellipse befinden muß, für welche a die Entfernung der beiden Brennpunkte, und (b + c) die Summe eines Paars Leitstrahlen ist, und daß derselbe Punkt auch in der mittelst α und a konstruirbaren Kreislinie liegt, welche durch B und C geht.

Wir übergehen die Auflösung ꝛc. dieser Aufgabe, und bemerken nur, daß dieselbe, als unörtliche Aufgabe genommen, keinesweges eine beschränkt unbestimmte ist, was man daraus zu vermuthen Ursache hätte, daß sich $\triangle$ BDC doppelt zeichnen läßt: denn die abgeleiteten beiden $\triangle\triangle$ ABC und A′BC′ sind $\cong$, da BC′ = BC, $\angle$ BA′C′ = $\angle$ BAC gezeichnet ist, und sich außerdem $\angle$ BC′A′ = $\angle$ BC′D — $\angle$ A′C′D = $\angle$ BCC′ — $\angle$ BDC = $\angle$ DBC ergiebt.

Die eben beendigte, für diese Stelle eigentlich zu unbedeutende Aufgabe, ist hauptsächlich gewählt worden, um uns später auf dieselbe beziehen zu können.

4. Analysis durch Reduktion.

§. 16.

Wir verstehen unter der Analysis durch Reduktion dasjenige Verfahren, bei welchem eine Aufgabe so lange umgebildet wird, bis man zu einer schon bekannten, oder wenigstens zu einer leichter erscheinenden Aufgabe gelangt. So kann z. B. die Aufgabe: von einem außerhalb einer festliegenden Kreislinie gegebenen Punkt eine Berührungslinie an dieselbe zu ziehen, auf die Aufgabe ein ◺ aus der Hypotenuse (Linie zwischen dem Punkte und dem Centrum) und Kathete (Radius) zurückgeführt (reduzirt) werden. In derselben Art ist die Aufgabe: an zwei festliegende Kreislinien eine gemeinschaftliche (die Centrale nicht schneidende) Berührungslinie zu ziehen, die Konstruktion eines ⏢ aus den beiden $\parallel$ Seiten (die Radien), einer nicht parallelen Seite (die Centrale), und einem $\angle$ (der rechte $\angle$ an einem Berührungspunkt). Die Wege und Mittel zu diesen Reduktionen sind sehr mannichfaltig, weshalb in den folgenden Paragraphen nur einige der vorzüglichsten herausgehoben und durch Beispiele erläutert werden können.

§. 17.

Ueber verschiedene Einkleidungen der Aufgaben.

Die einfachste Art der Reduktion, welche man kaum als solche gelten lassen möchte, findet statt, wenn nur die Einkleidung einer Aufgabe von einer schon bekannten abweicht. Z. B. kann man die Aufgabe: durch 3 Punkte eine Kreislinie zu legen, auch so ausdrücken: einen Punkt zu finden, welcher von drei gegebenen Punkten gleich weit entfernt ist. In derselben Hinsicht ist schon U. d. A. §. 3. gezeigt worden, daß die Theilungen und Verwandlungen der Figuren weiter nichts als Konstruktionen sind, bei denen die Fläche der Figur als Bedingungsstück eingeführt ist, weshalb der Schluß schon hier gemacht werden kann, daß die Reduktion solcher Aufgaben häufig auf gewöhnliche Figuren-Aufgaben ohne mitgegebene Fläche statt finden muß. Sollte man z. B. ein △ in ein anderes mit zwei gegebenen Seiten a und b verwandeln, so bestimmt sich durch die Fläche und eine Seite a die zugehörige Höhe h; man hat daher die Konstruktion eines △ aus a,b,h, siehe §. 6. Der Anfänger stößt sich hiebei oft an Kleinigkeiten, weshalb man ihm ein und dieselbe Aufgabe in verschiedenen Einkleidungen geben muß, um ihn an eine allgemeinere Betrachtung zu gewöhnen. So kann die Aufgabe: △ aus a, (b—c), γ, erstens eingekleidet werden: es ist ein Punkt P′ außerhalb einer Kreislinie K, und in derselben ein Punkt P gegeben, man soll einen ○ zeichnen, dessen Peripherie durch P′ geht und K in P berührt. Hier wäre $MP' = a$, MP oder $r = (b-c)$, $\angle P'MP = \gamma$. Zweitens könnte dieselbe Aufgabe auch folgendergestalt abgefaßt werden. Gegeben K und K′ und P in K, man soll einen ⊙ zeichnen, welcher K in P, und K′ berührt. Die Centrale MM′ wäre $= a$, $r - r'$ oder der Unterschied der beiden Radien $= (b-c)$, $\angle M'MP = \gamma$, und die gesuchte Spitze A des △ würde durch den Mittelpunkt des zu beschreibenden ⊙ gebildet. Ueber die Aufgabe △ aus a, (b—c), γ siehe den Schluß der Anmerkung §. 19.

§. 18.

a. Reduktion durch die Vergleichung der Anzahl der Bedingungen.

Liegt die verschiedene Einkleidungsart ein und derselben Aufgabe nicht so nahe, wie im vorhergehenden Paragraph, so findet sich das einfachste Mittel für diese Art der Analysis durch Reduktion, in der Vergleichung der gestellten Anzahl Bedingungen der Aufgabe mit derjenigen Anzahl, die in der Abhandlung II. d. A. §. 14., für die verschiedenen Figuren angegeben wurde; weshalb es auch nothwendig ist, dem Schüler die Resultate jenes Paragraphen mitzutheilen. Dort findet sich z. B. die Anzahl der Bedingungen für die Konstruktion der △△ und ▱▱ übereinstimmend, woraus zu schließen ist, daß diese sich gegenseitig auf einander reduziren lassen; wie man wirklich alle ▱ Konstruktionen als △ Konstruktionen ansehen darf, wofür kein Beispiel nothwendig erscheint. Aber auch umgekehrt reduziren sich letztere oft auf erstere, namentlich wenn Transversalen gegeben sind, da diese die halben Diagonalen der doppelt so großen ▱▱ bilden. Hat man z. B. die Aufgabe △ aus a, b, t″, Fig. III., so reduzirt sich dieselbe auf die Konstruktion eines ▱ aus 2 Seiten (a, b) und der Diagonale (2 t″), welches wieder die Konstruktion eines △ aus 3 Seiten ist. Eben so findet sich ziemlich allgemein, daß man die Konstruktion von ⏢⏢ auf Zeichnung eines △ aus drei Stücken, und eines ▱, welches dann nur noch ein Stück erfordert, (2 Stücke liegen im △) zurückführen kann. Als Beispiel möge die Aufgabe dienen: ⏢ aus a, b, c, d (die 4 Seiten). Zieht man nämlich, Fig. 34., BH ⋕ AD, also = d, so ist △BHC aus BH = d, BC = b, und CH = c — a bestimmt; an dies △, ▱ AH, durch DH ⋕ AB und = a, gesetzt, giebt das verlangte ⏢. Im Folgenden sollen noch einige Beispiele für diese Reduktionsart gegeben werden.

§. 19.

1stes Beispiel.

Aufgabe. Gegeben K, L und P in L, Fig. 35.; man soll einen Kreis zeichnen, welcher L in P, und K von Außen berührt.

Analysis. Für den gesuchten Kreis, Fig. XXIII., sind 3 Bedingungen wie beim △ gegeben, versucht man deshalb die Aufgabe auf eine △ Konstruktion zurückzuführen, so ergiebt sich, daß, wenn man den Mittelpunkt des zu verzeichnenden Kreises μ nennt, vom △ μ MP eine Seite MP, oder a, die Differenz der beiden Seiten μ M und μ P = r, also (b — c), und ein ∠ MPμ, (da $\mu P \perp L$) oder β gegeben ist. Der zweite Theil derselben Aufgabe, wenn die Berührung von Innen verlangt ist, findet sich in der Abhandlung U. d. A. §. 26. ausgeführt. Mit dem Vorigen zusammenhängend sind auch die Aufgaben, Fig. XXIII., §. 17.: ⊙ aus P′, K, P in K und ⊙ aus K, K′, P in K.

Anmerkung. Da die Aufgabe ein △ aus a, (b — c), β (dem Gegen∠ der größeren Seite) zu verzeichnen, in diesen Betrachtungen noch nicht enthalten ist, wollen wir die Analysis derselben zur Vervollständigung des Paragraphen hier anführen.

Analysis. Bei jedem △, Fig. 23., kann man sich die Differenz zweier Seiten verzeichnen, indem man entweder AB von A bis D aufträgt, so daß CD = (b — c) wird, oder, indem man die größere Seite AC von A auf AB bis D′ absetzt, so daß sich BD′ = (b — c) ergiebt. Die letzte Art führt hier schneller zum Ziele, da durch das Ziehen der Hilfslinie CD′ der gegebene ∠ unzerstückelt bleibt. Es findet sich nämlich △ CBD′ aus CB = a, BD′ = (b — c), und ∠ CBD′ = 2 R — β bestimmt, aus welchem sich wieder △ ACD′, und schließlich das verlangte △ ABC ableiten läßt. (CD und △ CDB ist dagegen für die Aufgabe △ aus a, (b — c), γ, siehe §. 17., zu benutzen).

§. 20.

2tes und 3tes Beispiel.

Aufgabe. Zwischen zwei der Lage und Größe nach gegebene Kreise eine Linie a, $\ddagger$ der Centrale, einzuschieben. (Vergleiche 1585.)

Analysis. Durch die Lage der Kreise ist die Centrale MM′ = c, durch ihre Größe sind die Radien r und r′ gegeben, und außerdem hat man die Größe der $\ddagger$ mit c, = a, erhalten, man findet daher die Bedingungen fürs ▱, das in diesem Fall aus 4 Seiten, wie §. 18., zu verzeichnen ist.

In derselben Art, wie eben eine Linien-Aufgabe auf eine Figuren-Konstruktion zurückgeführt wurde, findet dies bei der folgenden Aufgabe statt:

Aufgabe. Innerhalb zweier konzentrischen Kreislinien K und K′ ist ein Punkt P gegeben, man soll durch denselben eine Linie legen, welche in K und K′ endigt, und in P halbirt wird. Fig. 36.

Analysis. Die Verbindungslinie des Punktes P mit dem Centrum M, und die beiden Radien MX und MY geben drei Stücke zur Konstruktion eines △ aus a, b, t″, welche §. 18. durch Hülfe eines ▱ geschah, wonach MP als Transversale um sich selbst bis G zu verlängern ist, und GY = MX, dem Radius des kleineren Kreises, abgeschnitten werden muß. Es werden sich bei der Zeichnung zwei gleiche, aber der Lage nach verschiedene Resultate ergeben.

§. 21.

4tes Beispiel.

Aufgabe. Ein Dreieck mit den ∠ α und β so zu konstruiren, daß drei der Länge nach gegebene Linien von A, B, C auslaufen, und sich in einem Punkte X vereinigen. Fig. 37.

Analysis. Hier sind 5 Stücke gegeben, d. h. die Anzahl der Bedingungen eines Vierecks, und man hat auch nur scheinbar die Konstruktion eines △, da es auf die Festlegung von 4 Punkten A, B, C, X ankömmt, und zu diesem Viereck mit einem erhabenen ∠, wenn X in das Dreieck fällt, sind 2 Seiten XA und XB, die von ihrem Durchschnittspunkt ausgehende Diagonale XC, und die beiden ∠∠ α, β, welche die 2 unbekannten Seiten mit der anderen Diagonale bilden, gegeben, oder in Zeichen ausgedrückt: man hat, Fig. 37., die Aufgabe ▱ aus a, b, e′, ∠(de), ∠(ce), deren Lösung durch den Ort des Apollonius mit 2 Resultaten, (indem X innerhalb und außerhalb des △ fallen kann) 1780 nachzuschlagen ist.

Anmerkung 1. Es kann die vorstehende Aufgabe aber auch ohne einen Ort mittelst folgender Analysis durch Daten gelöst werden.

Analysis. Man denke sich das △ AXC, Fig. 37., auf die andere Seite von AC gelegt, und verfahre ähnlich mit BXC und BXA, so entsteht ein Sechseck AMCNBP, in welchem AM = AX = AP, MC = CX = CN, NB = BX = BP, und ∠PAM = 2α, ∠PBN = 2β, ∠BNC = 2γ gegeben sind. Hiedurch sind aber die drei △△ APM, CMN, PBA bestimmt, woraus sich wieder △ PMN mittelst der drei bekannt gewordenen Seiten ergiebt, also umgekehrt △ABC aus △ PMN muß abgeleitet werden können. Die Analysis verändert sich nicht, wenn man bei derselben X außerhalb des △ annimmt.

Anmerkung 2. Die Aufgabe giebt stets 2 △△ ABC, da man das △ PMN in zwei Lagen gegen eine Seite, z. B. PN, bringen kann; vergleiche Fig. 37. und Fig. 37. a.

Anmerkung 3. Die Reduktion der vorstehenden Aufgabe zeigt deutlich, daß man die Art der Aufgaben (vergleiche U. d. A. §. 13. 3.) nicht immer nach der Anzahl der Seiten, sondern nach der Anzahl der festzulegenden Punkte charakterisiren sollte, wodurch sich in diesem Falle geradezu die richtige Stellung der Aufgabe (Festlegung von 4 Punkten oder eines Vierecks) ergeben hätte. Doch würde hiedurch die Einkleidung nicht allein verlieren, sondern auch zu sehr von der üblichen Art abweichen, weshalb man sich damit begnügen kann, den Schüler darauf aufmerksam zu machen, in wiefern dies bei einzelnen Aufgaben von Bedeutung ist.

§. 22.

5tes Beispiel.

Aufgabe. Im ∠α ist ein Punkt P, Fig. 38., gegeben; man soll eine Linie XY ziehen, die in beiden Schenkeln endet, und in P halbirt wird.

Analysis. Man hat als Bedingungen ∠ XAP, ∠ PAY, Linie AP, PX : PY = 1 : 1 und ∠XPY = 2R, d. h. wieder 5 Stücke, oder das Viereck AXPY mit einem gestreckten ∠. Da aber XP = PY sein soll, kann im △AXY die Linie AP als Transversale angesehen werden, durch welche man nebst den beiden Stücken von α genügende Bedingungen zur Konstruktion dieses △ hat. (Vergleiche U. d. A. §. 15.). Da aber die Transversale nach §. 18. die halbe Diagonale eines doppelt so großen ▱ bildet, so reduzirt sich die Aufgabe ferner auf eine ▱Konstruktion aus der Diagonale 2t, und zwei ∡, (tb) und (tc), welche dieselbe zum gemeinschaftlichen Schenkel haben. Die Auflösung dieser Aufgabe ergiebt sich schließlich, wenn man AP um sich selbst bis N verlängert, NX ∦ AY zieht, u. s. w.

§. 23.

b. Reduktion auf Hilfsaufgaben.

Eine zweite Art der gewöhnlichsten Reduktionen besteht in der Zurückführung auf eine Hilfsaufgabe, deren Auflösung leichter zu finden erscheint. Z. B. bei der Aufgabe △ aus t, β, γ liegt es durch den Ort §. 10. zwischen Seite und Gegen∠ sehr nahe, auf der einen Seite von t einen ⊙ für β, und auf der anderen einen zweiten für γ zu beschreiben, womit man zu der Hilfsaufgabe gelangt: durch den Schneidungspunkt zweier Kreise eine Linie zu legen, welche in beiden Peripherieen endet und in dem Schneidungspunkt halbirt wird, deren Analysis sich als Fortsetzung dieses Paragraphs in §. 28. findet.

Anmerkung. Die Analysis dieser Aufgabe war eigentlich aus Oertern und Reduktion gemischt; man kann jedoch auch eine reine Analysis durch Daten machen, nämlich: durch β und γ ist das verlangte $\triangle$ der Gestalt nach bestimmt (vergleiche U. d. A. §. 6.), d. h. man kann ein ihm ähnliches $\triangle$ zeichnen; daraus ergiebt sich aber das Verhältniß der Transversale zu einer Seite, weshalb, da man ein Glied desselben, die Transversale, erhalten hat, das andere, die Seite, gefunden werden kann. Zur Lösung der Aufgabe zeichne man daher aus β und γ ein willkührliches $\triangle$ A𝔅ℭ, Fig. 39., verlängere die in demselben vorkommende Transversale A𝔇 so bis D, daß AD = t wird, und ziehe CDB ∦ ℭ𝔅, so erhält man das verlangte $\triangle$ ABC, indem man leicht zeigen kann, daß CD = DB ist.

§. 24.

1. Beispiel einer Reduktion auf eine nicht leichtere Hilfsaufgabe.

Bei dieser Art der Reduktion wird jedoch öfter der Fall eintreten, daß man aus einer Aufgabe eine Hilfsaufgabe bildet, welche eben so schwer zu lösen ist, als die Aufgabe selbst, z. B.

Aufgabe. $\triangle$ aus a, α, ϱ (Radius des Kreises im $\triangle$). (Vergl. U. d. A. §. 22.)

Analysis. α und den im $\angle\alpha$ liegenden mit ϱ beschriebenen $\odot$, Fig. 8., kann man leicht festlegen, wodann man findet, daß es nur darauf ankömmt: zwischen die Schenkel des $\angle\alpha$ an den $\odot$ eine Berührungslinie von der Länge a zu legen. Diese Hilfsaufgabe, welche 375 nachgeschlagen werden kann, ist aber schwerer zu lösen als die $\triangle$Konstruktion selbst. Die letztere nämlich hätte man noch durch Daten sehr mannichfaltig zu reduziren vermocht, z. B.: durch $\frac{\alpha}{2}$ und ϱ ist AF = AD bekannt, welche Länge g heißen mag;

BE ist aber = BD, EC = CF, also BE + EC = a = BD + CF, folglich AC + AB = 2g + a; es ist daher nur die Aufgabe, ein △ aus a, α, (b + c) (= 2g + a) (siehe §. 15.) zu konstruiren.

Da dem Anfänger nun solche Reduktionen auf nicht selten schwere Hilfsaufgaben nahe liegen, sollen die gewöhnlichsten derselben, in Rücksicht auf die, Bemerk. §. 2., angegebenen Gründe, unter den Anleitungen des ersten Hauptstücks mitgetheilt werden.

§. 25.

2. Beispiel einer Reduktion auf eine nicht leichtere Hilfsaufgabe.

Aehnlich wie im vorhergehenden Paragraph wäre es dem Anfänger ergangen, wenn ihm zu der Aufgabe: △ aus a, t′, t″ das Gesetz für das Schneiden der Transversalen §. 2. nicht bekannt wäre, sondern derselbe diese Linien nach §. 18. als halbe Diagonalen eines doppelt so großen ▱ ansähe. Er würde in diesem Falle bald auf die Hilfsaufgabe gekommen sein: ein ⏢ DEBC, Fig. 40., aus den beiden ∦ Seiten, BC = a, ED = 2a, und den beiden Diagonalen, BD = 2t′ und CE = 2t″, zu konstruiren, welches zu einer dritten Reduktionsart, nämlich durch Analogie führt, wie der folgende Paragraph näher zeigen soll.

§. 26.

c. Reduktion durch Analogie.

Unter den mannichfaltigen Arten von Reduktionen tritt endlich noch die durch Benutzung von analogen Schlüssen hervor. Hätte man z. B. die im vorhergehenden Paragraph zum Vorschein gekommene Aufgabe: ein ⏢ aus den beiden ∦ Seiten a, c und den beiden Diagonalen e, e′ zu konstruiren, so schließe man ganz allgemein: daß jedes Paralleltrapez durch eine zusammenhängende Verbindung vier festliegender Punkte, wobei aber zwei Verbindungslinien ∦ ausfallen, gebildet werden kann. In diesem Sinne darf man sich die vier Punkte A, B, C, D, Fig. 41., auch durch die Linie ABCDA zu einem ▭ verbunden denken, in welchem Falle die Linien e, e′ nicht mehr Diagonalen sind, sondern als die nicht ∦ Seiten eines ▭ angesehen werden müssen. Auf diese Weise betrachtet, ist aber die vorher gestellte Aufgabe, ▭ aus a, c, e, e′, keine andere als ▭ aus a, b, c, d oder: ein ▭ aus den vier gegebenen Seiten zu verzeichnen, weshalb auch die für ▭ aus a, b, c, d §. 18. gefundene Auflösung mit geringen, durch die verschiedene Lage entstehenden, Modifikationen hier giltig sein muß, welches sich mittelst der in Fig. 34. und Fig. 41. analog gesetzten Buchstaben so vollkommen bestätigt, daß wir die §. 18. gegebene Auflösung für die jetzt in Rede stehende Aufgabe, mit Ausnahme eines einzigen Vorzeichens, hier wörtlich abschreiben dürfen.

Zieht man nämlich BH ∦ AD, also = d, so ist △BHC aus BH = d, BC = b und CH = c + a bestimmt; an dies △ ⌐AH durch DH ∦ AB und = a gesetzt, giebt das verlangte ▭.

Anmerkung. Durch diese Analogie beende man die Aufgabe in §. 25., und vergleiche die dadurch gefundene Konstruktion mit der aus §. 2. Es findet sich, daß das bei der ▭ Aufgabe zuerst konstruirte △ eine dreimal so große Seite hat, als das §. 2. aus a, $\frac{2}{3}t'$, $\frac{2}{3}t''$ verzeichnete, weshalb die an jenem Orte gegebene Determination auch für diese Auflösung paßt. (Vergleiche U. d. A. §. 33.)

§. 27.

1. Beispiel für eine Reduktion durch Analogie.

Aufgabe. Gegeben KK′ und L; man soll in L einen Punkt X so finden, daß die aus demselben an K und K′ gezogenen Berührungslinien mit L gleiche ∠ bilden.

Analysis. Vergleicht man diese Aufgabe mit der in §. 13., so findet sich eine große Uebereinstimmung; nämlich statt der Punkte A und B, Fig. 31., sind hier die um M und M′ beschriebenen Kreise gegeben, und statt der Linien AX und BX werden die Berührungslinien BX und B'X verlangt. Diese Analogie in der Aufgabe läßt auch eine Analogie in der Auflösung vermuthen. Betrachtet man aber, um dies näher zu untersuchen, die in §. 13. gegebene Auflösung, bei welcher der aus A auf L gefällte ⊥ AC um sich selbst verlängert wurde, wodurch sich der Punkt E ergab, und wo man hierauf E mit B verband, welche Linie schließlich X bestimmte, so liegt es nahe genug, da in der Aufgabe statt der Punkte A und B Kreise, und statt gewöhnlicher Verbindungslinien Tangenten gesetzt sind, dasselbe in der Auflösung zu thun, womit diese sich folgendergestalt ergiebt.

Auflösung. Verlängere den ⊥ MD zu L um sich selbst bis M, beschreibe K um M = K, und ziehe zu K und K' die gemeinschaftliche Tangente BB', so bestimmt dieselbe in L den gesuchten Punkt X.

Beweis. △ MXD ≅ MXD, also MX = MX. Nun ist auch MB = MB, folglich ist △ MBX ≅ △ MBX. Aus der Kongruenz beider Paare von △△ ergiebt sich ∠ MXD + ∠ MXB = ∠ MXD + ∠ MXB, oder ∠ DXB = ∠ DXB. Da aber ∠ DXB = ∠ B'XL ist, muß auch schließlich ∠ BXD = ∠ B'XL sein, w. z. b. w.

Anmerkung. Ueber die verschiedene Lage der Berührungslinien rc. siehe 1592.

§. 28.

2tes Beispiel für die Reduktion durch Analogie.

Auch die in §. 23. entwickelte Hilfsaufgabe kann durch diese Art der Reduktion leicht wie folgt gelöst werden.

Aufgabe. Durch den Schneidungspunkt zweier Kreise, Fig. 43., eine Linie zu legen, welche in beiden Peripherieen endet, und in jenem Schneidungspunkt halbirt wird.

Analysis. rc. Vergleicht man diese Aufgabe mit der 2ten des §. 20., so findet sich eine große Aehnlichkeit, nur sind hier schneidende Kreise statt konzentrischer, und ihr Durchschnittspunkt statt eines willkührlichen Punktes gegeben, weshalb auch diese Aufgabe als eine Analogie von jener anzusehen ist, und sich nothwendig eine analoge Auflösung ergeben muß. Dort hatte man MP um sich selbst zu verlängern, und aus dem erhaltenen Punkt G die eine Kreislinie mit dem Radius der anderen zu schneiden, um Y zu finden. Dasselbe thue man hier, und die Aufgabe ist gelöst: denn, wenn man YP bis X verlängert, und M und X verbindet, zeigt sich $\triangle$ MPX $\cong$ $\triangle$ YPG, weshalb YP = PX ist, w. z. b. w.

§. 29.

3tes Beispiel für die Reduktion durch Analogie.

Die Schlüsse bei den in den vorhergehenden Paragraphen enthaltenen Analogieen erscheinen zum Theil gewagt, sind aber unstreitig für das Lösen der Aufgaben fruchtbar. Es kann, in Rücksicht auf den zuletzt genannten Zweck, überhaupt nicht genug empfohlen werden, möglichst frei und dreist zu verfahren. Ungewöhnliche Fälle namentlich fordern auch ungewöhnliche Mittel. Wir verweisen in dieser Beziehung auf 1996 und 2015 bis 2031 in den Dreiecksaufgaben; 1440, 1442. b., 2053, 2058 in den Vierecksaufgaben; 2085, 2181, 2182 in den Kreis-Konstruktionen, und wollen hier nur noch ein geringeres Beispiel als weitere Ausdehnung des §. 26. anführen. Eine ähnliche Betrachtung nämlich, wie in §. 26. führt dazu, nicht bloß ABCDA, Fig. XIV., sondern auch ACDBA als ein Viereck zu betrachten (was Fig. XVIII. andeuten soll,) so daß die Aufgabe: ein ◺ aus a, $\angle$ (de'), $\angle$ (ce'), $\angle$ (ce), $\angle$ (be) dasselbe sagen würde, als ein ◺ aus e, $\angle$ (ab), $\angle$ (e'b), $\angle$ (e'd), $\angle$ (cd). Für beide Aufgaben paßt auch dieselbe Analysis, indem sich mittelst der 4 gegebenen $\measuredangle$ ein dem gesuchten Viereck ähnliches zeichnen läßt, aus welchem dann leicht, durch Einführung der Seite oder Diagonale, das eigentliche Viereck abgeleitet werden kann.

5. Gemischte Analysis.

§. 30.

Es ist leicht zu erkennen, daß jede gemischte Analysis sich aus den vorhergehenden vier Arten zu zwei oder drei oder vier zusammensetzen wird, wie sich dies auch schon mehrmals in den §§. 8, 14, 23, 24 gezeigt hat. Hieraus folgt von selbst, daß bei der gemischten Analysis auch alle oben angedeuteten Hilfsmittel vereinigt zu benutzen sind, so daß sich dadurch eine große Mannichfaltigkeit der Behandlung darbietet, und man auch, je nachdem ein Hilfsmittel früher oder später benutzt wird, zu mehrfachen Auflösungen ein und derselben Aufgabe gelangen kann. Als Beispiel kann die einfache

Aufgabe. △ aus a, h, t′ dienen.

Analysis. Durch a und h, Fig. 44. bemerkt man den Ort L aus §. 5., und, indem man nach §. 18. t′ als die halbe Diagonale des ▱ BD ansieht, kömmt man darauf, diesen Ort mit 2t′ zu schneiden, um D zu finden u. s. w.

Hätte man dagegen durch einen mit t′ um B beschriebenen ⊙ einen Ort für E festgelegt, so käme es nur darauf an: aus C eine Linie zu ziehen, die von L begrenzt, und von der Kreislinie halbirt wird, welche Hilfsaufgabe einen zweiten Ort für E verlangt, der sich in der um $\frac{1}{2}$ h von BC entfernten ‡NS bestimmt u. s. w. Eine dritte Analysis ergiebt sich, wenn man EF ‡ h zieht, da aus CA : CE = h : EF = 2 : 1, EF = $\frac{1}{2}$ h folgt, also die Aufgabe auf die Konstruktion des △ BEC aus 2 Seiten a und t′, und der Höhe $\frac{1}{2}$ h reduzirt ist.

Jede von diesen Analysen führt übrigens, ähnlich wie §. 6., zu zwei Resultaten, indem in der ersten 2 t′ die ‡ L, in der zweiten t′ die ‡ NS zweimal schneidet, und bei der dritten Analysis die Konstruktion des △ BEC zwiefach statt finden kann.

§. 31.

1. Beispiel für eine aus den 4 vorhergehenden Arten gemischte Analysis.

Aufgabe. △ aus a, h, $(\beta-\gamma)$, oder die allgemeinere **Aufgabe.** Fig. 45. Es soll über einer der Lage und Größe nach gegebenen Linie CB als Grundlinie ein △ mit einer gegebenen Differenz der ∠∠ an der Grundlinie $(\beta-\gamma)$ verzeichnet werden, dessen Spitze A in eine der Lage nach gegebene Linie L fällt. (Für die erste Aufgabe findet sich eine einfachere Analysis 1720.)

Analysis. Fig. 45. Legt man CB = a fest, so giebt h (2te Art der Analysis) einen Ort AA′ für die Spitze A, welcher bei der zweiten Aufgabe durch L an sich gegeben ist. Denkt man sich ∠ A′BC = γ, weshalb ∠ ABA′ = $(\beta-\gamma)$ sein muß, und zieht A′C, so ist △ A′BC das △ ABC, nur in einer anderen Lage. Hieraus folgt aber ∠ CAB = ∠ CA′B, woher ABCA′ ein Viereck im Kreise ist (1ste Art der Analysis). Von dem zugehörigen Kreise muß nun der Mittelpunkt μ in dem ⊥ liegen, welcher die Sehne BC halbirt. Dieser ⊥ DF, so wie die Größe des Centri ∠ A′μA = 2 ∠ A′BA = 2 $(\beta-\gamma)$, oder ∠ FμA = $(\beta-\gamma)$, sind aber mit gegeben (3te Art der Analysis), also reduzirt sich die Aufgabe durch die Gesetze der Figuren, Oerter und Daten auf die **Hilfsaufgabe** (4te Art der Analysis): in dem ⊥ DF einen Punkt μ so zu bestimmen, daß, wenn μA bei der ersten Aufgabe bis zur ∦ AA′, und bei der zweiten bis L unter dem ∠ $(\beta-\gamma)$ zum ⊥ DF geneigt gezogen wird, die Entfernung des Punktes μ von einem gegebenen Punkte B = μA wird.

Analysis für die Hilfsaufgabe. Fig. 45. a. Zieht man eine Linie von B nach dem Durchschnittspunkt F des Perpendikels mit der der Lage nach gegebnen Linie AA′ oder L, legt durch einen beliebigen Punkt R von FD 2 ∦ ∦ RS zu μA, und RO zu μB, so ist RS : μA = RO : μB, da beide Verhältnisse = FR : Fμ sind. Nun soll aber $\mu A = \mu B$ sein, folglich muß auch RS = RO werden. Durch den $\angle$ $(\beta-\gamma)$ ist ferner die → (Richtung) von RS gegeben, also auch die → von RO, da man nur um R mit RS einen Kreis zu beschreiben hat, um O in FB zu bestimmen. Durch die → von RO und B ist aber die Lage Bμ, und deshalb schließlich der gesuchte Punkt μ selbst festgestellt.

Anmerkung. Diese Hilfsaufgabe giebt zwei Punkte μ, und μ', in der Linie DF, und in ihrer Verlängerung; von diesen ist jedoch nur der eine Punkt μ zur Lösung der Aufgabe brauchbar, da der andere nicht $(\beta-\gamma)$, sondern $2R - (\beta-\gamma)$ als Unterschied der $\measuredangle$ an der Grundlinie geben würde. Für die erste Aufgabe ergeben sich, da man die Hilfsaufgabe, entweder in Beziehung auf B oder auf C benutzen kann, zwei $\cong$ Resultate $\triangle$ ABC und $\triangle$ A'BC. Für die zweite Aufgabe aber bestimmen sich zwei, nicht bloß in der Lage, sondern überhaupt verschiedene Resultate, in sofern die Benutzung vou C, Fig. 46., einen anderen Punkt (μ') als die von B feststellt.

§. 32.

2. Beispiel für eine gemischte Analysis.

Aufgabe. Fig. 46. Es sind 2 Punkte B und C, und eine Linie L der Lage nach gegeben; man soll über BC als Grundlinie ein $\triangle$ zeichnen, dessen Spitze in L fällt, und von welchem die → (Richtung) der Mittellinie (m) des $\angle$ an der Spitze (α) (d. h. nach U. d. A. §. 19. $\#$ einer Linie PQ) bestimmt ist.

Analysis. Sei im $\triangle$ ABC, AG, die Mittellinie von α, $\#$ PQ, so wird, wenn man BH $\perp$ AG annimmt, AH = AB, also HC = (b — c), und daher nach dem Gesetz §. 3. $\angle$ HBC $= \frac{\beta-\gamma}{2}$. Da nun AG $\#$ PQ vorgeschrieben ist, so muß BH auch $\perp$ PQ sein, womit die Lage jener Linie, also auch der $\angle$ HBC $= \frac{\beta - \gamma}{2}$ bestimmt ist, und sich daher die Aufgabe auf die zweite des vorhergehenden Paragraphen reduzirt.

§. 33.

Aufgabe. Fig. 47. **Es sind zwei Linien NQ und QO, und ein Punkt A der Lage nach gegeben; man soll ein $\triangle$ zeichnen, dessen erste Winkelspitze in A, die zweite B in QO die dritte C in QN fällt, α eine gegebene Größe, und t' oder BG eine bestimmte →, ‡ ON, erhält.**

Analysis. Da AG = GC werden soll, A und QN aber festliegen, befindet sich G nach §. 9. in einem konstruirbaren Ort, welcher sich hier ergiebt, wenn man AN in E halbirt, und ED ‡ NQ zeichnet. Zieht man nun zur Benutzung von α und der ON ‡ → t', aus O und E Parallelen zu GA und BA, so müssen diese $\angle$ OFE $= \alpha$ bilden, und sich in der Verlängerung von DA treffen, da BG ‡ OE sein soll. Durch die gefundene Linie OE und den gegebenen $\angle$ α hat man aber, wie in §. 10., einen Ort für F, und der zweite ergiebt sich wenn man die Verbindungslinie des gezeichneten Punktes D mit dem gegebenen A verlängert. Folglich kann der Punkt F festgestellt werden; und hieraus läßt sich das verlangte $\triangle$ ABC durch Konstruktion der ‡ Linien AC und AB zu FE und FO wollenden.

Bei der Benutzung der verschiedenen Hauptstücke und Abschnitte der geometrischen Analysis möchte die nachstehend hingestellte Reihefolge am zweckmäßigsten sein.

1. Mittheilung des ersten Abschnitts des ersten Hauptstücks I. A.
2. Uebungen aus dem ersten Abschnitt des zweiten Hauptstücks, II. A.
3. Mittheilung des zweiten Abschnitts des ersten Hauptstücks, I. B.
4. Uebungen aus dem zweiten Abschnitt des zweiten Hauptstücks, II. B.
5. Einige Uebungen aus dem ersten Abschnitt des dritten Hauptstücks, III. A.
6. Mittheilung des dritten Abschnitts des ersten Hauptstücks, I. C.
7. Uebungen aus dem dritten Abschnitt des zweiten Hauptstücks, II. C.
8. Uebungen aus dem dritten Hauptstück, III. A. B. C.

In diesen verschiedenen Abschnitten und Kapiteln ist ein größeres Material zusammengestellt, als das gewöhnliche Bedürfniß im Unterricht erfordert. Dies hat seinen Grund, theils in dem Vorhaben, ganze Aufgabensysteme mitzutheilen, theils in der Absicht, die Schrift verschiedenen Unterrichtsverhältnissen anzupassen. Eine Auswahl für die gerade vorhandenen Verhältnisse, durch welche das Ziel eines systematischen Unterrichts im Aufgabenlösen erreicht werden kann, hat aber dennoch keine Schwierigkeiten, da die Bestandtheile sämmtlicher Abtheilungen einander vorbereitend und vom Leichten zum Schweren aufsteigend geordnet sind.

I. Hauptstück.

Anleitungen und Beispiele.

Das nachstehende Hauptstück muß, wie sich aus den vorher geendigten Betrachtungen über die geometrische Analysis ergiebt, folgende Hilfsmittel für die Analysis enthalten:

1. Lehrsätze zur Erweiterung der Gesetze der Figuren rc. (vergleiche g. Betr. §. 4.)
2. Geometrische Oerter (vergl. g. Betr. §. 7.)
3. Daten (vergl. g. Betr. §. 11.)
4. Allgemeine Reductionen (vergl. g. Betr. §. 16.).
5. Verschiedenartig eingekleidete Aufgaben (vergl. g. Betr. §. 17.)
6. Hilfsaufgaben (vergl. g. Betr. §. 23.)
7. Analogieen (vergl. g. Betr. §. 26.)

8. Hilfssätze oder besondere Bemerkungen, z. B. über das Ziehen von Hilfslinien rc. (vergl. g. Betr. §. 19.)
9. Aufgaben zur augenblicklichen Einübung einer der vorhergehenden Punkte.

Von diesen Punkten bedarf der zweite, die Hilfsaufgaben, einer besonderen Erwähnung. Ein Theil derselben ist nämlich in jedem gewöhnlichen System der Geometrie enthalten, und könnte deshalb fortgelassen werden. Da sich aber aus diesen Aufgaben manche Folgerungen ergeben, welche dort nicht immer herausgehoben sind, haben wir beide als Voranschickungen, oder erstes Kapitel zusammengestellt, um uns später auf dieselben beziehen zu können, und setzen in den folgenden Kapiteln, den eigentlichen Vorbereitungen, die vollständige Mittheilung des ersten Kapitels während des gewöhnlichen Vortrages der Geometrie, oder bei einer Wiederholung desselben voraus. Das letzte Kapitel, oder die Schlußbemerkungen endlich, soll einige in den vorhergehenden Kapiteln beiläufig erwähnte Punkte im Zusammenhange berühren, oder Berufungen auf solche Gegenstände aus den, vor das folgende Hauptstück gestellten Abhandlungen enthalten, deren Mittheilung (gehörig begrenzt) dem Schüler nützlich werden kann.

I. A. Erster Abschnitt.

Anleitungen und Beispiele, mit Rücksicht auf die Lehren der Geometrie bis zum Kreise.

(Z. B. der 5 ersten Abschnitte in E. G. Fischer's Lehrbuch der Geometrie.)

1stes Kapitel.

Voranschickungen, welche die bekannten Aufgaben des Systems der Geometrie nebst ihren Folgerungen enthalten.

1. Aufgabe. Es ist P in L gegeben; man soll in P auf L einen $\perp$ errichten.

(Bei den vorkommenden Bezeichnungen, wie hier P und L, sind die in den Erläuterungen zu den Tafeln rc. (Seite 93) gegebenen Zeichen ein für allemal nachzulesen. Die oben stehende Aufgabe heißt nach denselben: es ist ein Punkt in einer der Lage nach bestimmten Linie gegeben; man soll in diesem Punkt einen Perpendikel auf der Linie errichten.)

2. Folgerung 1. Datum. (Siehe g. Betracht. §. 11.) Für jeden Punkt X in L ist ein rechter ∠ mitgegeben, welcher seinen Scheitel in X hat, und mit einem Schenkel in L fällt.

3. Folgerung 2. Datum. Durch L ist die → (Richtung, siehe U. d. A. §. 19.) aller ⊥⊥ auf L mitgegeben.

4. Aufgabe. Aus P auf L einen ⊥ zu fällen.

5. Folgerung. Datum. Durch L und P außerhalb L ist der ⊥ Abstand mitgegeben.

6. Aufgabe. Das Supplement und Complement von α (gegebener ∠) abzuleiten.

7. Folgerung. Datum. Durch α ist $R - \alpha$, $2R - \alpha$, $3R - \alpha$, $4R - \alpha$ ꝛc. mitgegeben, wobei α eine Summe von 2, 3 u. s. w. ∠ sein kann.

8. Aufgabe. Mit r (Radius) einen Kreis zu beschreiben.

9. Folgerung. Ort. (Siehe g. Betr. §. 5.) Wenn von einer Linie a (der Länge nach gegebene Linie) der eine Endpunkt P festliegt, so bildet eine um P mit a gezeichnete Kreislinie K den geometrischen Ort für den anderen Endpunkt X.

10. Aufgabe. Eine Linie a zu halbiren.

11. Folgerung. Datum. Aus a bestimmt sich $\frac{a}{2}$, $\frac{a}{4}$ ꝛc.

12. Aufgabe. Einen $\angle\alpha$ zu halbiren.

13. Folgerung. Datum. Aus α bestimmt sich $\frac{\alpha}{2}$, $\frac{\alpha}{4}$ ꝛc.

14. Aufgabe. △ aus a, b, c (Ein △ mit 3 gegebenen Seiten zu verzeichnen).

15. Folgerung 1. Wenn 2 Kreise (hier die Oerter aus 9) sich auch in zwei Punkten schneiden, so können die

Resultate, mit Ausnahme der verschiedenen Lage, dennoch dieselben sein.

16. Folgerung 2. Die Aufgabe schließt folgende beiden in sich: △ aus a, b (gleichschenkliches △) und △ aus a (gleichseitiges △). Für das △ (recht∠ △) ist sie unmöglich.

17. Aufgabe. Die Größe der ∡ des △ zu bestimmen.

18. Folgerung 1. Datum. Durch jedes △ sind $\frac{2}{3}$R, also auch $\frac{1}{3}$R, $\frac{1}{6}$R, ꝛc. mitgegeben.

Anmerkung. Durch einen schiefen $\angle \alpha$ ist $\frac{\alpha}{3}$ ꝛc. nicht mitgegeben, da $\frac{\alpha}{3}$ durch keine geraden und Kreislinien konstruirbar ist. (Vergl. U. d. A. §. 4.)

19. Folgerung 2. Datum. $\frac{2}{3}$R giebt auch $\frac{4}{3}$R ꝛc.

20. Aufgabe. Gegeben P in L; man soll α so zeichnen, daß ein Schenkel in L, der Scheitel in P fällt.

21. Folgerung. Datum. Durch einen an L liegenden $\angle\ \alpha$ ist die → aller Linien gegeben, welche zu L die Neigung α haben.

22. Aufgabe. Es soll durch P eine ⋕ zu L gezogen werden.

23. Folgerung 1. Datum. Durch L und P außerhalb L ist L′, welche ⋕ zu L durch P läuft, mitgegeben.

24. Folgerung 2. Datum. Durch einen ∠, der von einer 2 ⋕⋕ schneidenden Linie mit einer jener ⋕⋕ gebildet wird, sind die übrigen bestimmt.

25. Aufgabe. △ aus a, β, γ. (Anliegende ∡.)

26. Folgerung 1. Datum. Aus 2 ∡ eines △ bestimmt sich der dritte.

27. Folgerung 2. In △ aus a, β, γ sind folgende Aufgaben eingeschlossen: △ aus a, α, β; △ aus a, β; △ aus a, α; ⊿ aus a, α; ⊿ aus c, α.

28. Folgerung 3. Data. Beim △ ergeben sich aus einem ∠ die übrigen; beim ⊿ folgt aus einem spitzen ∠ der andere.

29. Aufgabe. △ aus a, b, γ. (Gegen∠ von c.)

30. Folgerung. △ aus b, α, ⊿ aus a, b bilden dieselbe Aufgabe.

31. Aufgabe. △ aus a, b, α. 2 Fälle $a \gtreqless b$.

32. Folgerung 1. Wenn der gegebne ∠ Gegen∠ der kleineren Seite werden soll, erhält man zwei verschiedene △△; die Aufgabe ist also beschränkt unbestimmt. (Siehe U. d. A. §. 6.)

33. Folgerung 2. Wenn man von einem gegebenen △ zwei Seiten und den Gegen∠ der kleineren nimmt, und konstruirt daraus ein △, so erhält man hiedurch 2 △△, von denen nur eins dem gegebenen ≅ ist.

34. Folgerung 3. Die Aufgaben △ aus b, β, und ⊿ aus c, a sind mit △ aus a, b, α übereinstimmend, aber nicht unbestimmt.

35. Aufgabe. Aus 3 ∠∠ eines ◇ (Viereck) den vierten zu finden.

36. Folgerung 1. Datum. Ein ∠ des ▱ bestimmt die übrigen.

37. Folgerung 2. Datum. 2 ∠∠ des ⏢ (# Trapez) bestimmen die übrigen.

38. Aufgabe. ▱ aus a, b, ∠ (a b). (Der von a und b gebildete ∠.)

39. Folgerung. Reduktion. Alle ▱ Konstruktionen reduziren sich auf die Zeichnung zweier ≅ △△.

40. Aufgabe. ▭ aus a, b. (Rechteck aus 2 Nebenseiten.)

41. Folgerung. Reduktion. Alle ▭ Konstruk-

tionen reduziren sich auf die Zeichnung von zwei ≅ △△.

42. Aufgabe. ◊ aus b, α (Rhombus aus einer Seite und einem anliegenden ∠.)

43. Folgerung. Reduktion. Alle ◊ Konstruktionen reduziren sich auf die Zeichnung zweier ≅ △△.

44. Aufgabe. □ aus a. (Quadrat aus der Seite.)

45. Folgerung. Reduktion. Alle □ Konstruktionen reduziren sich auf die Zeichnung zweier recht∠ △△.

46. Aufgabe. ▭ aus ∠ A, ∠ B, a, b (∦ trapez aus 2 aufeinanderfolgenden ∠∠ und zwei Seiten, welche den einen ∠ einschließen.)

47. Aufgabe. ◁ aus a, b, c, d, e. (Viereck aus sämmtlichen Seiten und einer Diagonale.)

48. Folgerung. Reduktion. ◁ Konstruktionen reduziren sich auf die Festlegung zweier △△ mit einer gemeinschaftlichen Seite.

49. Aufgabe. Eine Linie a in n gleiche Theile zu theilen.

50. Folgerung. Datum. Durch a ist $\frac{1}{n}$ a und $\frac{m}{n}$ a mitgegeben.

51. Aufgabe. Ein ▱ ∦ a in n = Theile zu theilen.

52. Folgerung. Datum. Aus ▱ ergiebt sich $\frac{1}{n}$ ▱ und $\frac{m}{n}$ ▱.

53. Aufgabe. Ein △ von A aus in n = Theile zu theilen.

54. Folgerung. Datum. Aus der Fläche eines △ ergiebt sich $\frac{1}{n}$ oder $\frac{m}{n}$ der Fläche wieder als △.

55. Aufgabe. Jede geradlinige Figur in ein △ zu verwandeln.

56. Folgerung. Es giebt unendlich viele △△, welche gleiche Fläche mit einer gegebenen Figur haben können. Die Aufgabe ist deshalb unbeschränkt unbestimmt. (Siehe U. d. A. §. 6.)

57. Aufgabe. Ein gegebnes △ in ein ▱ zu verwandeln.

58. Folgerung. Die Aufgabe war unbeschränkt unbestimmt. Man kann deshalb in der verwandelten Figur eine Seite und einen ∠ des △ behalten.

59. Aufgabe. Ein gegebnes ▱ in ▭ und dies in □ zu verwandeln.

(Für Letzteres 2 Auflösungen.)

60. Folgerung 1. Jede geradlinige Figur läßt sich als Quadrat mit derselben Fläche darstellen.

61. Folgerung 2. Datum. Durch die Größe einer geradlinigen Figur ist die Seite f eines ihr gleichen Quadrats mitgegeben.

62. Aufgabe. Die Summe mehrerer, den Unterschied zweier, das Vielfache und den Theil eines Quadrats wieder als Quadrat zu konstruiren.

63. Folgerung. Datum. Die Seite f eines Quadrats, dessen Fläche gleich ist 1. dem Vielfachen, oder Theil einer geradl. Figur; oder 2. dem Unterschiede zweier Figuren; oder 3. der Summe mehrerer Figuren, ist durch diese Figuren stets bestimmt.

2tes Kapitel.

Vorbereitungen und Beispiele, zu denen hauptsächlich Dreiecksaufgaben gewählt sind.

64. Hilfsaufgabe. (Siehe g. Betr. §. 23.) Durch P nach L eine Linie unter der Neigung α zu ziehen. (Bei den vorkommenden Bezeichnungen wie hier P, L, α sind die neben den Tafeln in den Erläuterungen ꝛc. Seite 93. gegebenen Zeichen ein für allemal nachzulesen. Die obenstehende Aufgabe heißt nach denselben: durch einen bestimmten Punkt nach einer der Lage nach gegebenen Linie eine Linie unter der Neigung eines gegebenen Winkels zu ziehen).

Auflösung. Es ergeben sich zwei Linien, welche ein △ (gleichschenkliches △) bilden durch 20 und 22.

65. Aufgabe. ◺ aus a, α. (Recht∠ △ aus einer Kathete und ihrem Gegen∠.)

Auflösung. Siehe 64.

66. Aufgabe. △ aus h. (Gleichseitiges △ aus der Höhe).

Analysis. (Siehe U. d. A. §. 23). Nach 18 muß jeder ∠ des △ $= \frac{2}{3}$ R sein, nimmt man daher den Gegen ∠ von h, so hat man wie in 65 zu verfahren.

67. Hilfsaufgabe. Aus P nach L oder K eine Linie PX = a zu ziehen. (K ist eine festliegende Kreislinie, X ein unbekannter Punkt, a eine gegebene Länge.)

Auflösung. Siehe 9.

68. Aufgabe. ◺ aus a, c. (c ist die Hypotenuse),

Auflösung. Siehe 67.

69. Aufgabe. △ aus a, β, t, (β ist der Gegen∠ von b, t ist die Transversale, welche die Spitze des Gegen∠ von a mit der Mitte von a verbindet) und △ aus a, h, β.

Analysis. Diese führt zur Anwendung von 67.

70. Aufgabe. Es soll durch P eine Linie gezogen werden, welche die Schenkel eines festliegenden ∠ α so durchschneidet, daß der, von den-

selben begrenzte Abschnitt gleich dem einen abgeschnittenen Schenkel wird. (P kann dreifach gegen α liegen).

Analysis. Führt zu 64,

71. Aufgabe. Es soll durch P eine Linie gezogen werden, welche die Schenkel eines festliegend gegebenen $\angle\ \alpha$ unter gleichen $\measuredangle$ schneidet. (P kann dreifach gegen α liegen).

Analysis. Führt durch 28 zu 64.

72. Ort. (Siehe g. Betr. §. 5.) Der auf einer der Länge und Lage nach gegebenen Linie in ihrer Mitte errichtete $\perp$ ist der geometrische Ort für alle Punkte, welche von den Endpunkten jener Linie gleich weit abstehen.

Zusatz. $\triangle$ aus a (gleichschenkliches $\triangle$ aus der Grundlinie) ist daher eine unbeschränkt unbestimmte Aufgabe. (Siehe U. d. A. §. 6).

73. Aufgabe. Gegeben P, P′ und L; man soll X in L so bestimmen, daß XP = XP′ ist.

Analysis. Führt zu 72.

Anmerkung. Die verschiedenen Lagen von P′ gegen L sind zu erwähnen. In einem Fall genügt jeder Punkt von L, in einem anderen ist die Aufgabe unmöglich.

74. Aufgabe. Einen Punkt X zu finden, der von P, P′, P″ (drei gegebenen Punkten) gleich weit entfernt ist.

Analysis. Führt zu 72.

Anmerkung. Der Schüler soll die Aufgabe anders einkleiden. (Siehe g Betr. §. 17.

75. Ort. Die über einer festliegend gegebenen Linie a als Durchmesser beschriebene Kreislinie ist der geometrische Ort für die Scheitel aller rechten $\measuredangle$, deren Schenkel die Endpunkte von a durchlaufen.

76. Hilfssatz. (Siehe Seite 87 A.) Bei ◺ Aufgaben mit c giebt 75 die besten Constructionen, z. B. ◺ aus c, α, ◺ aus c, a.

77. Aufgabe. △ aus a, h′, h″. (h′ ist Höhe auf Seite b, h″ Höhe auf Seite c).

Analysis. Siehe 75 und 67.

Zusatz. Es ergeben sich zwei Resultate, je nachdem man jede Höhe in einem anderen, oder beide Höhen in demselben Halbkreise abschneidet.

78. Aufgabe. Es soll durch eine Winkelspitze eines festliegenden △ eine nicht in dasselbe fallende Linie gezogen werden, welche mit beiden in dieser ∠ Spitze zusammentreffenden △ seiten gleiche ∡ bildet.

Analysis durch Daten. Die Summe der verlangten ∡ ist das Supplement zu dem, von den genannten Seiten eingeschlossenen ∠, weshalb einer der geforderten ∡ die Hälfte dieses Supplements sein muß.

79. Ort. Eine um h (ein bestimmter ⊥) von L entfernte ǂ ist der geometrische Ort für alle Punkte deren ⊥ Abstand von L = h ist.

Zusatz. △ aus a, h (Höhe auf a) ist eine unbestimmte Aufgabe; die Spitzen aller △△ mit a, h fallen in den bezeichneten Ort.

80. Erklärung. Eine Linie ist der Lage nach gegeben, wenn sie durch zwei bestimmte oder bestimmbare Punkte läuft. Eine Linie ist der → (Richtung) nach gegeben, wenn eine Linie bestimmt ist, oder bestimmt werden kann, welcher dieselbe ǂ laufen soll. Zur Erläuterung kann 83 und 84 dienen.

81. Aufgabe. Gegeben L, L′; man soll X dergestalt in L bestimmen, daß sich der ⊥ Abstand von L′ gleich a ergiebt.

Auflösung. Auf jeder Seite des Durchschnitts von L und L′ ergiebt sich in L ein solcher Punkt durch 79.

82. Aufgabe. △ aus a, h, β.

Analysis. Führt zu 81.

83. Aufgabe. △ aus der Lage und Größe von a, einem Ort L für die Spitze und h.

Analysis. Führt zu 81.

84. Aufgabe. △ aus → t, h und festliegende Seite a. (→ t heißt Richtung der a halbirenden Transversale, oder es ist eine Linie der Lage nach bestimmt (L), welcher t ∦ laufen soll).

Analysis. Die Mitte von a bestimmt die Lage von t, weshalb zum Schluß, für die Bestimmung der Spitze des △ durch h, 81 anzuwenden ist.

85. Lehrsatz. Wenn 2 Seiten eines △ eben so groß sind, als zwei Seiten eines andern, und die von beiden Seitenpaaren eingeschlossenen ∠ zusammengenommen 2R betragen, so haben die Dreiecke gleiche Flächen.

Beweis. Legt man beide △△ so aneinander, daß die genannten ∠ einen gemeinschaftlichen Schenkel erhalten, so müssen die beiden anderen gleichen Schenkel in eine gerade Linie fallen, also die △△ gleiche Grundlinie und Höhe haben.

86. Aufgabe. △ aus a, b, h.

Analysis durch Oerter. Siehe g. Betr. §. 6. u. 85.

87. Aufgabe. In ein festliegend gegebenes △ soll ein △ so beschrieben werden, daß die Grundlinie a des letzteren einer Seite b des ersteren ∦ fällt, und die auf a stehende Höhe = h wird.

Analysis durch Oerter. Durch h bestimmt sich der Ort 79, also die Lage und Größe der gesuchten Grundlinie. Aus dieser folgt die Lage der Spitze durch 72.

88. Aufgabe. Gegeben L, L'; man soll einen Punkt X so bestimmen, daß der ⊥ Abstand von L = a, und der von L' = b wird.

Analysis durch Oerter. Ergiebt sich durch zweimalige Benutzung von 79.

Zusatz. Es bestimmen sich 4 Punkte.

89. Lehrsatz. Zwei △△ sind ≌, wenn a, t, h in dem einen △ so groß sind, als in dem andern.

Beweis. Nach der Voraussetzung müssen die von t und h gebildeten △△ ≌ sein. Hieraus folgt die Gleichheit beider Paare von t und a gebildeten ∠∠ (ta), und daraus endlich, wegen der Gleichheit der Hälften von a, die ≌ der von t mit b und c gebildeten △△, weshalb auch die ganzen △△ ≌ sein müssen.

90. Lehrsatz. Zwei △△ sind ≌, wenn a, β, h in dem einen △ so groß sind, als in dem anderen.

Beweis. Es läßt sich leicht zeigen, daß in beiden △△ a, β, c dieselbe Größe haben.

91. Aufgabe. △ aus a, t, h.

Analysis durch Oerter. Durch t und die Mitte von a ergiebt sich nach 9 ein Ort für die Spitze A des verlangten △; 79 bestimmt den zweiten Ort, und damit A selbst.

Zusatz. Es bestimmen sich zwei nach 89 ≌ △△.

92. Aufgabe. Gegeben ein festliegender ∠ α und P; man soll durch P eine Linie legen, welche in den Schenkeln von α endigt, und durch die Halbirungslinie dieses ∠ in zwei gleiche Theile getheilt wird. (P kann dreifach liegen.)

Analysis. Wäre die Aufgabe gelöst, so müßten die entstandenen △△ ≌ sein, da in diesem Fall ein Paar Seiten und ein Paar ∠∠ nach den gegebenen Bedingungen gleich wären, und beide △△ dieselbe Seite gemein hätten, außerdem aber die, von der verlangten Linie, mit den Schenkeln gebildeten ∠∠ (als 2 ∠∠ eines △) noch nicht 2R betrügen. Hieraus folgt, daß die ∠∠, welche die Halbirungslinie zum gemeinschaftlichen Schenkel haben, gleich und = R sein müssen, also aus P ein ⊥ auf die Halbirungslinie zu fällen ist.

93. Ort. Durch einen unter ∠ α geneigten

Abstand a eines Punktes X von einer Linie L bestimmt sich eine ⫲ mit L als Ort für X.

Zusatz. Der Ort ist die Erweiterung von 79.

94. Hilfssatz. Wenn zwischen zwei der Lage nach gegebene Linien L und L′, oder L und K, eine dritte der Größe und → nach gegebene Linie a geschoben werden soll, so geschieht dies durch Hilfe des Ortes 93.

Zusatz. Ist L ⫲ L′, so kann die dritte Linie entweder nur der Größe, oder nur der → nach gegeben sein.

95. Datum. Ist zwischen zwei ⫲⫲ L und L′ eine Linie a zu legen, so ist dieselbe auch der → nach bestimmt, welche aber doppelt sein kann.

96. Aufgabe. Gegeben L und L′; es soll X in L so bestimmt werden, daß der um α geneigte Abstand von L′ = a ist.

Auflösung. Es ergeben sich 2 Punkte durch 94.

97. Aufgabe. ⏢ aus a, ∠C, c, ∠D. (⫲ Trapez aus beiden ⫲ Seiten, und beiden an einer derselben liegenden ∠∠.)

Analysis. Wenn c, ∠C und ∠D festgelegt sind, ergiebt sich die Neigung von a zu einem Schenkel von ∠C oder ∠D, weshalb man nur 94 zur Bestimmung der Lage anzuwenden hat.

98. Aufgabe. Gegeben L und L′; man soll einen Punkt X so bestimmen, daß sein um α geneigter Abstand von L = a, und der um β geneigte Abstand desselben Punktes von L′ = b wird.

Analysis durch Oerter. Eine doppelte Anwendung desselben Orts 94 bestimmt 4 Punkte.

99. Aufgabe. In ein festliegendes △ soll ein △ so beschrieben werden, daß die bestimmte Grundlinie a des letzteren einer Seite des ersteren ⫲ fällt.

Analysis durch Oerter. Die Lage von a ergiebt sich durch 94, die Spitze A des △ durch 72.

100. Lehrsatz. Wenn $a + x = b$, ist $x = b - a$,
" $a - x = b$, " $x = a - b$,
" $x - a = b$, " $x = b + a$,
und eben so, wenn $\alpha + x = \beta$, ist $x = \beta - \alpha$,
" $\alpha - x = \beta$, " $x = \alpha - \beta$,
" $x - \alpha = \beta$, " $x = \beta + \alpha$.

101. Hilfsaufgabe. Aus der Summe und Differenz zweier ∠ diese selbst zu verzeichnen.

Auflösung. Schneidet man die Differenz von der Summe ab, so bildet die Hälfte des Rests den einen, und dieselbe Hälfte nebst der gegebenen Differenz den andern verlangten ∠.

102. Datum. Aus $(\beta - \gamma)$ und $(\beta + \gamma)$ bestimmen sich β und γ.

103. Hilfsaufgabe. Aus α und $(\beta - \gamma)$ die 3 ∠ eines △ zu finden.

Analysis. Nach 102 ergeben sich β und γ, da $\beta + \gamma = 2R - \alpha$ ist.

104. Aufgabe. △ aus a, α, $(\beta - \gamma)$.

Analysis durch Daten. Siehe 103.

105. Aufgabe und Datum. Analogie. (Vergl. g. Betr. §. 26.) 101. und 102., aber statt der ∠ Seiten genommen.

106. Aufgabe. △ aus $(a + b)$, $(a - b)$ und irgend einem Stück.

Analysis. Durch 105.

107. Hilfssatz. Oft lassen sich Figuren, auch △△, aus ihren Theilen zusammensetzen, weshalb man prüfen muß, ob eine genügende Anzahl von Bedingungen (siehe U. d. A. §. 14.) die unmittelbare Construktion solches Theils gestattet, aus welcher sich dann neue Stücke zur Fortsetzung der Zeichnung ergeben.

108. Aufgabe. △ aus a, b, t.

Analysis. Aus $\frac{a}{2}$, b, t läßt sich ein △ zeichnen, welches γ, und damit auch △ ABC bestimmt.

109. Aufgabe. △ aus a, h', m'. (m' ist die Mittellinie von β, welche von B und b begrenzt wird.)

Analysis. h', m' bestimmen ein ⊿. ⊙ um B mit a giebt $\frac{\beta}{2}$, und damit △ ABC.

Determination. a und m' müssen $>$ h sein.

Zusatz. Es ergeben sich zwei verschiedene Resultate.

110. Aufgabe. △ aus a, h', m''.

Analysis. a und h' bestimmen ein ⊿, welches den ∠ γ hat; setzt man also auf der Halbirungslinie desselben m'' ab, so bestimmt sich ein zweiter Punkt für die Lage von c, und damit das verlangte △ ABC.

111. Aufgaben. △ aus p, q, b (p, q sind die von h in a gebildeten Abschnitte); △ aus p, q, h; △ aus a, β, m'; △ aus α, h', γ; △ aus α, h, m; △ aus α, β, m; △ aus β, γ, m; △ aus α, m'; △ aus α, h', m.

112. Aufgaben. △ aus a, β, m'' ($a > m''$); △ aus α, h', t'; △ aus α, h', m'; △ aus a, h', t'; △ aus α, h', t''; △ aus a, h', α.

Bei diesen Aufgaben sind 2 verschiedene Resultate möglich.

113. Aufgabe. △ aus a, h', h.

Analysis. a und h' bestimmen ein ⊿ mit dem ∠ β, dieser ∠ und h aber ein zweites ⊿, welches die Spitze A feststellt. Hieraus folgt die Auflösung mittelst der Oerter 75 und 79.

Zusatz. Es ergeben sich zwei verschiedene Resultate, je nachdem man h' in dem über, oder unter a beschriebenen Halbkreise abschneidet; das eine Mal bestimmt sich ein spitz∠, das andre Mal ein stumpf∠ △.

114. Datum. Eine Seite, ein anliegender ∠

und die Höhe, welche auf dem nicht bestimmten Schenkel desselben steht, haben in jedem △ solche Beziehung, daß aus zweien dieser Stücke das dritte abgeleitet werden kann. Oder in Zeichen: durch 2 von den 3 Stücken a, β, h'', oder a, γ, h', oder b, α, h'', oder b, γ, h, oder c, α, h', oder c, β, h ist das dritte bestimmt.

Beweis. Es läßt sich aus zwei solchen Stücken stets ein ◺ zeichnen.

Zusatz. △ aus a, h', γ ist eine unmögliche Aufgabe.

115. Aufgabe. △ aus α, h'', (a + b).

Analysis durch Daten. Aus α und h'' folgt nach 114, b, aus b und (a + b) nach 100, a; man hat daher △ ABC aus a, b, α zu verzeichnen.

Auflösung. Konstruire ein ◺ aus α, h'', verlängere die hiedurch bestimmte Seite b so über C, daß sich die gegebene Summe (a + b) ergiebt, und beschreibe mit der erhaltenen Länge a um C einen Kreis, so erhält man B, und damit △ ABC.

Beweis. α und h'' sind durchs ◺ verzeichnet; CB ist gleich der Verlängerung, welche die gegebene Summe abschneidet, folglich CB + CA = (a + b).

Determination. (a + b) muß > 2h'' sein, da sowohl a als b stets > h'' sind.

Zusatz. Da der Kreis um C zweimal schneidet, ergeben sich, wenn in einem aus (a + b) und α gebildeten ◺ die α gegenüberliegende Kathete < 2 h'' ist, zwei verschiedene Resultate.

Anmerkung. Wenn man sich der hier benutzten Zeichen im Unterricht bedient, dürfte es zweckmäßig sein, die Aufgabe nachträglich umzustellen, z. B. △ aus β, h, (b + c) oder α, h', (a + c).

116. Aufgabe. △ aus α, h'', (a — b).

Analysis durch Daten. Aus α und h'' folgt nach 114, b, aus b und (a — b) nach 100, a; man hat also die Aufgabe △ aus a, b, α zu konstruiren.

Zusatz. Ist α der Gegen∠ der kleineren Seite, so erhält man 2 Resultate.

117. Lehrsätze für die Diagonalen der ▱▱.

1. In jedem ▱ halbiren sich die Diagonalen.
2. Im ▭ sind sie überdies gleich.
3. Im ◊ sind sie zwar ungleich, stehen aber ⊥ zu einander, und halbiren die ∠∠ des ◊.
4. Im ⊡ finden sich die vorstehenden 3 Gesetze vereinigt, und jeder ∠ an der Diagonale ist $= \frac{1}{2}R$.

118. Reduktion. (Siehe g. Betr. §. 16.)

Aus 117. folgt, daß bei ▱ Konstruktionen nicht bloß die Zeichnung eines der 39. u. s. w. erwähnten beiden Paare von △△, sondern auch die Ableitung eines von den 2 ≌ △ Paaren, welche durch die halben Diagonalen gebildet werden, nützlich sein kann.

Anmerkung. Durch die bereits mitgetheilten Dreiecksaufgaben lassen sich eine Menge ▱ Konstruktionen bilden, welche sich auf die ersteren, ähnlich wie 119, 120, 121 mittelst 39 und 117 reduziren, weshalb im Folgenden auch nur beiläufig ▱ Aufgaben hingestellt sind.

119. Aufgabe. ▱ aus a, b, h.

Analysis. Durch 39. reduzirt sich die Aufgabe auf △ aus a, b, h, g. Betr. §. 6. (giebt aber hier nicht zwei verschiedene Resultate).

Anmerkung. 39. u. s. w. sind hier besonders in Erinnerung zu bringen.

120. Aufgaben. ◊ aus a, a', (den beiden Diagonalen.) ⊡ aus c (Quadrat aus der Diagonale).

Analysis. Nach 117. 3. bestimmt sich ein ◺ mit den Katheten $\frac{a}{2}$, $\frac{a'}{2}$.

121. Aufgabe. ▱ aus a, c, c'.

Analysis. Nach 117. 1. bestimmt sich ein △ aus a, $\frac{c}{2}$, $\frac{c'}{2}$.

Determination. $\frac{c + c'}{2} > a$, $\frac{c - c'}{2} < a$.

122. Lehrsatz. Wenn man eine Transversale (t) eines △ um sich selbst verlängert u. s. w., erhält man ein ▱, welches noch einmal so groß ist, als das △.

123. Reduktion. Wenn zu Dreiecks-Konstruktionen Transversalen, oder solche ∠, welche von denselben mit den Seiten gebildet werden, gegeben sind, kann es vortheilhaft sein, das zu dem △ gehörende doppelt so große ▱ (122) bei der Zeichnung zu benutzen. Dieselbe Reduktion kann auch bei Linien-Aufgaben vortheilhaft werden.

124. Aufgabe. △ aus t″, ∠ (t″ a), ∠ (t″ b).

Analysis. t″ um sich selbst verlängert bestimmt ein ▱ aus der Diagonale 2 t″, und den beiden anliegenden ∠.

125. Lehrsatz. t″ ist $< \frac{a + b}{2}$, und $> \frac{a - b}{2}$.

Beweis. t″ um sich selbst verlängert bestimmt ein △, dessen Seiten a, b, 2 t″ sind, weshalb 2 t″ < a + b und t″ $< \frac{a + b}{2}$ sein muß ꝛc.

126. Aufgabe. △ aus a, b, t″.

Analysis durch Reduktion. Die Reduktion nach 123. zeigt ein aus 3 Seiten a, b, 2 t″ bestimmtes △.

Auflösung. Zeichne ein △ mit den Seiten a, b, 2 t″, verbinde den Durchschnittspunkt von a und b mit der Mitte von 2 t″, verlängere die entstandene Linie um sich selbst, und verbinde den zuletzt bestimmten Punkt mit einem Endpunkt von 2 t″, so ergiebt sich das verlangte △.

Determination. t″ muß $< \frac{a + b}{2}$ ꝛc. nach 125 sein.

Beweis. b und t″ sind nach der Konstruktion vorhanden. Die bei derselben zuletzt gezogene Verbindungslinie ist auch = a, da sie gleichliegende Seite mit der zuerst gezeichneten Länge a in einem ≌ △ ist.

Zusatz. Es ergeben sich 2 ≌ Resultate.

127. Hilfs-Aufgabe. Zwischen den Schenkeln eines festliegenden ∠ ist ein Punkt P gegeben, man soll durch denselben eine Linie legen, welche in beiden Schenkeln endigt und in P halbirt wird.

Analysis rc. Siehe g. Betr. §. 22.

128. Data. Durch L, L′, P sind mehrere ∡ und Linien mitgegeben, von denen besonders die folgenden zu merken sind:

1. Der durch die Verlängerungen von L und L′ an ihrem Durchschnittspunkt gebildete ∠.
2. Die Verbindungslinie dieses Durchschnittspunkts mit P.
3. Die aus P zu L und L′ gezogenen ∦ ∦, welche von diesen Linien begrenzt werden.
4. Die ⊥⊥ aus P auf L und L′.
5. Die, durch die vorhergehenden Linien bestimmten Punkte und ∡.

129. Hilfs-Aufgabe. Fig. 53. Gegeben L, L′ und P außerhalb dieser Linien; man soll eine L und L′ schneidende Linie P X Y so durch P ziehen, daß der von P und L, und der von L und L′ begrenzte Abschnitt einander gleich werden, also PX = XY wird.

Analysis. L und L′ bestimmen nach 128. 1 durch ihre Verlängerung einen festen Punkt A; P, L und L′ aber nach 3 und 5 eine ∦ PN zu L′, und den festen Punkt N in L. Die gezogenen Linien bilden ferner zwei ≌ △△ PXN und AXY, folglich liegt X in der Mitte von AN. Hienach ist dieser Punkt aber leicht festgestellt, und damit zugleich die Lage von PY bestimmt.

Zusatz. Ein zweites Resultat erhält man, wenn PN′

∦ L gezogen, und AN′ in X′ halbirt wird, wodurch sich PY′ ergiebt.

130. Hilfssatz. Wenn in einem Dreieck die Summe zweier Seiten mittelst Verlängerung der einen (über den Schneidungspunkt beider Seiten) gebildet wird, so entsteht ein △. Die Benutzung desselben kann bei der Analysis solcher Aufgaben vortheilhaft werden, welche die Summe zweier Seiten als gegebenes Stück enthalten.

131. Aufgabe. △ aus a, (b + c). (c ist die Hypotenuse).

Analysis. Bildet man durch die Verlängerung von b, (b + c), so ergiebt sich nach 130 ein △, und außerdem ein zweites △, von denen das letzte durch a und (b + c) bestimmt ist, das erstere aber aus der Hypotenuse desselben und einem ∠ leicht abgeleitet werden kann. Das mittelst des △ abgeschnittene kleinere △ zeigt sich hierauf als das verlangte △ ABC.

Anmerkung. Fig. 48. Hätte man, auch nach 130, b an c so getragen, daß BD = (c + b), so wird die Analysis erschwert, indem man noch darauf kommen müßte, in B zu BD einen ⊥ zu errichten, und denselben bis zur Lage DC zu verlängern. Dann ergiebt sich nämlich ∠ BCG = R — ∠ ACD, und ∠ BGC = R — ∠ ADC, weshalb, da ∠ ACD = ∠ ADC ist, ∠ BCG = ∠ BGC, also auch BG = BC = a sein muß. Hieraus zeigt sich aber das △ DBG durch (b + c) = DB und a = BG bestimmt, und es hat keine Schwierigkeit, nach der Zeichnung dieses △, das gesuchte △ ABC abzuleiten, da man hiezu nur BG = BC abzuschneiden, und in C einen ⊥ CA auf CB zu errichten hat. Eine zweite Analysis ergäbe sich in diesem Fall auch dadurch, daß man den um B mit (b + c) = BD beschriebenen Kreis zu benutzen suchte, und deshalb DC bis G′ verlängerte. Es bestimmt sich hieraus, daß ∠ BDG′, also auch ∠ ACD = ∠ G′, und deshalb BG′ ∦ AC, folglich ∠ G′BC = R sein muß, und, daß das △ CBG′ gezeichnet werden kann, aus welchem sich das geforderte △ ABC ohne Schwierigkeit ableiten läßt, da man hiezu nur in C einen ⊥ CA auf CB zu errichten, und denselben bis BD zu verlängern hat.

132. Aufgabe. ◺ aus c, (a + b), oder ▭ aus c, (a + b).

Analysis. Bildet man (a + b) nach 130, so bestimmt sich ein ∠ des entstehenden △ = $\frac{1}{2}$ R, also auch das △, welches diesen ∠, und die Seiten c und (b + a) hat, aus welchem das △, und damit das verlangte ◺ leicht abgeleitet werden kann.

Zusatz. Da (a + b) > c ist, ergeben sich 2 Resultate, welche aber, wie bei der allgemeineren Aufgabe: △ aus a, α, (b + c), g. Betr. §. 15., gezeigt ist, ≅ sind.

133. Hilfssätze. Es entsteht bei jedem △ ein △,

1. wenn man die Differenz zweier Seiten von dem Endpunkt der größeren, in welchem beide Seiten nicht zusammentreffen, abschneidet; und ein anderes △,
2. wenn man die kleinere zweier Seiten um deren Differenz (aber nicht über ihren Durchschnittspunkt hinaus) verlängert.

Die Benutzung dieser △ △ kann bei der Analysis solcher Aufgaben vortheilhaft werden, welche eine Differenz zweier Seiten als gegebenes Stück enthalten.

134. Aufgabe. ◺ aus a, (c — b).

Analysis. Zeichnet man nach 133. 2 mittelst (c — b) das dort erwähnte △, so zeigt sich, daß zunächst dieses, und darauf das verlangte ◺ mittelst des zugleich entstandenen ◺, welches a und (c — b) zu Katheten hat, abgeleitet werden kann.

Anmerkung. Fig. 49. Hätte man den Satz 1 von 133 benutzen wollen, so würde auf einem weitläuftigeren Wege die in der Anmerkung 131 enthaltene erste und zweite Analysis, ebenfalls zum Ziele geführt haben. Es paßt jede derselben wörtlich für den jetzigen Fall (Analogie), wenn man nur statt $(c + b)$, $(c - b)$ setzt, und Fig. 49. benutzt.

135. Aufgabe. ⊿ aus c, $(a - b)$, oder ▭ aus c, $(a - b)$.

Analysis. Konstruirt man nach 1. 133. das dort erwähnte ⊿, so bestimmt sich der gebildete Außen∠ desselben $= \frac{3}{2}$ R, weshalb das zugehörige △, welches noch die bekannten Seiten c und $(a - b)$ hat, gezeichnet werden kann, woraus sich leicht das verlangte ⊿ ergiebt.

Anmerkung. Vergl. 207.

136. Fig. 23. und Fig. 23. b. Lehrsatz. Beschreibt man um eine ∠spitze eines △ ABC eine Kreislinie mit der kleineren Seite c, und zieht AE, so bestimmt sich ∠ EAC stets gleich der Differenz der ∡ an der Gegenseite, $= \beta - \gamma$.

Beweis 1. Fig. 23. Wenn $\beta < R$.

$\angle CAE = \angle AEB - \angle ACE = \angle ABC - \angle ACB = \beta - \gamma$.

Beweis 2. Fig. 23. b. Wenn $\beta > R$.

$\angle CAE = \angle AEE' - \angle ACE = \angle ABC - \angle ACB = \beta - \gamma$.

137. Fig. 23. Aufgabe. △ aus b, c, $(\beta - \gamma)$.

Analysis. Nach 136 ergiebt sich $\angle CAE = (\beta - \gamma)$, $AE = c$, während $AC = b$ gegeben ist, folglich hat man △ ACE, und hiedurch das verlangte △ ABC.

138. Fig. 23. u. Fig. 23. b. Lehrsatz. Beschreibt man um eine ∠spitze eines △ ABC eine Kreislinie mit der kleineren Seite c, so bestimmt sich, je nachdem β spitz oder stumpf ist, EC in der Gegenseite stets gleich dem Unterschiede, oder gleich der Summe der Abschnitte CF und FB, welche von der Höhe in dieser Seite gebildet werden.

(Projectionen von b und c auf a), d. h. es ist FC stets = p ∓ q.

139. Zusatz. (p ∓ q), b, c, h, (2R — β), (β — γ) liegen beständig in einem △ zusammen.

140. Aufgabe. △ aus b, c, (p — q).

Analysis. Folgt aus 138.

141. Fig. 23. Lehrsatz. Wenn man in einem △ ABC um eine ∠spitze A mit einer Seite AB oder AC eine Kreislinie beschreibt, und den in dem anderen Schenkel entstehenden Durchschnittspunkt D oder D' mit dem Endpunkt B oder C der als Radius benutzten Seite verbindet, so schneidet sich der Gegen∠ DBC oder D'CB der hiedurch gebildeten Differenz der Seiten DC oder D'B stets gleich dem halben Unterschiede ihrer Gegen∠ ab, d. h. ∠ DBC oder ∠ D'CB ist $= \frac{\beta-\gamma}{2}$.

Beweis 1. ∠ DBC = ∠ ABC — ∠ ABD = ∠ ABC — ∠ ADB,

also ∠ DBC = β — γ — ∠ DBC,

oder 2 ∠ DBC = β — γ,

und ∠ DBC $= \frac{\beta-\gamma}{2}$.

Beweis 2. ∠ BCD' = ∠ ABC — ∠ BD'C = ∠ ABC — ∠ ACD',

also ∠ BCD' = β — γ — ∠ BCD',

oder 2 ∠ BCD' = β — γ,

und ∠ BCD' $= \frac{\beta-\gamma}{2}$.

142. Aufgabe. △ aus (b — c), (β — γ), a.

Die Analysis findet sich als Beispiel für die Art derselben durch Gesetze der Figur in den g. Betr. §. 3.

143. Fig. 23. u. Fig. 23. b. Lehrsatz. Beschreibt man um eine ∠spitze A eines △ ABC mit einer Seite AB oder AC eine Kreislinie, und verbindet den in der Verlängerung des anderen Schenkels entstehenden Durchschnittspunkt G oder G' mit dem Endpunkt B oder C der als Radius gebrauchten Seite, so ergiebt sich der Gegen∠ GBC oder G'CB der hiedurch abgeschnittenen Summe der beiden Seiten AB und AC stets, je nachdem der Kreis mit der kleineren oder der größeren Seite verzeichnet wurde, $= R +$ oder $= R -$ dem halben Unterschiede der diesen Seiten gegenüberliegenden ∠∠, d. h. ∠ GBC ist $= R + \frac{\beta - \gamma}{2}$, und ∠ $G'CB = R - \frac{\beta - \gamma}{2}$.

Beweis. Verbindet man den zweiten Durchschnittspunkt D oder D' der gezeichneten Kreislinie mit B oder C, so ist ∠ DBG oder ∠ $D'CG' = R$, und ∠ DBC oder ∠ BCD' nach 141 $= \frac{\beta - \gamma}{2}$, weshalb ∠ $GBC = R + \frac{\beta - \gamma}{2}$, und ∠ $G'CB = R - \frac{\beta - \gamma}{2}$ sein muß.

144. Fig. 23. Aufgabe. △ aus $(b + c)$, $(\beta - \gamma)$, a.

Analysis durch Gesetze der Figur. Berücksichtigt man 143, so zeigt sich △ CBG aus $CG = (b + c)$, $CB = a$ und ∠ $CBG = R + \frac{\beta - \gamma}{2}$ bestimmt, so daß nur noch ∠ G = ∠ GBA zu verzeichnen wäre, um das verlangte △ ABC zu erhalten.

145. Lehrsatz. In jedem △ bildet die Halbirungslinie eines ∠ mit der seinen Scheitel treffenden Höhe einen ∠, welcher gleich der halben Differenz der ∠∠ an der Gegenseite ist, d. h. ∠ (hm) ist stets $= \frac{\beta - \gamma}{2}$, oder ∠ $(h'm') = \frac{\alpha - \gamma}{2}$ ꝛc.

Beweis. Siehe g. Betr. §. 12.

146. Datum. In jedem △ stehen die Halbirungslinie eines ∠, die auf der Gegenseite stehende Höhe, und der Unterschied der an dieser Seite liegenden $\measuredangle$, oder m, h und $(\beta - \gamma)$ in solcher Beziehung, daß mittelst zwei von diesen Stücken das dritte bestimmt ist.

Beweis. Folgt aus 145, da diese Stücke in demselben $\triangle$ liegen.

Zusatz. $\triangle$ aus m, h, $(\beta - \gamma)$ ist eine unmögliche Aufgabe, da jedes dieser Stücke von den andern abhängig ist. (Siehe U. d. A. §. 8.)

147. Fig. 29. Aufgabe. $\triangle$ aus c, m, $(\beta - \gamma)$.

Analysis durch Daten. Aus m und $(\beta - \gamma)$ ergiebt sich nach 146 h; durch h und c hat man aber $\triangle$ ABD, und erhält die gleichen $\measuredangle$ EAB und EAC, also auch das $\triangle$ ABC.

Auflösung. Konstruire ein $\triangle$ EAD aus m und $\frac{\beta - \gamma}{2}$, schneide AB $=$ c ab, und bestimme $\angle$ EAC $=$ $\angle$ EAB, so ergiebt sich das verlangte $\triangle$ ABC.

Beweis. m und c sind nach der Konstruktion vorhanden. Es ist nur zu zeigen, daß $\angle B - \angle C = (\beta - \gamma)$ oder $= 2 \angle$ EAD.

Aber $\angle EAD$ ist $= R - \angle AED$,
oder $2\angle EAD = 2R - 2\angle AED$,
also auch $2\angle EAD = 2R - \angle A - 2\angle C$,
da $\angle AED = \angle CAE + \angle ACE$,
oder $2\angle AED = \angle A + 2\angle C$ ist, woraus sich
endlich $2\angle EAD = \angle B - \angle C = (\beta - \gamma)$
ergiebt, da $2R - \angle A - \angle C = \angle B$ ist.

Zusatz. Es können sich 2 verschiedene Resultate ergeben.

148. Fig. 50. und Fig. 50. a. Lehrsatz. Bildet man aus einem $\angle \gamma$ eines $\triangle$, oder aus dessen Supplement, wenn $\gamma > R$, und aus der Summe der auf seinen Schenkeln stehenden Höhen $(h + h')$, als Gegenseite genommen, ein $\triangle$, so ergiebt sich die

Hypotenuse desselben gleich der Summe der den ∠ γ einschließenden Seiten (a + b).

Beweis. Sei △ ABC das gegebene, △ DCE das gezeichnete, in welchem DE = (h + h′), ∠ C = γ. Zieht man AG ∦ CE, so bestimmt sich GE = AH = h, DG = FB = h′, weshalb △ ADG ≌ △ FBC ist, und DA = CB = a, also DC = (a + b) sein muß.

149. Datum. In jedem △ stehen ein ∠, die Summe beider denselben einschließenden Seiten, und die Summe der auf diesen stehenden Höhen, oder γ, (a + b) und (h + h′) in solcher Beziehung, daß durch 2 von diesen Stücken das dritte mitgegeben ist; nur entspricht den beiden Stücken (a+b) und (h + h′) entweder γ oder 2R — γ.

Beweis. Folgt aus 148, da diese 3 Stücke in demselben △ liegen.

Zusatz. △ aus (h + h′), (a + b), γ ist unmöglich.

Anmerkung. Das Datum ist eine Analogie zu 114.

150. Aufgabe. △ aus b, (h + h′), γ.

Analysis durch Daten. Durch (h + h′) und γ bestimmt sich nach 149 (a + b), also auch, da b gegeben ist, a, weshalb man nur ein △ aus a, b, γ zu verzeichnen hat.

Auflösung. Fig. 50. Zeichne ein △ DCE mit ∠ C = γ und Kathete DE = (h + h′), schneide CA = b ab, und beschreibe einen Kreis um C mit dem Rest AD, so bestimmt der Durchschnittspunkt B das verlangte △ ACB.

Beweis. Nach der Konstruktion hat △ ABC die Stücke b und γ. Die Summe der ⊥ ⊥ BF und AH ist aber = (h + h′), da GE = AH als ∦ zwischen ∦, und △ ADG ≌ △ CBF, also BF = DG ist, folglich AH + BF = DE = (h + h′) sein muß.

Anmerkung. Eine leichtere Analysis ꝛc. steht 260.

151. Fig. 51. und Fig. 51. a. Lehrsatz. (Analogie zu 148.) Bildet man aus einem ∠ γ eines △, oder aus dessen Supplement, wenn γ > R, und aus der Differenz der auf seinen Schenkeln stehenden Höhen (h — h'), als Gegenseite genommen, ein ◺, so ergiebt sich die Hypotenuse desselben gleich der Differenz der den ∠γ einschließenden Seiten (b — a).

Beweis. Dieser stimmt mit der einzigen Ausnahme, daß statt (a + b), (b — a) und statt (h + h'), (h — h') gesetzt werden muß, wörtlich mit dem in 148 enthaltenen, aber für die Fig. 51. und 51. a. überein.

152. Datum. (Analogie zu 149.) In jedem △ stehen ein ∠, die Differenz beider denselben einschließenden Seiten, und der Unterschied der auf diesen stehenden Höhen, oder γ, (b — a) und (h — h') in solcher Beziehung, daß durch 2 von diesen Stücken das dritte mitgegeben ist; nur entspricht den beiden Stücken (b — a), (h — h') sowohl γ als 2R — γ.

Beweis. Folgt aus 151, da alle drei Stücke in demselben ◺ liegen.

Zusatz. △ aus (h — h'), (b — a), γ ist eine unmögliche Aufgabe.

153. Fig. 51. Aufgabe. (Analogie zu 150.) △ aus b, (h — h'), γ.

Analysis. Wenn man in der Analysis, Auflösung und dem Beweise von 150 überall statt (a + b), (b — a), statt (h + h'), (h — h'), also auch statt AH + BF, AH — BF setzt, so gelten jene Auseinandersetzungen fast wörtlich für die oben bezeichnete Aufgabe; aber für die Fig. 51.

154. Bemerkung. Vermöge der Daten 150 und 152 können eine Menge anfänglich schwer erscheinender Aufgaben gebildet werden, die es aber keineswegs sind, z. B.: △ aus (h + h'), γ, α; △ aus (a + b), γ, h rc. oder △ aus (h — h'), γ, α; △ aus (b — a), γ, h rc.

155. Fig. XIV. Hilfssatz. Erweiterung von 48. Bei jedem ▱ finden sich 12 verschiedene △△, aus deren

Zusammensetzung sich im Allgemeinen die Konstruktion des □ ergiebt, nämlich △ ABC, △ ACD, △ ABD, △ BDC, △ BEC, △ CED, △ AED, △ BAE, △ ABS, △ CDS, △ BCN, △ ADN.

156. Fig. XIV. Aufgaben. □ aus a, b, c, d, ∠ A; □ aus a, b, c, e. e'; □ aus a, b, e, ∠ A, ∠ D; □ aus a, b, d, e, ∠ A; □ aus a, b, c, ∠ B, ∠ C; □ aus a, b, ∠ B, c, ∠ (e c). (∠ A, ∠ B, ꝛc. sind ∡ am Umfange, e und e' sind die Diagonalen, ∠ (e c) ist der von e und c gebildete ∠.)

Analysis. Ergiebt sich nach 155. und 48.

157. Fig. XIV. Aufgaben, die 2 Resultate haben können. □ aus a, b, e', ∠ A, ∠ B; □ aus a, b, c, ∠ A, ∠ C; □ aus a, c, e, e', ∠ A.

Analysis. Durch 155.

158. Fig. XIV. Aufgabe. □ aus a, b, e', ∠ A, ∠ C.

Analysis. a, e', ∠ A geben △ ABD, jedoch schon mit zwei Resultaten, wenn a > e'; unter denselben Umständen ergiebt sich △ BCD aus b, e', ∠ C; es können daher 4 verschiedene □□ mit denselben fünf Stücken und lauter hohlen ∡ entstehen, und noch 4 andere mit einem erhabenen ∡ (Siehe U. d. A. §. 13. N. 5.)

Anmerkung. Die erhabenen ∡ sollen im Allgemeinen in der Folge unberücksichtigt bleiben, da die Annahme derselben statt hohler ∡ nur wenig im Wesentlichen ändert.

159. Fig. XIV. Aufgabe. □ aus a, e, c, ∠ (a e), ∠ (a e').

Analysis. a, ∠ (a e), ∠ (a e') geben △ ABE; a, ∠ (a e), e, △ ABC, und damit b und ∠ (b e'); ∠ (b e'), c und b bestimmen aber △ DBC. Hieraus ist die Konstruktion des verlangten □ leicht abzuleiten.

Zusatz. Es können zwei verschiedene Resultate entstehen.

160. Lehrsatz. Zieht man durch die 4 Winkelspitzen eines □ Parallelen mit den Diagonalen, so entsteht ein ▱, welches doppelt so groß ist, als das ⏢.

Zusatz. Dies ▱ wird gebildet aus e, e′, ∠ (ee′).

161. Datum. Durch e, e′, ∠ (ee′) ist die Fläche des ⏢, also nach 61 auch die Seite f des ihm gleichen ⊞ gegeben.

Zusatz. ⏢ Aufgaben mit den 4 Stücken e, e′ ∠ (ee′), f^2 sind unmöglich, z. B. ⏢ aus e, e′, ∠ (ee,), f^2, a.

162. Fig. 52. Hilfssatz. Zieht man aus zwei gegenüberliegenden Winkelspitzen B und D eines ⏢ Parallelen zu einer Diagonale AC, giebt ihnen die Länge derselben, und zieht GF, so erhält man ein ▱ DF, welches doppelt so groß ist, als das ⏢ ABCD. (Siehe 160 und 161). Zieht man dann CF und CG, so ergiebt sich CF = AB = a, CG = AD = d, GF = DB = e′, ∠ BFG = ∠ (ee′), ∠ CFG = ∠ (ae′) 2c.

163. Fig. 52. Aufgabe. ⏢ aus a, c, e, e′, ∠ (ee′).

Analysis. Zieht man die in 162 angegebenen Hilfslinien, so ergiebt sich ▱ DF aus e, e′, ∠ (ee′) mit der Diagonale DF. Hiedurch zeigt sich aber das △ FDC und der Punkt C bestimmt, da FC = BA = a, und CD = c ist, weshalb auch die Linien CG und CB festgelegt werden können, und man nur schließlich DA ∦ GC, und AB ∦ CF zu ziehen hat, um das verlangte ⏢ ABCD zu erhalten.

Zusatz. Es ergeben sich zwei Punkte für C, und dadurch 2 Resultate für die Aufgabe.

164. Fig. XIV. Datum. Zu jedem ⏢ ergiebt sich aus (∠ B + ∠ C) auch (∠ A + ∠ D) und der ∠ (ac), welchen die Verlängerungen von a und c bilden. Eben so folgt aus (∠D+∠C), (∠A+∠B), und ∠ (bd).

Zusatz. Ist

(∠B+∠C) < 2R, so ist (∠A+∠D) > 2R;

ist $(\angle B + \angle C) > 2R$, so ist $(\angle A + \angle D) < 2R$; ist endlich $(\angle B + \angle C) = 2R$, so ist auch $(\angle A + \angle D) = 2R$.

In den ersten beiden Fällen findet deshalb ein Durchschnitt der Lagen von a und c ꝛc. statt; im letzten aber nicht, sondern das □ ist dann ein ▱.

165. **Bemerkung.** Bei △△ Aufgaben ist $(\alpha + \beta)$ nicht als Element eingeführt worden, da hiemit nur eine andere Einkleidung für γ genommen wäre. Bei den □□ dagegen soll eine Summe $(\angle B + \angle C)$ gewählt werden, um den $\angle$ (a c) zu ersetzen.

166. Fig. XIV. **Aufgabe.** □ aus a, b, c, $(\angle B + \angle C) < 2R$, $\angle$ (a e′).

Analysis. $(\angle B + \angle C)$ giebt $\angle$ (a c); $\angle$ (a e′) und $\angle$ (a c) den $\angle$ (e′ c) als Außen $\angle$, weshalb, da auch b und c gegeben sind, △ DBC bestimmt werden kann. Aus diesem folgt e′, also auch mittelst der gegebenen Stücke a und $\angle$ (a e′), △ ABD. Durch beide gefundenen △△ läßt sich leicht eine zusammenhängende Konstruktion des □ ABCD bilden.

Auflösung. Zeichne ein △ DBC aus $\angle$ BDC = der Summe von $\angle$ (a e′) und dem Neben$\angle$ von $(\angle B + \angle C)$, der Gegenseite BC = b, und der zweiten Seite DC = c, setze an DB in B den $\angle$ (a e′), und bestimme A mittelst der Länge BA = a, so ist das entstandene □ ABCD das verlangte.

Beweis. Die Stücke a, b, c, $\angle$ (a e′) sind nach der Zeichnung vorhanden. $\angle ABC + \angle DCB$ hat gleichfalls die bestimmte Größe, da $\angle N + \angle NBD = \angle BDC$, nach der Konstruktion also $= 2R - (\angle B + \angle C) + \angle$ (a e′) ist, hieraus aber, wegen der Gleichheit von $\angle$ NBD und $\angle$ (a e′), sich $\angle N = 2R - (\angle B + \angle C)$, folglich auch $\angle NBC + \angle NCB = (\angle B + \angle C)$ ergiebt.

Zusatz. Es können sich 2 verschiedene □□ ergeben, da der Kreis um C mit b, B doppelt bestimmt.

Anmerkung. Durch (∠ B + ∠ C) — ∠ (a e′) ergiebt sich ∠ (b e′) + ∠ C, also auch als Supplement der ∠ (c e′), und hiedurch mittelst b und c gleichfalls das △ BCD.

167. Fig. 34. Lehrsatz. Zieht man aus einer Winkelspitze B eines ⏢ eine Parallele BH mit der zweiten nicht ∥ Seite AD, und verlängert dieselbe bis c, so entsteht ein △ BCH, welches folgende Stücke des ⏢ enthält: b, d, (c — a), ∠ C, ∠ D, und (∠ B — ∠ D).

Zusatz. Das △ kann außerhalb des ⏢ fallen.

168. Datum. In jedem ⏢ stehen b, d, (c — a), ∠ C, ∠ D, (∠ B — ∠ D) in solcher Beziehung, daß aus drei von diesen Stücken, unter denen aber eines eine Linie sein muß, die übrigen abgeleitet werden können. Folgt aus 167.

Zusatz. ⏢ aus b, d, ∠ D, ∠ C, oder ⏢ b, d, ∠ A, ∠ B, u. s. w. sind unmögliche Aufgaben.

169. Hilfssatz. Bei der Analysis von ⏢ Aufgaben kann die Zerlegung in ein ▱ und △ nach 167 vortheilhaft werden.

170. Aufgabe. ⏢ aus a, b, c, d.

Analysis. Folgt ans 169 und 167. (Vergl. g. Betr. §. 18.)

171. Fig. 34. und Fig. 52. Hilfssatz. Bei ⏢ Aufgaben, welche e, e′, ∠ (e e′) enthalten, muß sich analog 162 ebenfalls ein ▱ ableiten lassen, welches doppelt so groß ist, als das ⏢. Da aber hier (∠ B + ∠ C) = 2R ist, fallen DC und CF in eine gerade Linie, so daß sich das halbe ▱ als △ aus e, e′, (a + c) ergiebt.

Anmerkung. Der Satz kann auch als Analogie von 167 aufgefaßt werden, vergl. g. Betr. §. 26., während sich umgekehrt eine Analogie zu 162 für alle ⏢ ⏢ bilden lassen muß, wenn man die Diagonalen als Seiten behandelt.

172. Aufgabe. ▭ aus a, c, e, e′. Siehe g. Betr. §. 26.

172. a. Fig. 34. a. Lehrsatz. In jedem ▭ ist die durch die Mitte von b gezogne, und von b und d begrenzte ∦ mit a, die Hälfte von (a + c).

Beweis. Zieht man FG ∦ AD durch I, so ergiebt sich BF = GC aus der ≌ der △△ BFI und GIC. Hieraus folgt aber 2 NI = AF + DG = (a + c).

172. b. Fig. 41. Lehrsatz. Analogie zu 172. a. In jedem ▭ ist die durch die Mitte von e′ gezogene, und von e und e′ begrenzte ∦ mit a, die Hälfte von (c — a).

Beweis. Zieht man FG ∦ AD durch I, so ergiebt sich BF = GC aus der ≌ der △△ BFI und GIC. Hieraus folgt aber 2 NI = AF + DG = (c — a).

3tes Kapitel.

Vorbereitungen und Beispiele für die Verwandlungen, Theilungen und mit den ersteren im Zusammenhange stehenden △ Aufgaben.

173. Erklärung. Unter Verwandlung einer Figur versteht man die Umformung einer, in irgend einer Gestalt, gegebenen Fläche nach vorgeschriebenen Bedingungen.

174. Reduktion. Alle Verwandlungen sind Figuren-Konstruktionen, bei denen eine Fläche f^2 eine gegebene Bedingung ist, da sich jede geradlinige Figur als Quadrat darstellen läßt (60), also auch ein Quadrat f^2 mit einer sich bestimmenden Seite f angegeben werden kann, welches mit der zu verwandelnden Figur gleiche Größe hat.

175. Bemerkung. Obwohl die Verwandlungen sich nach 174 auf Figuren-Konstruktionen reduziren lassen, zu denen die Fläche gegeben ist, ergiebt sich dennoch dadurch ein wesentlicher Unterschied, daß bei einer geforderten Verwandlung im Allgemeinen die Umformung an der ursprünglich gegebenen Figur vorgenommen werden soll. Auch tritt bei den Verwandlungen oft der Fall ein, daß die Aufgaben unbestimmt gegeben sind, z. B. ein Vieleck in ein △ zu verwandeln, bei welcher Aufgabe außer der Fläche f^2 noch zwei Bedingungen für das △ gegeben sein könnten.

176. Ort. △△ von gleicher Fläche und einerlei Grundlinie a haben eine, um die Höhe entfernte ∦ mit a als Ort für ihre Spitzen.

Zusatz 1. Derselbe Ort findet statt, wenn die △△ außer den übereinstimmenden Flächen gleiche und in derselben Lage befindliche Grundlinien haben.

Zusatz 2. Auch für zwei ▱▱ ꝛc. gilt dieser Ort.

177. Aufgabe. Ein △ f^2 (oder ein ▱) in ein anderes mit unveränderter Grundlininie a, und einem gegebenen ∠ β zu verwandeln.

Auflösung. Folgt aus 176.

178. Hilfs-Aufgabe. Ein △ f^2 (oder ein ▱) in ein anderes mit unveränderter Grundlinie a und einer gegebenen Seite b zu verwandeln.

Auflösung. Ziehe den Ort 176, beschreibe um einen Endpunkt von a mit b eine Kreislinie u. s. w.

Zusatz. 1. Es ergeben sich beim △ 2 verschiedene Resultate; beim ▱ aber zwei ≡.

Zusatz 2. Die unbestimmte Aufgabe: ein △ in ein anderes mit einer bestimmten Seite zu verwandeln, wird auf demselben Wege am kürzesten gelöst.

179. Fig. 54. Hilfs-Aufgabe. Ein △ f^2 in ein anderes mit unveränderter Grundlinie a und einer gegebenen Höhe h' zu verwandeln.

Analysis. a und h' bestimmen nach 114 β; man erhält also schließlich 177 zu konstruiren.

Auflösung. Beschreibe über a einen Halbkreis, schneide h' von B aus als Sehne ab, verbinde den Durchschnittspunkt mit C, und verlängere diese Linie bis zu der zu a durch die Spitze des △ gezogenen ∦, so ergiebt sich A.

Zusatz 1. Schneidet man h in dem zweiten Halbkreise über a ab, so ergiebt sich ein zweites stumpf∠ △ BCA'.

Zusatz 2. Die unbestimmte Aufgabe: ein △ in ein anderes mit einer bestimmten Höhe zu verwandeln, wird auf demselben Wege am kürzesten gelöst.

180. Fig. 55. Hilfssatz. Wenn zwei Scheiteldreiecke ABC und BNQ (solche △△, welche durch ihre gegenseitige Lage Scheitelwinkel bilden) gleich sind, müssen die Verbindungslinien der Endpunkte derjenigen Seiten dieser beiden △△, welche den Scheitel ∠ gegenüber liegen (CN und AQ) ∦ sein.

181. Aufgabe. Ein △ NBQ in ein anderes mit unverändertem ∠ B und mit der Grundlinie BC zu verwandeln.

Analysis 1. Fig. 55. Damit das Scheitel△ CBA, welches den unveränderten ∠ B besitzt, das verlangte wäre, müßte nach 180 CN ∦ AQ sein, also der Punkt A den Durchschnittspunkt einer aus Q zu der gegebenen Linie CN gezogenen ∦ bilden. Hiemit ist aber die Auflösung gefunden.

Oder Analysis 2. Fig. 56. △ BNQ wäre = △ BAC, wenn man △ANS = △SQC hätte. Dies fände nach 180 statt, wenn NC ∦ AQ läge. Zur Niederlegung dieser ∦∦ hat man aber 3 feste Punkte N, Q, C, weshalb der gesuchte Punkt A bestimmt werden kann.

Fall 2) wenn die bestimmte Grundlinie BC' < BQ ist. Die Analysis bildet eine Analogie zu dem 1sten Fall.

182. Aufgabe. Ein △ in ein anderes mit unverändertem ∠ B und mit der Höhe h zu verwandeln.

Analysis 1. Fig. 55. Aus 180 folgt, daß NC und AQ ⫲ sein müßten. Der zur Feststellung dieser ⫲ nothwendige dritte Punkt ergiebt sich durch die Benutzung des dritten gegebenen Stücks h, da mittelst desselben nach 79 ein Ort für A bestimmt werden kann, also A, und damit auch C konstruirbar ist.

Analysis 2. Fig. 56. Schiebt man nach 79 h zwischen die Schenkel von β, so erhält man BA′ des zu findenden Dreiecks, oder dessen Grundlinie, und hat deshalb den einen oder den andern Fall der Analysis 2. von 181. zu lösen.

183. Hilfssatz. Bei der Verwandlung in ▱▱ kann man die halbe oder die Viertel-Fläche in ein △ verwandeln, und dann wie bei △△ weiter verfahren. Die Viertelfläche wird eins von den 4 Dreiecken des ▱ bilden, welche 2 halbe Diagonalen zu Seiten haben.

Anmerkung. Da auf diese Weise die Verwandlung einer Fläche f^2 in ein ▱ genau so mit der Verwandlung f^2 in ein △ zusammenhängt, wie die sogenannten ▱ Konstruktionen mit den △ Konstruktonen, so sind dieselben größtentheils fortgelassen, und kann man sehr leicht aus einer Verwandlung in ein △ eine Verwandlung in ein ▱ bilden.

184. Aufgabe. Ein ▱ in ein anderes mit unveränderten ∠∠ und einer vorgeschriebenen Grundlinie zu verwandeln.

Analysis. Diese ergiebt sich nach 183 durch 181; kann aber auch durch den bekannten Satz von den Ergänzungen an der Diagonale in einem ▱ ausgeführt werden.

185. Datum. Durch zwei von den 3 Stücken f^2, a, h eines △ ist das dritte mitgegeben.

Denn man kann nach den Zusätzen 178 oder 179, f^2 in ein △ mit a oder h verwandeln, wodurch sich h oder a ergiebt.

Zusatz 1. Dasselbe Datum gilt fürs ▱.

Zusatz 2. △ aus f^2, a, h und ▱ aus f^2, a, h sind unmögliche Aufgaben.

186. Bemerkung. Da bei den Verwandlungen in ein △ außer der Fläche noch 2 Bedingungen gegeben sein können, kann man leicht eine mannichfaltige Anzahl von Verwandlungen aus den Konstruktionen von △△ ableiten (siehe 187), wobei man sich aber in Acht nehmen muß, abhängige Bedingungen zusammen zu stellen, z. B. f^2, a, h. Alle diese Aufgaben bieten deshalb eine doppelte Einkleidung dar. (g. Betr. §. 17.).

187. Aufgabe. △ aus f^2, a, t, oder: eine Figur in ein △ mit einer gegebenen Grundlinie a, und der bestimmten Transversale t zu verwandeln.

Analysis. Durch f^2 und a bestimmt sich nach 185 h; man hat daher die Aufgabe △ aus a, h, t (siehe 91) zu lösen.

188. Hilfssatz. Bei allen Verwandlungen in △△, welche a und h geben, benutze man möglichst den Ort 176, und suche denselben zum zweiten Mal zu schneiden.

189. Fig. 44. Aufgabe. Ein △ f^2 in ein anderes mit unveränderter Grundlinie und der bestimmten Transversale t′ zu verwandeln.

Analysis. Nach 176 hat man einen Ort für A.

Berücksichtigt man 123, so zeigt sich, daß derselbe durch 2t′ aus B geschnitten werden muß, und dann durch die Mitte von 2t′ und C eine Linie zu legen ist, um A zu bestimmen.

Zusatz. Diese Aufgabe stimmt überein mit △ aus a, h, t′, siehe g. Betr. §. 30.

190. Aufgabe. Ein △ f^2 in ein △ so zu verwandeln, daß eine Seite jenes △ Grundlinie wird.

Analysis. Folgt aus 72 und 188.

191. Aufgabe. Ein ▱ f^2 in einen ◊ zu verwandeln, dessen Diagonale eine Seite jenes ▱ wird.

Analysis. Der ◊ besteht aus 2 ≌ △△, welche die Diagonale zur Grundlinie haben. Man hat also nur $\frac{1}{2}$ ▱ f^2 nach 190 zu verwandeln, und hierauf den ◊ zu vollenden.

192. Aufgabe. Ein △ f^2 in ein △ so zu verwandeln, daß eiue Seite des ersteren zum Schenkel wird.

Analysis. Man betrachte den Schenkel a als Grundlinie des gegebenen △, und verfahre nach 178.

Determination. a muß $\geqq$ h sein.

Zusatz. Man erhält 2 △△, welche =, aber nicht ≌ sind.

193. Hilfssatz. Beim Umformen einer gegebenen Figur unter mehr als einer Bedingung suche man die Bedingungen nach einander anzubringen.

194. Hilfs-Aufgabe. Eine Figur f^2 in ein △ mit zwei gegebenen Seiten a u. b zu verwandeln.

Analysis. Man wird der in ein △ verwandelten Figur zunächst, nach Zusatz 2. 178, a zu geben haben, und hierauf in derselben Weise b, indem man a als die unveränderliche Grundlinie ansieht.

Zusatz. Es sind zwei verschiedene Resultate möglich, und der in dem einen von a und b eingeschlossene ∠ bildet das Supplement zu dem gleichnamigen ∠ in dem anderen △.

195. Fig. 57. Aufgabe. Ein der Lage und Größe nach gegebenes △ NBQ so in ein anderes zu verwandeln, daß zwei ∡spitzen in die Punkte B und A, und die dritte in die Lage BQ fallen.

Analysis 1. Durch A und die Lage der Grundlinie BQ ist h mitgegeben. Man verwandele daher zunächst nach 182, 2, das △ NBQ in △ BCD mit dieser Höhe, so ergiebt sich die Grundlinie des gesuchten △, weshalb man nur die Spitze D nach A zu verlegen hat.

Analysis 2. △ ABC wäre das verlangte, d. h. = △BNQ, wenn man △NBU + △CVQ = △UAV konstruirt hätte. Dies fände statt, wenn △NBU = einem Theil △UAS, und △CVQ dem anderen △SVA gleich wäre. Hiezu müßte aber, da beide Paare △△ Scheitel△△ sind, nach 180, NA ⫲ BS und QA ⫲ SC sein. Zur Bestimmung der ersten beiden ⫲⫲ hat man aber 3 feste Punkte N, A, B, folglich ergiebt sich S, und damit die genügende Anzahl von Punkten S, A, Q, für das letzte ⫲ Paar, um C, also auch die gesuchte Grundlinie BC zu bestimmen, durch welche das geforderte △ ABC sich vollständig festlegen läßt.

196. Aufgabe. Ein ⏢ in ein ▱ mit Beibehaltung der einen nicht ⫲ Seite und der daran liegenden ∡ zu verwandeln.

Analysis. Durch Berücksichtigung von 172. a ergiebt sich, daß man nur durch die Mitte der anderen nicht ⫲ Seite eine ⫲ zu der ersteren zu ziehen hat.

197. Hilfssatz. Jede in einem ⏢ durch die Mitte einer nicht ⫲ Seite zwischen den ⫲ Seiten gezogene Linie bestimmt ein ⏢ mit unveränderter Größe.

198. Lehrsatz. Die Fläche eines ⏢ ist einem △ =, welches (a + c) zur Grundlinie und h zur Höhe hat, oder = einem ▱ mit der Grundlinie $\frac{a + c}{2}$ und der Höhe h.

199. Datum. h, (a + c), f² stehen in solcher Beziehung, daß bei jedem ⏢ durch zwei dieser Stücke das dritte mitgegeben ist.

Beweis. Das dritte Stück läßt sich nach 198 durch 179, 2 oder 178, 2 bestimmen.

Zusatz. ⏢ aus f², a, c, h ist eine unmögliche Aufgabe.

200. Fig. 34. Aufgabe. ▱ aus h, f^2, b, e'.

Analysis. f^2 und h bestimmen $(a + c)$ nach 199 und 179 Zusatz 2, und die Richtungen von a und c. Beschreibt man nun um D, den Endpunkt der $(a + c)$ gleichen Linie DF, einen Kreis mit e', und bestimmt hiedurch B in der Lage a, zieht ferner um B eine zweite Kreislinie mit b, so scheidet der Durchschnittspunkt C in DF die Länge a von c, weshalb sich das ▱ durch Ziehung einer ⋕ CA zu FB ergeben muß, wenn man schließlich A mit D verbindet.

Zusatz. So lange $b > h$ ergeben sich zwei verschie- verschiedene Resultate.

201. Hilfssatz. Bei Verwandlungen in Figuren, welche aus △△ zusammengesetzt sind, kömmt es vor, daß eins von diesen △△ unmittelbar durch die Bedingungen bestimmt ist: dann hat man dies △ von der gegebenen Fläche abzuziehen, und nur den Rest ferner zu verwandeln.

Anmerkung. Der Unterschied der Flächen zweier △△ wird am besten gefunden, wenn man ihnen nach 179. 2. gleiche Höhen giebt, und das Dreieck mit dieser Höhe und dem Unterschiede der erhaltenen Grundlinien nimmt.

202. Fig. XIV. Aufgabe. Eine Fläche f^2 in ein ⏢ mit den vier Stücken a, b, c, e zu verwandeln.

Analysis. Durch a, b, e ist ein △ des ⏢ bestimmt, dessen Fläche daher von f^2 abzuziehen, und der Rest in ein △ mit e und c nach 194 zu verwandeln ist, um beide △△ mit e zusammensetzen zu können.

Zusatz. Die Aufgabe 194 hatte schon 2 Resultate; deshalb entstehen auch hier 2 ⏢⏢. Die Art der Zusammensetzung hat keinen Zweifel, wenn man sich erinnert, daß c die Gegenseite von a ist.

203. Aufgaben. ⏢ aus f^2, a, b, c, ∠ B; ⏢ f^2, a, b, ∠ B, ∠ C.

Sind ähnlich wie 202 durch 201 lösbar.

204. Lehrsatz. 1. Das Quadrat der Summe zweier Linien oder $(a+b)^2$ ist $= a^2 + b^2 + 2ab$ 2. Das Qudrat der Differenz zweier Linien oder $(a-b)^2$ ist $= a^2 + b^2 - 2ab$.

Beweis ad 1. Bilde aus $(a+b)$ ein Quadrat, ziehe durch die Punkte, wo a und b zusammenstoßen (durch zwei Seiten) ⧺ ⧺; so ergiebt sich die Behauptung.

Beweis ad 2. Fig. 58. Sei $AB = a$ und $CB = a^2$; $BE = b$ und $BD = b^2$; $AF = (a-b)^2$, so ist

$$CB + DB - CG - DG = AF,$$

d. h. $a^2 + b^2 - ab - ab = (a-b)^2$,

oder $a^2 + b^2 - 2ab = (a-b)^2$, w. z. b. w.

205. Fig. 59. Lehrsatz. Das Rechteck aus der Summe zweier Linien und der Differenz derselben Linien, oder $(a+b)(a-b)$ ist $= a^2 - b^2$.

Beweis. Sei $AB = AD = a$, $BC = DE = b$, also $AC = a + b$ und $AE = a - b$, so ist $BD = a^2$, $DF = BG = ab$, $FG = b^2$, $AN = (a+b)(a-b)$, und man hat deshalb

$$AN = AF + BG - FG,$$

oder $AN = AF + DF - FG$,

d. h. $(a+b)(a-b) = a^2 - b^2$, w. z. b. w.

206. Datum. $d^2 = (a^2 - b^2)$, $(a+b)$ und $(a-b)$ stehen in solchem Zusammenhange, daß durch zwei dieser Stücke das dritte mitgegeben ist.

Beweis. $(a+b)$ und $(a-b)$ bestimmen nach 205 $a^2 - b^2 = d^2$; hat man daher d^2 und $(a+b)$ oder $(a-b)$, so verwandele man d^2 in ein Rechteck, welches $(a+b)$ oder $(a-b)$ zur Seite hat, so ergiebt sich $(a-b)$ oder $(a+b)$.

Zusatz. △ aus $(a^2 - b^2)$, $(a+b)$, $(a-b)$ ist eine unmögliche Aufgabe.

207. Aufgabe. ◺ aus a, $(c+b)$. (Vergl. 131).

Analysis durch Daten. Da $(c^2 - b^2) = a^2$ bekannt ist, so ergiebt sich durch 206 aus $(c^2 - b^2)$ und $(c+b)$, die Differenz $(c-b)$, durch $(c+b)$ und $(c-b)$

hat man aber die Seiten c und b nach 105, also $\triangle$ aus a, b.

208. Aufgabe. $\triangle$ aus a, (c — b). (Vergl. 134).

Analysis durch Daten. Man erhält dieselbe wie in 207.

209. Fig. I. und II. Lehrsatz. In jedem $\triangle$ ist die Differenz der Quadrate zweier Seiten gleich der Differenz der Quadrate der in der dritten Seite von der Höhe gebildeten Abschnitte, d. h. $b^2 - c^2$ ist $= p^2 - q^2$.

Beweis. h^2 ist $= b^2 - p^2 = c^2 - q^2$,

also $b^2 - c^2 = p^2 - q^2$,

oder nach 205 $(b + c)(b - c) = (p + q)(p - q)$.

210. Fig. I. und II. In jedem $\triangle$ ergeben sich aus der Differenz der Quadrate zweier Seiten u. der dritten Seite die in der letzteren von der Höhe gebildeten Abschnitte, d. h. aus $(b^2 - c^2) = d^2$ und a folgen p und q.

Beweis. Nach 209 ist $d^2 = (p^2 - q^2)$; nun ist aber a im spitz$\angle$ $\triangle = (p + q)$ und im stumpf$\angle = (p - q)$, folglich hat man nach 206 im ersteren Falle $(p - q)$, im zweiten $(p + q)$, und hiedurch wieder nach 105 p und q selbst.

211. Ort. Wenn von einem Dreieck die Differenz der Quadrate zweier Seiten $d^2 = (b^2 - c^2)$, und die dritte Seite a gegeben sind, so hat man einen auf dieser Seite stehenden $\perp$ als geometrischen Ort für die Spitze des Gegenwinkels A.

Konstruktion 1. Man suche nach 210 mittelst $d^2 = (b^2 - c^2)$ und a die Stücke p und q, schneide p auf a von C aus ab, und errichte im Durchschnittspunkt einen $\perp$ auf a, so hat man den verlangten Ort.

Beweis. Folgt aus 209.

Konstruktion 2. Fall 1. Fig. 60. Wenn $a > d$ beschreibe man über $CB = a$ einen Halbkreis, schneide von C aus d oder CG als Sehne ab, fälle den $\perp$ GE, und errichte in der Mitte D von EB einen zweiten ⊥, so bildet dieser den erwähnten Ort.

Beweis. Da nach 209 $d^2 = (p+q)(p-q)$ ist,

muß $d < (p+q)$,

und $d > (p-q)$ sein.

Ist also $a > d$, so kann auch a nur $= (p+q)$ sein, da nach 138, a entweder $(p+q)$ oder $(p-q)$ ist. Hieraus folgt aber, daß man in diesem Fall

$d^2 = a\,(p-q)$ hat, während nach der Konstruktion $d^2 = a\,.\,CE$,

$$\text{also } CE = (p-q) \text{ und } \frac{BE}{2} = q \text{ ist,}$$

weshalb der in D auf a errichtete ⊥ nach 209 einen Ort für **A** wirklich bildet.

Fall 2. Fig. 60. a. Wenn $a < d$ ist errichte man in B auf a einen ⊥, schneide von C aus d oder CG ab, errichte im Durchschnittspunkt G auf CG abermals einen ⊥, und endlich einen dritteu ⊥ auf a in der Mitte D der durch den vorhergehenden bestimmten Linie BE, so wird der verlangte Ort von dem letzten ⊥ gebildet.

Der **Beweis** ergiebt sich ähnlich wie im ersten Fall.

212. Aufgabe. △ aus $(b^2 - c^2)$, a, t.

Analysis. $(b^2 - c^2)$ und a ergeben den Ort 211, welchen man daher nur aus der Mitte von a mit t zu schneiden hat, um das verlangte △ zu erhalten.

Zusatz. Ungeachtet sich bei der Auflösung ein gerader und ein Kreisort schneiden entstehen doch zwei ≌ Resultate.

213. Aufgaben. △ aus $(b^2 - c^2)$, a, β.

△ aus $(b^2 - c^2)$, a, h.

Analysis. Siehe 211.

214. Reduktion. Die △ Aufgaben mit den Stücken $(b^2 - c^2)$ und a sind nach dem Vorigen 210, 211 ꝛc. nur schwierig scheinende Einkleidungen für ganz einfache Aufgaben, da man statt jener Bedingungen stets p und q setzen kann.

Man könnte dieselben leicht noch verwickelter stellen, wenn man zugleich andere Daten benutzte, indessen kann die Auflösung mittelst der gegebenen Hilfen keine Schwierigkeiten machen, weshalb diese ganze Aufgaben-Klasse fortgelassen ist. Nur in der folgenden Nummer ist noch ein Beispiel gegeben.

215. Aufgabe. $\triangle$ aus f^2, (b^2-c^2), a.

Analysis. f^2 und a geben h nach 185, (b^2-c^2) und a, p und q nach 211, weshalb man nur die 111 stehende Aufgabe, $\triangle$ aus p, q, h, zu lösen hat.

216. Fig. I. und II. Lehrsatz. In jedem $\triangle$ ist $b^2=a^2+c^2\pm 2aq$, und zwar $+$, wenn β stumpf, und $-$, wenn β spitz ist.

Beweis. $b^2=h^2+p^2$, aber $h^2=c^2-q^2$, und

p, wenn β stumpf $= a+q$, also

p^2 " " " $= a^2+q^2+2aq$ nach 204;

ferner p, wenn β spitz $= a-q$, also

p^2 " " " $= a^2+q^2-2aq$ nach 204,

folglich erhält man durch Substitution

$b^2=c^2-q^2+a^2+q^2\pm 2aq = a^2+c^2\pm 2aq$ w. z. b. w.

217. Fig. X. In jedem $\square$ ist $c^2+c'^2=2a^2+2b^2$.

Beweis. c' liege dem stumpfen $\angle$ gegenüber, und c dem spitzen, so ist, wenn man hier die von h bis zum Durchschnitt von a mit b reichenden Abschnitte FB, welche in dem spitz- und stumpf$\angle$ $\triangle$ gleich groß sind, q' nennt, nach 216,

$$c'^2 = a^2 + b^2 + 2aq',$$
$$c^2 = a^2 + b - 2aq',$$

also $c^2+c'^2 = 2a^2+2b^2$, w. z. b. w.

218. Lehrsatz. In jedem $\triangle$ ist $t^2=\frac{2b^2+2c^2-a^2}{4}$.

Beweis. Verlängert man t um sich selbst, so entsteht ein $\square$, also nach 217, $a^2+(2t)^2 = 2b^2+2c^2$, woraus sich $t^2=\frac{2b^2+2c^2-a^2}{4}$ ergiebt.

Zusatz. In jedem $\triangle$ ist daher auch $b^2+c^2 = \frac{a^2+4t^2}{2}$.

219. Datum. Durch $s^2 = (b^2 + c^2)$ und a eines △ ist t bekannt.

Beweis. Es ist $t^2 = \frac{2s^2 - a^2}{4}$ nach 218.

Zusatz. △ aus $s^2 = (b^2 + c^2)$, a, t ist eine unmögliche Aufgabe.

220. Ort. Fig. 61. u. Fig. 61. a. Durch $s^2 = (b^2 + c^2)$ und a bestimmt sich ein Kreis mit t um die Mitte von a als Ort für die Spitze A.

Analysis. Sei $BC = a$, DH der Halbmesser des gesuchten Orts. Wenn die Summe der Quadrate von den Verbindungslinien aller Punkte des Orts mit B und $C = s^2$ wäre, so müßte auch $BH^2 + CH^2$, oder, sobald man $HG = HC$ und ⊥ HC absetzt, $BH^2 + GH^2 = s^2$ sein. Dies fände statt, wenn $BG^2 = s^2$, also $BG = s$ wäre, woher es nur noch auf die Bestimmung von G ankömmt. Diese ist aber thunlich, da man Lage CG mittelst $\angle HCG = \frac{1}{2}R$ feststellen kann, folglich läßt sich auch eine Konstruktion des Orts formiren.

Konstruktion. Fig. 61. und Fig. 61. a. Zeichne in C an a $\angle HCG = \frac{1}{2}R$, beschreibe um B mit s einen Kreis, und fälle aus dem Durchschnittspunkt G oder G′ einen ⊥ auf die Lage a, so bestimmt sich der Punkt H oder H′, und es bildet die um die Mitte D von a mit DH oder DH′ beschriebene Kreislinie den verlangten Ort.

Beweis. Fig. 61. Wenn $s > a$.

Nach 216 ist $s^2 = a^2 + GC^2 + 2a . HC$,

oder $s^2 = a^2 + 2HC^2 + 2a . HC$,

folglich $s^2 = a^2 + 2HC(HC + a)$,

oder $s^2 = a^2 + 2\left(HD - \frac{a}{2}\right)\left(HD - \frac{a}{2} + a\right)$,

d. h. $s^2 = a^2 + 2\left(HD - \frac{a}{2}\right)\left(HD + \frac{a}{2}\right)$, weshalb nach 205 $s^2 = a^2 + 2\,HD^2 - 2 . \left(\frac{a}{2}\right)^2$, und $s^2 = \frac{a^2}{2} + 2HD^2$,

also auch $\frac{2s^2 - a^2}{4} = HD^2$ sein muß.

Dasselbe ergiebt sich für $H'D$ in Beziehung auf den $\perp G'H'$ durch ähnliche Schlüsse.

Hieraus folgt, daß für jeden beliebigen Punkt A der Kreislinie, $AD^2 = \frac{2s^2 - a^2}{4}$ ist. Da aber auch nach 218 im $\triangle ABC$, $AD^2 = \frac{2AC^2 + 2AB^2 - a^2}{4}$ ist,

also $2s^2 - a^2 = 2AC^2 + 2AB^2 - a^2$ sein muß,
hat man $s^2 = AC^2 + AB^2$, w. z. b. w.

Fig. 61.a. Wenn $s < a$, ergiebt sich mit Ausnahme weniger Vorzeichen ein dem Vorigen gleicher Beweis.

Zusatz. Ist für ein $\triangle$ c gegeben, so hat man ebenfalls $a^2 + b^2 = c^2$, dies giebt aber die zu c gehörige Transversale (nach 219, wo $t^2 = \frac{2s^2 - a^2}{4}$ ist) $t''^2 = \frac{2c^2 - c^2}{4} = \left(\frac{c}{2}\right)^2$, also $t'' = \frac{c}{2}$, weshalb der durch das Vorige konstruirbare Ort ein über c beschriebener Halbkreis wäre, welches mit 75 übereinstimmt.

221. Aufgabe. $\triangle$ aus a, h, $(b^2 + c^2)$.

Analysis 1) durch Oerter. $(b^2 + c^2)$ und a bestimmen einen Ort für A nach 220, a und h den zweiten nach 79.

Analysis 2) durch Daten und Reduktion. $(b^2 + c^2)$ und a geben nach 219 t, woher man schließlich die Aufgabe, $\triangle$ aus a, h, t, 91 zu lösen hat.

222. Reduktion. Alle $\triangle$ Aufgaben mit den Stücken $(b^2 + c^2)$ und a reduziren sich auf andere mit den Stücken a und t, von denen t nach 219 und 220 stets zu finden ist.

Aus diesem Grunde ist die ganze Aufgaben-Klasse mit $(b^2 + c^2)$ und a im 2ten Hauptstück nur beiläufig berührt.

Theilungen.

223. Erklärung. Unter Theilungen versteht man die bedingte Zerlegung einer beliebig gestalteten Figur in gleiche, oder sich auf eine bestimmte Weise verhaltende Stücke durch gerade, oder krumme, oder gebrochene Linien.

224. Aufgabe. Von einem △ oder ▱ den $\frac{m}{n}$ Theil, d. h. $\frac{m}{n}\, f^2$ zu finden.

Auflösung. Siehe 52. und 54.

225. Aufgabe. Von einem ⏢ $\frac{m}{n}\, f^2$ zu finden.

Auflösung. Halbire die nicht ‡ Seiten, schneide in der gezogenen Verbindungslinie $\frac{m}{n}$ derselben von einem Endpunkt aus ab, und lege durch den gebildeten Durchschnittspunkt eine beliebige Linie zwischen den ‡ Seiten, so hat man $\frac{m}{n}\, f^2$ erhalten.

Beweis. Denkt man sich das gegebene und das erhaltene ⏢ nach 196 in ▱▱ verwandelt, so ergiebt sich durch eine ≌ die Richtigkeit der Auflösung.

226. Aufgabe. Von einem ◺ $\frac{m}{n}\, f^2$ zu finden.

Auflösung. Man schneide von dem Endpunkt einer Diagonale $\frac{m}{n}$ derselben ab und verbinde den Durchschnittspunkt mit den Endpunkten der anderen Diagonale, so erhält man $\frac{m}{n}\, f^2$ wieder als ◺.

227. Aufgabe. Von einem beliebigen Vieleck (n eck) $\frac{m}{n}\, f^2$ zu finden.

Auflösung. Man verwandele dasselbe in ein ◺, und verfahre nach 226.

228. Reduktion. Nachdem gezeigt ist, daß von jeder geradlinigen Figur der $\frac{m}{n}$ Theil gefunden werden kann, sieht man leicht, daß es nur darauf ankömmt: diesen Theil nach den besonderen Bedingungen der Aufgabe umzuformen, in welcher Hinsicht also auch die Theilungen als gewöhnliche Figuren-Konstruktionen anzusehen sind, zu denen $\frac{n}{m}$ der zu theilenden Fläche, oder f^2 gegeben ist.

229. Bemerkung. Obwohl sich nach 228 alle Theilungen auf gewöhnliche Figuren-Konstruktionen reduziren lassen, kann dennoch, wenn man will, zwischen beiden ein wesentlicher Unterschied dadurch gezogen werden, daß man bei den Theilungen die Bedingung voraussetzt: die nothwendige Konstruktion allein an der ursprünglich gegebenen Figur auszuführen, wobei freilich eine Analogie mit der Reduktion 228 in der Regel am kürzesten zum Ziel führt.

230. Fig. 62. Hilfs-Aufgabe. Eine Theilungslinie PN schneidet $\triangle$ PNA $= \frac{1}{n}$ der Figur ABCD so ab, daß ein Endpunkt P derselben in eine Seite, und der andere N in die Verlängerung einer zweiten Seite, also ein Stück des Theils außerhalb der Figur fällt; man soll dasselbe so hineinschaffen, daß PXBA $= \frac{1}{n}$ ABCD wird.

Analysis. ⏢ XPAB wäre $= \triangle$ PNA, wenn man $\triangle$ XOP $= \triangle$ NOB hätte. Dies fände statt, wenn nach 180 BP ∦ NX wäre. Durch die gegebenen Punkte B, P, N ist aber X leicht bestimmt, also auch die gesuchte Linie PX gefunden.

Zusatz. Sollten gleichzeitig mehrere auf PNA folgende Theile z. B. PNN′ in die Figur geschafft werden, so hat man nach dem Vorigen ebenfalls nur aus den Punkten N′, N″ u. s. w. ∦ zu BP zu ziehen, um X′, X″ 2c. zu bestimmen. Der Beweis, daß △ PXX′ z. B. = △ PNN′ ist, ergiebt sich dadurch leicht, daß △ PBN′ = △ PBX′, und

△ PBN = △ PBX, also

durch Subtr. △ PNN′ = △ PXX′ sein muß.

Anmerkung. Liegt der Punkt P, von welchem eine solche außerhalb der Figur fallende Theilungslinie ausläuft, nicht in einer Seite, so führen Hilfsmittel zum Zweck, welche hier dem Schüler noch nicht mitgetheilt werden können. Man vergleiche das Nähere darüber 2187.

231. Fig. 63. Hilfs-Aufgabe. Eine von einem Punkte A ausgehende gebrochene Theilungslinie ASNP in eine gerade zu verwandeln, welche dasselbe Stück ASNPDE von der Figur ABCDE abschneidet, und gleichfalls von A ausläuft.

Auflösung. Vom △ SNP kann die Spitze N auf bekannte Art in die Lage der Seite DC verlegt werden, wodurch sich △ SOP ergiebt. Fällt dann, wie hier, der Punkt O außerhalb der Figur, so verfahre man nach 230, womit sich Punkt Q in BC so bestimmt, daß jetzt ASQ dasselbe Stück wie ASNP abschneidet. Ein gleiches Verfahren wiederhole man ferner mit dem Stück ABSQ, (welches hier kürzer zum Ziel führt, als wenn man die Fortsetzung an dem Sechseck ASQCDE selbst machte), verlege nämlich die Spitze S des △ ASQ in die Lage BC, und schaffe den etwa außerhalb fallenden Theil hinein, so muß sich schließlich die gesuchte Theilungslinie AX ergeben.

Anmerkung. Die vorige Aufgabe enthält eigentlich nur die Verwandlung des Sechsecks AEDPNSA in ein Viereck AEDXA, zu dessen Konstruktion außer der Fläche die Stücke AE, ED, ∠ E und ∠ D gegeben waren. Hätte man X in ED erhalten, so wäre das Sechseck in ein Dreieck verwandelt, zu dessen Konstruktion außer der Fläche, AE und ∠ E gegeben waren. Es zeigt sich hiebei deutlich genug der

Zusammenhang der Theilungen, Verwandlungen und Figuren-Konstruktionen.

232. Hilfssatz. Man kann bei den Theilungen gewöhnlich zwei Wege einschlagen; entweder theilt man die Figur vorher nach 224 bis 228 und verwandelt dann die Stücke nach den besonderen Bedingungen der Aufgabe, oder man verwandelt die Figur zunächst nach den gegebenen Bedingungen, und führt dann die Theilung aus. Im ersten Fall wird sich häufig 231 im zweiten besonders 230 als Hilfsaufgabe ergeben.

233. Aufgabe. Ein □ aus einer Winkelspitze A durch gerade Linien in n = Theile zu theilen.

1ste Auflösung. Durch vorhergehende Theilung und nachfolgende Verwandlung.

Man theile das □ nach 226, und verwandele hierauf, indem man die gebrochenen Linien durch gerade nach 231 ersetzt.

2te Auflösung. Durch vorhergehende Verwandlung nnd nachfolgende Theilung.

Man verwandle auf bekannte Art das □ so in ein △, daß die Lage eines auf A folgenden ∠, zum Beispiel ∠ B, ungeändert bleibt, theile hierauf das entstehende △ von A aus in n gleiche Theile, und schaffe endlich die außerhalb des □ fallenden Stücke nach 230 in dasselbe hinein.

234. Fig. 64. Aufgabe. Ein △ von einem in einer Seite gegebenen Punkte P aus durch gerade Linien in n gleiche Theile zu theilen.

Analysis durch Reduktion auf Verwandlungen und Figuren-Konstruktionen. Wenn n = 4 ist, und PX, PY, PZ die zu findenden Theilungslinien andeuten, so hat man zunächst $\frac{1}{4}$△ ABC in ein △ BPX zu verwandeln, welches die Seite PB und ∠ B erhält (181), oder: vom △ BPX ist ∠ B, f^2, und BP = a, also auch h nach 185 gegeben, woher man nur △ aus a, h, β, (82) zu konstruiren hat.

Ob die nächste Theilungslinie zum Theil außerhalb oder ganz innerhalb des △ fallen wird, läßt sich in diesem Fall im Voraus dadurch bestimmen: ob $PB >$ oder $< PA$ ist, da hienach △ PBC bezüglich $>$ oder $<$ als $\frac{1}{2}$ △ ABC sein muß, folglich, wenn z. B. $PB > PA$ ist, PY ganz innerhalb des △ fallen muß, und deshalb nur $XY = BX$ abzusetzen ist, um die Linie PY unmittelbar zu erhalten. Ist nun PB ferner $< \frac{3}{4}$ BA, folglich △ PBC $< \frac{3}{4}$ BAC, weshalb die dritte Theilungslinie PZ die Seite CA treffen muß, so folgt hieraus zur Bestimmung des dritten Theils die Aufgabe: ⏢ PYCZ aus $f^2 = \frac{1}{4}$ △ ABC, PY, YC, ∠ PYC, ∠ C zu konstruiren, welche 203 angegeben ist, oder die Wiederholung der zuerst angeführten Aufgabe, indem man △ APZ aus PA, ∠ A und $f^2 = \frac{1}{4}$ △ ABC bestimmen kann, wodurch sich ⏢ PZCY von selbst ergeben wird.

Auflösung 1. (Die Theilung geht voran). Theile BA oder C in 4 gleiche Theile, ziehe durch die Theilungspunkte D, F, E ǂ ǂ mit PC, und verbinde die Durchschnittspunkte in a und b, nämlich X, Y, Z, mit P, so bilden sich die verlangten Theilungslinien.

Auflösung 2. (Die Verwandlung geht voran.) Verwandele △ ABC in △ PBQ, indem AQ ǂ CP gezogen wird, theile das erhaltene △ PBQ in 4 gleiche Theile von P aus, ziehe durch den in die Verlängerung von a fallenden Theilungspunkt N, ZN ǂ PC, so hat man die Endpunkte X, Y, Z der verlangten Theilungslinien erhalten.

235. Fig. 65. Hilfssatz. Innerhalb eines △ ist von einem Punkte P die Linie PA gezogen; man soll die Lage der Linie PX vorherbestimmen, welche von △ ABC $\frac{m}{n}$ der Fläche abschneidet.

Die Theilungslinien können treffen entweder in C, oder in B, oder in b wie z. B. PX, oder in a wie z. B. PX′, oder in c wie z. B. PX″.

1. Wäre PC die Theilungslinie, d. h. $\triangle$ PAC $= \frac{m}{n} \triangle$ ABC, so müßte der $\perp$ PH $= \frac{m}{n} h'$ sein.

2. Wäre PB die Theilungslinie, d. h. $\triangle$ APB $= \frac{n-m}{n} \triangle$ ABC, so müßte der $\perp$ PH' $= \frac{n-m}{n} h''$ sein.

3. Wäre PX die verlangte Theilungslinie, so müßte $\perp$ PH $> \frac{m}{n} h'$ sein.

4. Wäre PX' die gesuchte Theilungslinie, so müßte PH $< \frac{m}{n} h'$, und PH' $< \frac{n-m}{n} h''$ sein.

5. Wäre endlich PX'' die geforderte Theilungslinie, so müßte PH $< \frac{m}{n} h'$, aber PH' $> \frac{n-m}{n} h''$ sein.

236. Fig. 66. Aufgabe. Ein $\triangle$ in 4 ≌ Theile zu theilen.

Auflösung. Ziehe durch die Mitte D einer Seite a eine # zu c, durch den Schneidungspunkt E in b eine # zu a, verbinde den festgestellten Punkt F in c mit der Mitte D von a, so hat man die 4 verlangten $\triangle\triangle$ gezeichnet.

Beweis. $\triangle$ CDE ist ≌ $\triangle$ BDF aus DC $=$ BD, DE $=$ BF, $\angle$ EDC $= \angle$ B. Hieraus folgt FD $=$ und # EC, weshalb EFDC, EFBD und AEDF ▱▱ sein müssen, also die 4 $\triangle\triangle$ ≌ sind.

237. Lehrsatz. Wenn man ein ▱ oder ▭ durch irgend eine Linie zwischen 2 # Seiten in zwei Stücke zerlegt hat, und zieht durch die Mitte dieser Linie in willkührlicher Lage eine andere, so theilt diese das ▭ oder ▱ in Stücke von derselben Größe.

Beweis. Das hinzugefügte $\triangle$ ist ≌ dem abgenommenen.

238. Fig. 70. Lehrsatz. Theilt man die zwischen den Halbirungspunkten der nicht # Seiten eines

⏢ liegende Verbindungslinie IN in n gleiche Theile und legt durch die erhaltenen Theilungspunkte O, Q, G beliebige Linien zwischen den ‡ ‡ Seiten, so ist durch diese Linien das ⏢ ebenfalls in n gleiche Theile getheilt, und die Summe der ‡ ‡ Seiten jedes Theils, z. B. AU + DV, ist $= \frac{a+c}{n}$.

Beweis. Folgt aus 237.

Zusatz. Der Satz gilt mit geringer Abänderung auch fürs ▱,

239. Ort. Die zwischen den ‡ Seiten eines ▱ oder ⏢ von denselben gleichweit entfernt gezogene Linie ist der Ort für die Mitten aller Theilungslinien, welche zwischen die ‡ ‡ Seiten gelegt werden können.

Beweis. Folgt aus 238.

240. Aufgabe. Ein ⏢ ‡ b in n = Theile zu theilen.

Analysis. Nimmt man das ⏢ nach 225 getheilt an, so hat man nach 237 durch die Mitten der gefundenen Theilungslinien ‡ ‡ mit b zu ziehen, in welchem Falle zunächst getheilt und dann verwandelt wäre; man könnte aber auch eben so wohl umgekehrt verfahren, indem man vorher nach 196 das ⏢ in ein ▱ mit der Seite b verwandelte, und dann auf bekannte Art ‡ zu b theilte. Die kürzeste Auflösung ergiebt sich übrigens nach dem Anfange dieser Analysis, wenn man nämlich die in 238 erwähnte, von den ‡ Seiten gleichweit entfernte ‡, welche die Mittellinie des ⏢ heißen mag, in n gleiche Theile theilt, und durch die Theilungspunkte ‡ ‡ zu b legt.

Anmerkung. Wenn eine oder die andere von den ‡ Theilungslinien außerhalb des ▱ fällt, so wird die Theiluug unmöglich, da die dafür einzuführende Theilungslinie den Ort 239 behält, durch einen Punkt sich aber keine zweite ‡ legen läßt. Hieraus müßte die Determination (trigonometrisch) abgeleitet werden.

241. Aufgabe. Ein ▭ aus A in n = Theile zu theilen.

Auflösung. Theile die Mittellinie (238) in n gleiche Theile und ziehe von A aus Linien durch die entstandenen Theilungspunkte, welche in c endigen. Fällt eine derselben außerhalb des ▭, so benutze man 230, um dieselbe durch eine andere zu ersetzen. Findet dasselbe bei mehreren statt, so bedarf es nur der Theilung des △, welches von der zuletzt gefundenen Theilungslinie mit a und ∠ B gebildet wird, um die folgenden Theile zu erhalten.

4tes Kapitel.

Schlußbemerkungen.

242. Die Mittheilung der Vorbereitungen und Beispiele aus den vorhergehenden Kapiteln wird oft dazu geführt haben, Punkte aus der Abhandlung: Ueber die Aufgabe, und aus den Betrachtungen über die geometrische Analysis zur Erläuterung einzuschieben. Es ist zweckmäßig diese Punkte jetzt im Zusammenhange mit dem Schüler durchzunehmen, was ungefähr in folgender Ordnung, aber auf eine der Stufe seiner Entwickelung zusagende Art und Ausdehnung, geschehen kann.

243. Begriff einer planimetrischen Aufgabe. U. d. A. §. 1.

244. Eintheilung der Aufgaben in bestimmte, beschränkt und unbeschränkt unbestimmte. U. d. A. §. 6.

245. Anzahl der Bedingungen für bestimmte Figuren-Aufgaben. U. d. A. §. 13. u. §. 14.

Beispiele dazu müssen nicht allein aus dem 2ten Kapitel, sondern auch aus dem 3ten Kapitel entnommen werden, nämlich Verwandlungen in △△ mit 2 Bedingungen, die Fläche die dritte: 178, 179, 194, 195; in △△ mit f^2 und einem

Stück: 190, 192; in ▱▱ mit f^2 und 2 Stücken: 184; in ⬡ mit f^2 und einem Stück: 191; in ▭▭ mit f^2 und 3 Stücken: 200; in ▱ mit f^2 und 4 Stücken: 202, 203. Beispiele für die Theilungen geben: 234, 240, Anmerkung 231. Ferner kann hier nach U. d. A. §. 11. die Uebereinstimmung der nothwendigen Anzahl von Bedingungen für die Konstruktion und für die Kongruenz bei derselben Figurenart angedeutet werden, wozu die Lehrsätze 89 und 90 nützlich sein können. Die $\cong$ der ▱▱ wird sich in derselben Art aus fünf gegenseitig gleichen Stücken ableiten lassen, z. B. bei dem Lehrsatz: zwei ▱▱ sind $\cong$, wenn drei aufeinanderfolgende Seiten und beide von denselben eingeschlossene ∠ gegenseitig gleich sind, für welchen der Beweis sich durch Aufeinanderlegung beider ▱▱, oder aus der $\cong$ ihrer △△ ergiebt.

Anmerkung. Die zuletztgenannte $\cong$ der ▱▱ könnte man auch zum Beweise des Pythagoräischen Lehrsatzes wie folgt benutzen. Ziehe DE, Fig. 67., konstruire über HI, einer Seite von AB^2, das △ HKI $\cong$ △ABC $\cong$ DCE, so daß HK = BC, KI = AC wird, und verbinde G mit F und C mit K, so ist

$$\square\ GABF \cong \square\ CAHK,$$
$$\square\ GDEF \cong \square\ CBIK,$$

folglich Sechseck GABFED = Sechseck CAHKIB,

weshalb, da $\left\{\begin{matrix}\triangle\ ACB = \triangle\ ACB \\ \triangle\ DCE = \triangle\ HKI\end{matrix}\right\}$ ist, sich durch

Subtraktion $AD + BE = HB$,

oder $AC^2 + BC^2 = AB^2$ ergiebt.

246. Anzahl der Bedingungen für beschränkt unbestimmte Figuren-Aufgaben. U. d. A. §. 13., 4 und 5.

Beispiele geben: 112, 116, 158 mit 8 Resultaten, 202.

247. Unbeschränkt unbestimmte Figuren-Aufgaben.

Beispiele geben: 72 Zusatz, 79 Zusatz, 175, 178 Zusatz 2, 179 Zusatz 2.

248. Ableitung des Begriffs eines geometrischen Orts nach g. Betr. §. 5. Beispiele geben: 72, 75, 211, 220, 239.

Aus 72 Zusatz und 79 Zusatz können die davorstehenden Oerter abgeleitet werden.

249. Ueber die Aufsuchung eines geometrischen Ortes nach g. Betr. §. 7.

250. Ueber das Schneiden der geometrischen Oerter zur Bestimmung von Punkten. Beispiele geben für 2 gerade Oerter: 74, 88; für einen geraden Ort und eine Kreislinie: 86, 91; für zwei Kreis-Oerter: △ aus a, b, c und 108.

251. Ueber widersprechende und abhängige Bedingungen.

U. d. A. §. 8. Beispiele geben die hinter 114, 149, 161, 168, 185, 206, 219 gestellten Zusätze.

252. Ableitung des Begriffs eines Datums nach g. Betr. §. 11.

Beispiele geben: 114, 149, 161, 168, 185, 206, 219.

253. Begriff der Reduktionen nach g. Betr. §. 16.

Beispiele geben: 39, 111, 118, 123, 174, 214, 222, 228.

254. Uebersicht der Bestandtheile einer vollständig gelösten Aufgabe. U. d. A. §. 7, §. 22. u. s. w.

Als Beispiele können dienen: 115, 126.

255. Begriff der geometrischen Analysis. U. d. A. §. 22.

256. Begriff der Determination. U. d. A. §. 24.

Beispiele geben: 115, 126, 192.

257. Angabe der 5 Arten von Analysis, g. Betr. §. 1.

258. Analysis durch Gesetze. g. Betr. §. 2. bis §. 5. Als Beispiel für leichte Gesetze ist 121 brauchbar, als Beispiele für schwerere können 137, 140, 144 dienen. Damit der Anfänger aber sieht, daß man auch wohl ohne die Kenntniß solches versteckten Gesetzes zum Ziel kömmt, kann z. B. 137, △ aus b, c, $(\beta-\gamma)$, ohne die Hilfe von 136 folgendergestalt analysirt werden.

Analysis. Fig. 68. Denkt man sich ∠ γ von β zur Darstellung von $(\beta-\gamma)$ so abgeschnitten, daß ∠ CBA' $= \gamma$ wird, und zieht AA' ⫲ BC, so ergeben sich 2 △△ CDB und ADA', weshalb △ DAB ≌ △ DA'C sein muß, woraus A'B $=$ AC $=$ b, und A'C $=$ AB $=$ c gefolgert werden kann. Hiemit zeigt sich aber $\triangle$ A'BA aus 2 Seiten und dem eingeschlossenen $\angle$ A'BA $= (\beta - \gamma)$ bestimmt, wodurch sich $\angle$ A'BC $= \angle$ BA'A, also auch $\triangle$ A'BC mittelst den außerdem bekannten Seiten A'B und A'C ergiebt, folglich Punkt C und das verlangte $\triangle$ ABC festgestellt werden kann.

Anmerkung. Eine zweite Analysis, Fig. 68., findet sich ohne besondere Gesetze, aber durch Hilfe der Aehnlichkeit folgendergestalt: schneidet man γ so von β ab, daß $\angle$ DBA $= \gamma$, also $\angle$ CBD $= (\beta - \gamma)$ wird, so ist $\triangle$ ABC $\sim \triangle$ ADB, folglich b : c = c : AD, also AD bestimmt. Beschreibt man nun über CD = b — AD einen $\odot$, welcher den $\angle$ CBD $= (\beta - \gamma)$ faßt, so bestimmt sich, wenn man c von A aus abschneidet, B, und damit $\triangle$ ABC.

Ohne Aehnlichkeit findet sich noch eine dritte Analysis, Fig. 23., aber mit Hilfe des Gesetzes 141, in folgender Art: durch b und c hat man b — c; dieser Linie liegt aber nach 141 $\frac{\beta - \gamma}{2}$ gegenüber, weshalb sich ein Kreisort ergiebt, der diesen $\angle$ faßt, und b — c nur um c verlängert zu werden braucht, und man aus dem erhaltenen Punkte A jene Kreislinie mit c zu schneiden hat, um B, und damit $\triangle$ ABC festzustellen.

259. Analysis durch Oerter. g. Betr. §. 5. bis §. 11. Beispiele geben: 77, 86, 91, 98, 189, 190, 215, 221. Da mehrere dieser Aufgaben auch durch Daten analysirt werden können, giebt dies Gelegenheit, den Schüler auf die Mannichfaltigkeit der vorhandenen Mittel aufmerksam zu machen. Die folgende Aufgabe: $\triangle$ aus $(b^2 - c^2)$, a, t (212) giebt mit der nachstehenden Analysis für diesen Zweck ebenfalls ein Beispiel. (Fig. 69.) $(b^2 - c^2)$ und a bestimmen nach 210 die Abschnitte p und q. $\frac{a}{2} - q$ giebt aber ED. Das $\triangle$ AED ist daher aus t und ED konstruirbar, und daraus $\triangle$ ABC leicht abzuleiten. Ein noch besseres Beispiel bietet ferner die folgende Aufgabe dar: Eine Kreislinie durch 3 gegebene Punkte zu legen, welche 74 durch Oerter analysirt ist.

Analysis. Fig. 7. Damit DA = DC = DB wäre, müßte, wie sich durch einfache Schlüsse ergiebt, ∠ CDB = 2∠ CAB oder 2α sein, welcher ∠ mitgegeben ist. Dazu müßte aber wieder ∠ DCB = ∠ CBD = $\frac{2R - 2\alpha}{2}$ = R — α sein, weshalb man nur diesen bekannten ∠ an CB in C und B zu setzen hat, um D zu bestimmen.

260. Analysis durch Daten. g. Betr. §. 11. bis §. 16.

Beläge durch leichte Daten finden sich: 104, 115, 129; durch versteckte Daten aber: 147, 150, 153, 161. Auf die verschiedenen Wege zur Analysis auch hier hinzuweisen, können die Aufgaben 207 und 150 dienen, von denen die erstere ohne das Datum 206 in 131 gelöst ist, und die letztere durch das einfache Datum 114 folgendergestalt gelöst werden kann: in dieser Aufgabe, △ aus $(h + h')$, b, γ, ist nämlich nach 114 durch b und γ, h gegeben, woher aus $(h + h')$ und b, h' gefunden werden kann, und deshalb nur △ aus b, γ, h', oder was dasselbe sagt: △ aus a, γ, h nach 82 zu lösen bleibt. Um ferner zu zeigen, wie nothwendig es ist, sich solche versteckten Daten zu merken, kann eine schwer scheinende Aufgabe gewählt werden, welche durch ein bekanntes Datum leicht lösbar ist, z. B. △ aus $(a - b)$, $(h + h')$, γ.

Analysis durch Daten. $(h + h')$, γ bestimmen nach 149 $(a + b)$; $(a + b)$ und $(a - b)$ aber nach 105 a und b, weshalb man nur die leichte Aufgabe: △ aus a, b, γ zu lösen hat.

261. Analysis durch Reduktion. g. Betr. §. 16. bis §. 30. Beläge für verschiedenartige Einkleidungen derselben Aufgaben geben: 74, 154, 214, 222.

Als Beispiele für die Reduktion aus der Anzahl der Bedingungen können die Aufgaben über ▱▱, Verwandlungen und Theilungen, und g. Betr. §. 19. benutzt werden.

Zur Reduktion durch Analogie finden sich Beispiele in 134 verglichen mit 131, 153 verglichen mit 150. Die beste Analogie giebt aber g. Betr. §. 26.

Für Reduktionen auf Hilfsaufgaben findet man 66, 104, 195, 233 Beispiele.

262. Gemischte Analysis. g. Betr. §. 30. u. s. w.

Nachstehende Aufgaben können als Beispiele dienen:

129 ist zusammengesetzt aus der Analysis durch Daten und Gesetze.

187 aus der Analysis durch Daten und Oerter;

215 durch Daten und Reduktion;

240 durch Oerter und Reduktion.

Drei und vierfach zusammengesetzte Analysen können nachträglich, wenn der Anfänger an schwierigere Aufgaben gewöhnt ist, mitgetheilt werden, z. B. 382 (am Schluß.)

I. B. Zweiter Abschnitt.

Anleitungen und Beispiele, mit Rücksicht auf die Lehren vom Kreise ohne Proportionen.

(Z. B. des 6 bis 10 Abschnitts in E. G. Fischer's Lehrbuch der Geometrie.)

1stes Kapitel.

Voranschickungen, welche die bekannten Aufgaben des Systems der Geometrie nebst ihren Folgerungen enthalten.

263. Aufgabe. Eine Linie von bestimmter Länge in eine Kreislinie von einem in derselben gegebenen Punkte aus als Sehne einzutragen.

264. Folgerung 1. Datum. Durch eine Sehne s eines der Größe nach gegebenen ⊙ (siehe U. d. A.

§. 21.) bestimmen sich die ganzen und die halben, auf beiden Seiten der Sehne liegenden Bogen.

265. Folgerung 2. Datum. Durch eine Sehne s eines der Größe nach gegebenen ⊙ sind alle Stücke der drei △△ bekannt, welche die Sehne s zur Grundlinie haben, und mit ihren Spitzen, entweder in einem der Halbirungspunkte der zu s gehörigen beiden Bogen, oder in das Centrum fallen; z. B.

1. die Entfernung der Sehne vom Mittelpunkt;
2. die Seiten der △△;
3. die ∠ an der Spitze (α, $2R-\alpha$, 2α);
4. die ∠ an der Grundlinie $\left(\frac{2R-\alpha}{2}, \frac{\alpha}{2}, R-\alpha\right)$.

266. Aufgabe. Zu einem gegebenen ⊙ den Mittelpunkt zu finden. (Vergl. 259 und 74.)

Anmerkung. Ort. Der in der Mitte einer Sehne errichtete ⊥ ist der Ort für den Mittelpunkt des zugehörigen Kreises.

267. Folgerung 1. Datum. Durch K (eine der Lage nach gegebene Kreislinie) ist immer M (der Mittelpunkt eines gegebenen ⊙) und r (der Radius) bestimmt.

268. Folgerung 2. Datum. Durch K und K′ ist die Centrale MM′ gegeben. Nach den 6 verschiedenen Lagen, welche zwei ⊙⊙ gegeneinander haben können, ist diese Centrale entweder 1) $> r+r'$, oder 2) $= r+r'$, oder 3) $< r+r'$ und $> r-r'$, oder 4) $= r-r'$, oder 5) $< r-r'$, oder 6) $= 0$.

269. Aufgabe. Durch 3 nicht in einer geraden Linie liegende Punkte (oder um ein △) eine Kreislinie zu beschreiben.

270. Folgerung 1 Datum. Wenn 3 Punkte P, P′, P″ gegeben sind kennt man auch die durch dieselbe gehende Kreislinie K nebst M und r.

271. Folgerung 2. Datum. Wenn ein bestimmtes △ gegeben ist, kennt man auch den Halbmesser r, der durch die Winkelspitzen führenden Kreislinie.

272. Aufgabe. Von einem, außerhalb einer festliegenden Kreislinie, gegebenen Punkte eine Berührungslinie an dieselbe zu ziehen.

273. Folgerung. Datum. Wenn K und außerhalb derselben P gegeben ist, so kennt man auch die Lage und Größe der von P nach K führenden Berührungslinien b und b′, und der durch M gehenden Sekante L, ferner die ∠ (bb′), ∠ (bL), ∠ (b′L) und deren Komplemente bei M.

2tes Kapitel.

Vorbereitungen und Beispiele.

274. Ort. Eine mit r um P beschriebene Kreislinie bildet einen Ort für die Mittelpunkte μ (unbestimmter Mittelpunkt) aller Kreislinien, welche durch P gehen und r zum Radius haben;

275. Ort. Für jede Kreislinie, welche L in P berührt, bildet der in P auf L errichtete ⊥ einen Ort für μ.

276. Ort. Die Halbirungslinie eines ∠ ist der Ort für die Mittelpunkte aller die Schenkel desselben berührenden ⊙ ⊙.

Beweis. Jedes Paar aus einem beliebigen Punkte der Halbirungslinie auf die Schenkel gefällte ⊥ ⊥ hat, wegen der entstehenden beiden ≅ △ △, gleiche Größe.

Anmerkung. Der Ort ist aus der unbestimmten Aufgabe: einen ⊙ zu beschreiben, welcher die Schenkel eines festliegenden ∠ berührt, abzuleiten. In Zeichen heißt die Aufgabe: ⊙ aus L, L′.

277. Aufgabe. ⊙ aus L, L', P in L. (d. h. es sind zwei Linien L und L', und ein Punkt P in der einen L der Lage nach gegeben, man soll eine Kreislinie zeichnen, welche beide Linien berührt, und durch den Punkt P geht.)

Analysis durch Oerter. Folgt aus 275 und 276.

Anmerkung. Die allen sogenannten Berührungsaufgaben zum Grunde liegende Idee, daß die zu beschreibende Kreislinie durch gegebene Punkte laufen, und der Lage nach gegebene Kreis- oder gerade Linien berühren muß, ist hier dem Schüler zu erklären.

278. Ort. Eine von zwei ∦ gleichweit entfernte Linie ist der Ort für die Mittelpunkte aller ⊙⊙, welche die ∦ berühren.

279. Datum. Durch zwei ∦ L und L' ist der Radius ϱ aller dieselben berührenden ⊙⊙, gleich der halben Entfernuug von L und L', mitgegeben.

280. Aufgabe. ⊙ aus L ∦ L', P zwischen L und L'.

Analysis. 278 und 279 geben einen Ort für μ, und ϱ; P und ϱ (ϱ bedeutet den Radius jedes berührenden Kreises) bestimmen nach 274 einen zweiten Ort, weshalb μ festgestellt werden kann.

Zusatz. Es ergeben sich zwei = ⊙⊙

281. Hilfsaufgabe. ⊙ aus L, L', L''.

Analysis durch Oerter. Folgt aus 276.

Zusatz. Fig. VI. Es ergeben sich 4 verschiedene ⊙⊙. Der eine fällt in das von L, L', L'' gebildete △, ist also ⊙ im △, die übrigen berühren jeder eine Seite des △ und die Verlängerungen der beiden anderen Seiten, sind also ⊙⊙ am △.

282. Hilfsaufgabe. An eine Kreislinie K (festliegende Kreislinie) eine Berührungslinie mit einer vorgeschriebenen → zu legen.

Auflösung. Fälle aus M (M ist der Mittelpunkt einer festliegenden Kreislinie K) auf die bestimmte → einen

$\perp$, und errichte im Durchschnittspunkt desselben mit K einen zweiten $\perp$, so hat man die verlangte Berührungslinie.

Zusatz. Man erhält zwei Berührungslinien.

283. Aufgabe. Eine Kreislinie K schneidet zwei $\neq$ Linien L und L', man soll eine von L und L' begrenzte Linie a ziehen, welche K berührt.

Analysis. Da a der Größe nach gegeben ist, und in zwei $\neq$ $\neq$ endigt, hat man nach 95 auch die $\rightarrowtail$, womit die Aufgabe sich auf 282 reduzirt.

Determination. Fig. 71. Die Entfernung der beiden $\neq$ $\neq$ L nud L' bildet ein Minimum für a. Die Aufgabe hat aber auch ein Maximum, wenn man dieselbe dahin beschränkt, daß der Berührungspunkt zwischen L und L' fallen soll. Dies ergiebt sich, wenn man in dem Scheitel P' des kleineren der beiden $\measuredangle$ MP'Q und MPQ' einen $\perp$ auf r errichtet.

Zusatz. Nach 95 finden sich für a zwei $\rightarrowtail\rightarrowtail$, weshalb man nach Zusatz 282 vier der Lage nach verschiedene Berührungslinien erhält.

Anmerkung. Die Aufgabe ist ein einzelner Fall der allgemeineren, in welcher die Lage von K unbedingt gegen L und L' gegeben ist. Es wird dem Schüler nützlich sein die nachstehenden möglichen Lagen von K, also die einzelnen Fälle der Aufgabe, aufzusuchen:

1. K liegt ohne zu berühren zwischen L und L'.
2. K „ „ „ „ außerhalb L und L'.
   a) auf der Seite von L.
   b) „ „ „ „ L'.
3. K liegt zwischen L und L', und berührt eine dieser Linien.
   a) L.
   b) L'.
4. K liegt außerhalb L und L', und berührt eine dieser Linien.
   a) L.
   b) L'.

5. K liegt zwischen L und L', und berührt beide.
6. K schneidet eine Linie, und berührt die andere nicht.
   a) es wird L geschnitten.
   b) „ „ L' „
7. K schneidet eine Linie, und berührt die andere.
   a) es wird L geschnitten und L' berührt.
   b) „ „ L' „ „ L „
8. K schneidet beide Linien L und L'.

Die Aufgabe kann aufs Neue verallgemeinert werden, wenn man L und L' gegenseitig unbedingt annimmt, wodann aber nur einzelne Fälle durch gerade und Kreislinien lösbar sind z. B. die 5te der vorstehenden Unterabtheilungen, siehe 375 und die 1ste, (obwohl beschränkt) siehe 2195. a.

284. Fig. XX. Lehrsatz. Jedes ⏢ im ⊙ ist gleichschenklig.

285. Datum. Durch einen ∠ eines ⏢ im ⊙ sind die übrigen mitgegeben.

286. Aufgabe. ⏢ im ⊙ aus a, b, c.

Analysis. Nach 284 hat man durch b auch d, also die Aufgabe: ⏢ aus a, b, c, d, siehe g. Betr. §. 18.

287. Fig. XXI. Datum. Bei jedem ◁ im ⊙ ist durch einen ∠ A der Gegen∠ C = 2R — ∠ A bestimmt.

288. Lehrsatz. Wenn bei einem ◁ die Summe zweier Gegen∠ = 2R ist, so läßt sich um dasselbe ein ⊙ beschreiben.

289. Datum. Drei festliegende Winkelspitzen eines ◁ im ⊙ bestimmen den ⊙ selbst und seinen Radius r.

Folgt aus 269.

290. Fig. XXI. Aufgabe. ◁ im ⊙ aus b, c, e, ∠ A.

Analysis. ∠ A giebt ∠ C nach 287, weshalb ein △ aus b, c, ∠ C, und durch dasselbe nach 289 der ⊙ ums ◁

festgelegt werden kann, also schließlich nur Punkt A mittelst ⊙ zu bestimmen ist, um das verlangte □ zu vollenden.

291. Datum. Durch K und einen in K liegenden Peripherie ∠ α ist stets der zugehörige Centri ∠ $= 2\,\alpha$ (und umgekehrt) nebst der entsprechenden Sehne mitgegeben.

292. Aufgabe. Es soll in K ein △ gezeichnet werden, welches mit einem anderen bestimmten △ gleiche ∠∠ erhält.

Auflösung. 1. Verdoppele zwei von den ∠∠ des gegebenen △, trage dieselben als Centri ∠∠ mit einem gemeinschaftlichen Schenkel in den ⊙, und verbinde die Endpunkte der hiedurch bestimmten Radien.

Auflösung. 2. Konstruire in K die durch einen der ∠∠ des △ bestimmte Sehne, setze an den Endpunkt derselben den zweiten ∠ u. s. w.

Anmerkung. Die Aufgabe ist als örtliche (wie hier) genommen unbeschränkt unbestimmt; als unörtliche Aufgabe betrachtet (siehe U. d. A. §. 5.) ist dieselbe dagegen bestimmt, da sie in diesem Sinn nur eine andere Einkleidung für △ aus α, β, r ist. (r bedeutet: Radius des ⊙ ums △)

293. Fig. XXI. Lehrsatz. Wenn in 2 Scheitel △△ AEB und DEC zwei, keine Wechsel ∠∠ bildenden ∠∠, ∠ CAB und ∠ BDC gleich sind, so muß sich durch die Punkte A, B, C, D eine Kreislinie beschreiben lassen.

294. Fig. XXII. Lehrsatz. Bei jedem □ um ⊙ ist $a + c = b + d$, und $a - b = d - c$.

Beweis.
$$\left.\begin{aligned} AF &= AI,\\ BF &= BG,\\ DH &= DI,\\ HC &= CG, \end{aligned}\right\}\ \text{als Berührungslinien, also ist}$$

durch Addition $a + c = b + d$, weshalb auch

$a - b = d - c$ sein muß.

295. Fig. XXII. Folgerung 1. Datum. Wenn von den drei Stücken eines ⏢ um ⊙: zwei Gegenseiten und die Summe des anderen Paars Gegenseiten, deren zwei gegeben sind, so kennt man auch das dritte. Z. B. $(a + c)$ und b bestimmen $d = (a + c) - b$.

296. Fig. XXII. Folgerung 2. Datum. Wenn von den drei Stücken eines ⏢ um ⊙: zwei Nebenseiten und die Differenz des anderen Paars Nebenseiten, deren zwei gegeben sind, so kennt man auch das dritte. Z. B. $(a - b)$ und c bestimmen $d = (a - b) + c$.

297. Fig. 72. Lehrsatz. Wenn bei einem ⏢, $a + c = b + d$ oder $a - b = d - c$ ist, so läßt sich in dasselbe ein ⊙ beschreiben.

Beweis. Beschreibt man nach 281 einen ⊙, welcher drei Seiten AD, AB und BC berührt, und nimmt an: derselbe berührte nicht die Seite DC, so ergiebt sich, wenn man die Berührungslinie DC′ zieht:

$$AB + DC' = DA + BC' \text{ nach } 294;$$
$$\text{aber } AB + DC = DA + BC \text{ n. d. Voraussf.},$$

folglich müßte $DC' - DC = BC' - BC = CC'$ sein, welches unmöglich ist. Ein ähnlicher Widerspruch ergiebt sich, wenn man annähme, daß der gezeichnete ⊙ DC nicht erreichte, folglich u. s. w.

298. Fig. XXX. Aufgabe. ⏢ um ⊙ aus $(a + c)$, d, ϱ. (ϱ ist der Radius des ⊙ im ⏢.)

Analysis. Durch $(a + c)$ und d ergiebt sich nach 295 $b = (a + c) - d$. Da sich nun die Richtungen von a und c als ⊥⊥ auf den Endpunkten des Durchmessers festlegen lassen, und b und d von diesen ∦ begrenzt werden, hat man nach 95 ebenfalls die ∢ dieser Seiten und demnach schließlich 282 anzuwenden.

Zusatz. Es ergeben sich 4 Resultate, von denen aber je zwei ≌ sind.

299. Fig. XXX. Lehrsatz. Bei jedem ⏢ um ⊙ werden 1) die beiden nicht ⫲ Seiten von der durch den Mittelpunkt zu den ⫲ Seiten gezogenen ⫲ halbirt; 2) ist dieselbe ⫲ stets halb so groß als die Summe jedes Paars Gegenseiten.

Beweis für 1). Die gezogene ⫲ ist die 172 a. erwähnte Mittellinie, zieht man also ⊥⊥ auf a und c durch die Schneidungspunkte mit b und d, so ergiebt sich deren Halbirung leicht durch die ≌ der entstehenden △△.

Beweis für 2). Diese Mittellinie ist nach 172 a. $= \frac{a+c}{2}$, also nach 294 auch $= \frac{b+d}{2}$.

300. Fig. XXX. Datum. Bei jedem ⏢ um ⊙ bestimmen sich h und ϱ gegenseitig, es ist nämlich $2\varrho = h$.

Anmerkung. Durch dies Datum könnte Aufgabe 298 auf ⏢ aus (a + c), h, b, d reduzirt werden.

301. Fig. 74. Lehrsatz. Wenn man aus den Mittelpunkten zweier sich von Außen berührenden ⊙⊙ nach entgegengesetzten Richtungen ⫲ Halbmesser zieht, so geht eben sowohl 1) die Verbindungslinie der beiden Mittelpunkte, als auch 2) die Verbindungslinie des anderen Paars Endpunkte der Radien durch den Berührungspunkt.

Dasselbe findet bei zwei sich von Innen berührenden ⊙⊙ statt, wenn man die Radien in derselben → zieht.

Beweis für 1. Fig. 73. und Fig. 73. a. Gesetzt MM' ginge nicht durch den Berührungspunkt, sondern MACM' wäre eine gerade Linie, so müßte $M'B \pm BM = M'C \pm MA$, also ≷ MM' sein, welches unmöglich ist.

Beweis für 2. Fig. 74. und Fig. 74. a. Da die △△ MBA und M'BC ∼∼ sind, und ∠C und ∠A, als Wechsel- oder Gegen∠ ⫲ Linien, unter einander = sein müssen, ist ∠ MBA = ∠ CBM′, weshalb, da MBM′ nach 1) eine gerade Linie ist, auch ABC eine solche sein muß.

301. a. Lehrsatz. Legt man durch den Berührungspunkt zweier sich von Außen oder von Innen berührenden ⊙⊙ eine gerade Linie, so ergegen sich die beiden Radien, welche in den gebildeten 2 Durchschnittspunkten endigen, stets ‡.

Beweis. Nach 301. 1. geht die Centrale durch den Berührungspunkt, bildet also mit den gezogenen Linien 2 △△, weshalb aus der Gleichheit des einen Paars ∠∠ dieser △△, welche Scheitel∠∠ sind, oder sich decken, die Gleichheit der vorhandenen Wechsel∠∠ oder Gegen∠∠, und hiedurch die Parallelität der Radien hervorgeht.

302. Lehrsatz. Wenn man durch den Berührungspunkt zweier sich berührenden ⊙⊙ (von J. oder von A.) zwei Linien zieht, welche beide Peripherieen noch einmal schneiden, so bilden die Verbindungslinien jedes Paars in demselben ⊙ entstandener Durchschnittspunkte ‡ Linien.

Beweis. Man benutze die an den Berührungspunkt gezogene nach 301 gemeinschaftliche Berührungslinie, und den Satz, daß der von derselben gebildete ∠ = dem Peripherie∠ im entgegengesetzten Abschnitt ist, so erhält man = Wechsel- oder Gegen∠∠, weshalb die Linien ‡ sein müssen. (Fig. 74. und 74. a.)

303. Fig. 74. 2c. **Lehrsatz.** Legt man durch den Berührungspunkt zweier sich berührenden ⊙⊙ eine gerade Linie AC, und zieht durch die Schneidungspunkte mit den Kreislinien ‡ Sehnen, so geht die Verbindungslinie der aufs neue gebildeten beiden Durchschnittspunkte durch den Berührungspunkt.

Beweis. Da CD ‡ AE, ist ∠C = ∠A, also auch, wenn man die Berührungslinie FBG zieht, ∠ DBF = ∠ EBG, weshalb DBE eine gerade Linie sein muß.

304. Ort. Für jede Kreislinie, welche K in P berührt, bildet der Radius MP, oder dessen Verlängerung, einen Ort für den zugehörigen Mittelpunkt μ.

305. Aufgabe. ⊙ aus P, K, P' in K.

Analysis durch Oerter. Folgt aus 304 und Anmerkung 266, wenn man PP' zieht.

Determination. Ist $\angle$ MP'P $>$ R, so berührt K von Außen, ist $\angle$ MP'P $<$ R, so ergiebt sich eine Berührung von Innen; ist aber $\angle$ MP'P $=$ R, so ist die Aufgabe unmöglich.

Anmerkung. Die Aufgabe ist eine andere Einkleidung der $\triangle$Aufgabe, $\triangle$ aus $(b \pm c)$, a, γ, indem $a =$ PM, γ bei der Berühr. v. A. $= \angle$ P'MP, bei der Berühr. v. J. $= \angle$ P'MP (wenn $r > \varrho$), $(b - c)$ bei der Berühr. v. A. $=$ P'M, $(b + c)$ bei der Berühr. v. J. ebenfalls $=$ P'M wäre.

306. Hilfsaufgabe. Es soll ein ⊙ mit dem Radius ϱ gezeichnet werden, welcher die Schenkel eines festliegend gegebenen $\angle\alpha$ berührt, oder ⊙ aus L, L', ϱ. (ϱ bedeutet bei allen Kreisaufgaben den Halbmesser des zu verzeichnenden ⊙.)

Analysis durch Oerter. Mittelst 276 kömmt man auf die Hilfsaufgabe 81.

Zusatz. Es bestimmen sich 4 ⊙⊙ (Scheitel- und Neben$\angle$) für die Aufgabe ⊙ aus L, L', ϱ.

307. Ort. Wenn K und der Radius ϱ eines Berührungskreises für K gegeben ist, so bildet die konzentrische Kreislinie um M mit $r + \varrho$ einen Ort für μ bei der Berührung v. A., mit $r - \varrho$ oder $\varrho - r$ aber einen Ort für μ bei der Berührung v. J. (Folgt aus 301. 1).

308. Außer der Aufgabe 306: ⊙ aus L, L', ϱ sollen die übrigen denkbaren Berührungsaufgaben, bei denen ϱ gegeben ist, von dem Schüler zusammengestellt und gelöst werden. Es finden sich noch die folgenden 5.

Aufgabe. ○ aus P, P′, ϱ.

309. Aufgabe. ⊙ aus P, L, ϱ.

Analysis durch Oerter. Folgt aus 274 und 79.

Determination. Die Aufgabe ist unmöglich, wenn $2\varrho <$ als der $\perp$ aus P auf L ist.

Zusatz. Es entstehen zwei Resultate, wenn $2\varrho >$ als der $\perp$ aus P auf L ist, und P nicht in L liegt. Es entsteht nur ein Resultat, wenn $2\varrho =$ dem genannten $\perp$ ist, oder P in L liegt.

310. Aufgabe. ⊙ aus P, K, ϱ.

Analysis durch Oerter. Folgt aus 307 und 274, sowohl für die Berührung von A. als von J.

Determination. Da μ stets von dem Schneidungs- oder Berührungspunkt der um M und P beschriebenen Kreislinien gebildet wird, eine Berührung oder Schneidung aber nicht mehr statt finden kann, wenn die Summe der Radien $<$ und die Differenz der Radien $>$ als die Centrale MP ist, so lassen sich hieraus die Bestimmungsgleichungen (U. d. A. §. 33.) in den verschiedenen Fällen ableiten.

1) Die Berührung von A. wird unmöglich, wenn

$$\left\{\begin{matrix} r+\varrho+\varrho < MP \\ r+\varrho-\varrho > MP \end{matrix}\right\} \text{ d. h. } \left\{\begin{matrix} \varrho < \dfrac{MP-r}{2} \\ r > MP \end{matrix}\right\} \text{ ist.}$$

Hieraus folgt, daß $\frac{MP-r}{2}$ ein Minimum für ϱ bildet, und P nicht innerhalb K fallen darf.

2) Die Berührung von J., bei welcher K von dem gesuchten ⊙ umschlossen wird, also zunächst $\varrho > r$ ist, ergiebt sich als unmöglich, wenn

$$\left\{\begin{matrix} \varrho+\varrho-r < MP \\ \varrho-\varrho+r > MP \end{matrix}\right\} \text{ d. h. } \left\{\begin{matrix} \varrho < \dfrac{MP+r}{2} \\ r > MP \end{matrix}\right\} \text{ ist.}$$

Hieraus folgt, daß $\frac{MP + r}{2}$ ein Minimum für ϱ bildet, und P nicht innerhalb K fallen darf.

3) Die Berührung von J., bei der K den gesuchten Kreis umschließt, also zunächst $\varrho < r$ ist, ergiebt sich als unmöglich, wenn

$$\left\{\begin{array}{l} r - \varrho + \varrho < MP \\ r - \varrho - \varrho > MP \\ \varrho - r + \varrho > MP \end{array}\right\} \text{ d. h. } \left\{\begin{array}{l} r < MP \\ \varrho < \frac{r - MP}{2} \\ \varrho > \frac{r + MP}{2} \end{array}\right\} \text{ ist.}$$

Hieraus folgt, daß $\frac{r - MP}{2}$ ein Minimum, $\frac{r + MP}{2}$ aber ein Maximum für ϱ bildet, und P nicht außerhalb K fallen darf.

Zusatz. Die Berührung von A. giebt 2 Resultate, wenn P außerhalb K liegt, und $\varrho > \frac{MP - r}{2}$ ist, eins wenn P in K liegt, oder $\varrho = \frac{MP - r}{2}$ ist. Die Berührung von J., bei welcher K von dem gesuchten ⊙ umschlossen wird, giebt ebenfalls 2 Resultate, wenn P außerhalb K liegt und $\varrho > \frac{MP + r}{2}$ ist, eins, wenn P seine Lage in K hat, oder $\varrho = \frac{MP + r}{2}$ ist. Wird aber der gesuchte ⊙ von K umschlossen, so erhält man 2 Resultate, wenn $\varrho > \frac{r - MP}{2}$ und $< \frac{r + MP}{2}$ ist und P innerhalb K liegt. Ein Resultat dagegen ergiebt sich, wenn P seine Lage in K hat, oder $\varrho = \frac{r - MP}{2}$, oder $\varrho = \frac{r + MP}{2}$ ist.

311. Aufgabe. ⊙ aus L, K, ϱ.

Analysis durch Oerter. Folgt aus 307 und 79.

Determination. Die Aufgabe wird unmöglich, wenn $2\varrho <$ ist als der ⊥ aus M auf L, $- r$.

Zusatz. Es sind 4 Resultate, oder 2, oder 1 möglich.

Anmerkung. Eine B. v. J. ist möglich wenn L u. K sich begegnen.

312. Aufgabe. ⊙ aus K, K′, ϱ.

Analysis durch Oerter. Folgt durch doppelte Anwendung von 307.

Anmerkung. Ueber die Auflösung und Determination ꝛc. ist folgendes zu bemerken.

Verfährt man analog wie in 310, so ergeben sich für die Betrachtung die folgenden 6 Fälle.

1) K und K′ werden v. A. berührt. K und K′ dürfen ohne sich zu berühren nicht in einander liegen, und ϱ hat ein Minimum.

2) K und K′ werden v. J. so berührt, daß beide der gesuchte ⊙ umschließt. K und K′ dürfen ohne sich zu berühren nicht in einander liegen, und ϱ hat ein Minimum.

3) K und K′ werden v. J. so berührt, daß K den gesuchten ⊙ umschließt. K und K′ dürfen nicht auseinander liegen. ϱ hat ein Maximum und ein Minimum.

4) K wird v. A. berührt, K′ berührt den gesuchten ⊙ umschließend v. J. K und K′ dürfen ohne sich zu berühren nicht aus einander liegen, und ϱ hat ein Maximum.

5) K wird v. J., aber umschlossen, K′ v. A. berührt. K und K′ müssen auseinander liegen, und ϱ hat ein Minimum.

6) K wird v. A., K′ v. J., aber umschlossen, berührt. K und K′ müssen auseinander liegen, und ϱ hat ein Minimum.

7) K berührt den gesuchten ⊙ umschließend von J., K′ wird v. A. berührt. K und K′ dürfen ohne sich zu berühren nicht auseinander liegen; ϱ hat ein Maximum und ein Minimum.

313. Hilfssatz. Wenn eine Kreislinie gegebene ⊙⊙ oder Linien berührt, kann die Zeichnung einer konzentrischen Kreislinie um μ, welche durch einen Mittelpunkt der gegebenen ⊙⊙, oder

einen anderen bestimmten Punkt geht, oder irgend eine Linie berührt, welche mit der Aufgabe in Beziehung steht, bei der Analysis vortheilhaft werden.

314. Aufgabe. ⊙ aus K, K′ außerhalb **K**, P in K (B. v. J.).

Analysis. Beschreibt mau um μ eine konzentrische Kreislinie, welche durch M′ geht, so bestimmt sich ein anderer konzentrischer ⊙ um M mit r — r′, welcher von der zuletzt gezeichneten Kreislinie in B berührt wird, und es zeigt sich ein △ μ M′ B, welches durch M′ B und ∠ M′ B M bestimmt ist, weshalb μ festgestellt, und dadurch der verlangte ⊙ beschrieben werden kann.

Anmerkung. Die einzelnen Fälle dieser Aufgabe sind 903 berücksichtigt.

315. Data. 1) Wenn eine Kreislinie durch P gehen, und μ in L haben soll, ist ein Punkt P′ mitgegeben, welcher von der Kreislinie getroffen wird.

Konstruktion. Fällt man aus P auf L einen ⊥, und verlängert denselben um sich selbst, so wird P′ von der Grenze dieser Verlängerung gebildet.

2) (Analogie zu 1) Wenn eine Kreislinie, K berühren und μ in L haben soll, ist eine zweite gleiche Kreislinie K′ mitgegeben, welche von der gesuchten berührt wird.

Konstruktion. Man erhält dieselbe, wenn man aus M auf L einen ⊥ fällt, diesen um sich selbst verlängert, und um den Endpunkt dieser Verlängerung einen ⊙ mit dem gegebenen Radius r beschreibt.

316. Ort. Von zwei konzentrischen Kreislinien ist die kleinere ein Ort für die Mitten aller gleich großen Sehnen des äußeren ⊙, welche den Halbmesser des inneren zur Entfernung vom Mittelpunkt haben. Siehe g. Betr. §. 8.

317. Hilfsaufgabe. Eine Sehne von gegebener Größe und → in eine bestimmte Kreislinie einzutragen.

Analysis. Durch die Größe der Sehne ist nach 265. 1. die Entfernung vom Mittelpunkt, folglich auch der Ort 316 gegeben, weshalb man nur schließlich 282 anzuwenden hat, um die Aufgabe zu lösen.

Zusatz. Es sind 2 verschiedene Resultate möglich.

318. Hilfsaufgabe. Es soll an zwei Kreislinien K und K′ eine gemeinschaftliche Berührungslinie gezogen werden, welche entweder 1) die Centrale selbst, oder 2) deren Verlängerung schneidet.

Analysis zu 1. Die Aufgabe reduzirt sich auf eine andere, nämlich: ein ⏢ aus 3 Seiten, r, r′, der Centrale MM′, und einem ∠ = R zu konstruiren, welche nach 169 wieder auf die Aufgabe führt: ein △ aus der Hypotenuse MM′ und einer Kathete r — r′ zu verzeichnen.

Analysis zu 2. (Analogie nach g. Betr. §. 26). Man hat zur Lösung des zweiten Falls ein ⏢ aus einer Diagonale MM′, den beiden ⫲ Seiten r und r′, und einem ∠ = R zu verzeichnen, welches die Konstruktion der △ Aufgabe aus der Hypotenuse und einer Kathete r + r′ erfordert.

Zusatz 1. Da die in der Analysis erwähnten △△ zwei Lagen, über oder unter der Centrale, haben können, so ergeben sich für jeden Fall zwei = Berührungslinien.

Zusatz 2. Schneiden sich die ⊙⊙, so kann es nur eine Art der gemeinschaftlichen Berührungslinien geben.

319. Aufgabe. Gegeben K und K′; man soll eine gerade Linie ziehen, welche in K eine Sehne s und in K′ eine Sehne s′ abschneidet.

Analysis. Durch K und s ist in K der Ort 316, und durch K′ und s′ in K′ derselbe Ort gegeben, woher man nur nach 318 an die erhaltenen beiden Oerter eine gemeinschaftliche Berührungslinie zu legen hat.

Zusatz. Nach 318. Zusatz 1 sind 4 Resultate möglich.

320. Ort. Wenn von einem △ eine Seite a und deren Gegen∠ α gegeben ist, bildet die Kreislinie ums △ einen Ort für die Spitzen aller ∡ von derselben Größe, deren Schenkel durch die Endpunkte jener Seite laufen.

Konstruktion. Zeichne an einem Endpunkt von a den ∠ α, und errichte zwei ⊥⊥, einen in der Mitte von a, den anderen in dem Scheitel von α auf dem unbegrenzten Schenkel, so bildet der Durchschnittspunkt beider ⊥⊥ das Centrum der verlangten Kreislinie, welche durch die Endpunkte von a geht.

Beweis. Nach der Konstr. ist der eine Schenkel von α eine Sehne, der andere eine Berührungslinie zu dem gezeichneten ⊙, folglich müssen nach einem bekannten Lehrsatz alle auf der Sehne a stehende Peripherie ∡ = α sein.

Zusatz. Der Ort kann aus der unbestimmten Aufgabe: △ aus a, α abgeleitet werden.

321. Datum. In jedem △ stehen die drei Stücke: a, α, r in solcher Beziehung, daß durch α und r die Seite a, durch α und a der Halbmesser r bestimmt ist, durch a und r aber zwei sich zu 2R ergänzende ∡ als α für ein △ angenommen werden können.

Konstruktion. Folgt theils aus 320, oder 291, oder 265. 3.

Zusatz. △ aus a, α, r ist eine unmögliche Aufgabe.

322. Aufgabe. △ aus α, r, t.

Analysis. Folgt aus 321.

323. Aufgabe. △ aus r, α, b.

Analysis. Folgt aus 321.

324. Aufgabe. △ aus a, r, $(\beta - \gamma)$.

Analysis. a und r geben α oder $(2R - \alpha)$ nach 321, α giebt $\beta + \gamma$, also hat man, da $(\beta - \gamma)$ gegeben ist, β und γ selbst, folglich auch △ aus a, β, γ.

Zusatz. Die Aufgabe giebt zwei verschiedene Resultate, je nachdem man α oder $(2R-\alpha)$ zur Bestimmung von β und γ benutzt.

325. Ort. Wenn von einem △ eine Seite a und deren Gegen∠ α gegeben ist, hat man auch einen Ort für den Mittelpunkt des ⊙ im △.

Analysis. Fig. 75. Wenn O der Mittelpunkt des ⊙ im △ ist, so halbiren die Linien OA, OB, OC die ∠∠ α, β, γ, weshalb die Verlängerung von AO die Mitte D des Bogens CB durchschneiden muß. Nun ist ∠ CDO $= \beta$, ∠ OCD $= \frac{\gamma}{2} + \frac{\alpha}{2}$, folglich auch ∠ COD als Supplement $= \frac{\gamma}{2} + \frac{\alpha}{2}$, weshalb DC = DO = DB ist. Hieraus geht aber hervor, daß sich O in einer mit DC gezeichneten Kreislinie befinden muß.

Konstruktion. Fig. 75. Zeichne mittelst a und α den Ort 320, und beschreibe um D, die Mitte des Bogens von CB, mit DC eine Kreislinie, so hat man den verlangten Ort.

Zusatz 1. Fig. VI. Dieselbe Kreislinie ist auch ein Ort für den Mittelpunkt des ⊙ am △, welcher a und die Verlängerungen von b und c berührt.

Zusatz 2. Beschreibt man um die Mitte des Bogens BAC mit der Entfernung von C oder B eine Kreislinie, so ist damit noch ein Ort für die beiden Mittelpunkte der ⊙⊙ am △ gegeben, welche c nebst den Verlängerungen von a und b, und b nebst den Verlängerungen von a und c berühren.

Anmerkung. Da durch a und α mittelst des Centri ∠ 2α auch ein Ort für den Mittelpunkt des ⊙ ums △ bestimmt ist, so lassen sich überhaupt aus einer Seite und ihrem Gegen ∠ bei jedem △ drei Kreisörter zeichnen, in welche die 5 Mittelpunkte der bei einem △ bemerkenswerthen ⊙⊙ zu liegen kommen.

326. Lehrsatz. Durch einen ∠ α eines △ bestimmt sich der von den Halbirungslinien m′ und

m'' der anderen beiden $\measuredangle$ des $\triangle$ gebildete $\angle = R + \frac{\alpha}{2}$.

Beweis. Fig. 75. $\angle ACB + \angle ABC = 2R - \alpha$, folglich $\angle OCB + \angle OBC = \frac{2R - \alpha}{2} = R - \frac{\alpha}{2}$, und $\angle COB = 2R - \left(R - \frac{\alpha}{2}\right) = R + \frac{\alpha}{2}$.

327. Aufgabe. $\triangle$ aus a, α, ϱ. (ϱ ist der Halbmesser des $\odot$ im $\triangle$).

Analysis. Durch a und α erhält man nach 325 einen Ort für den Mittelpunkt des $\odot$ im $\triangle$; a und ϱ geben nach 79 einen zweiten, weshalb dieser Mittelpunkt festgestellt, und darauf $\triangle$ ABC abgeleitet werden kann.

Vergleiche U. d. A. §. 22., g. Betr. §. 24., und 375.

328. Lehrsatz. Die gemeinschaftliche Sehne zweier sich schneidenden Kreislinien, von denen eine die andere in zwei gleiche Theile theilt, ist der Durchmesser des halbirten $\odot$.

329. Reduktion. Bei jeder Kreisaufgabe, welche die Bedingung enthält, eine gegebene Kreislinie K zu halbiren, kann man statt derselben die andere setzen: in K eine dem Durchmesser gleiche Sehne abzuschneiden (in Zeichen K_d).

Beweis. Folgt aus 328.

330. Aufgabe. Gegeben P, K, P' in K; man soll eine Kreislinie zeichnen, welche durch P und P' läuft, uud K halbirt.

Analysis. Nach 329 reduzirt sich die Aufgabe auf $\odot$ aus P, K_d, P' in K, welche gelöst ist, wenn man durch P' einen Durchmesser von K zieht, da sich hiemit ein dritter Punkt für die gesuchte Kreislinie ergiebt.

331. Ort. Die über dem Radius eines $\odot$ als Durchmesser beschriebene Kreislinie ist der Ort für die Halbirungspunkte aller Sehnen, welche durch den Berührungspunkt beider ⊙⊙ gezogen werden können.

Beweis. Jeder Punkt des gezeichneten Orts ist der Scheitel eines rechten ∠, welcher auf dem Halbmesser des gegebenen ⊙ steht, die ⊥⊥ aus dem Centrum halbiren aber die Sehnen. (Vergl. g. Betr. §. 10.)

332. Fig. 76. Lehrsatz. Beschreibt man um ein △ einen ⊙, und zieht aus A die Linien r, m und h, so ist $\angle (rm) = \angle (mh) = \frac{\beta - \gamma}{2}$.

Beweis. Fällt man aus M ein Loth auf a, und verlängert dies eben sowohl als m, so ergiebt sich der Durchschnitt D in der Mitte des zu α gehörigen Bogens. Hieraus folgt $\angle MDA = \angle MAD$, und, da $\angle MDA = \angle (mh)$ als Wechsel∠ ist, $\angle (rm) = \angle (mh) = \frac{\beta - \gamma}{2}$ nach 145.

333. Zusatz. Beschreibt man um ein △ einen ⊙, und zieht aus A r und h, so ergiebt sich $\angle (rh) = \beta - \gamma$.

Beweis. Da nach 332 $\angle (rm) = \angle (rh) = \frac{\beta - \gamma}{2}$ ist, muß $\angle (rh) = \beta - \gamma$ sein.

334. Oerter. Wenn von einem △ h festliegt, und $(\beta - \gamma)$ bekannt ist, so bestimmen sich 2 Oerter für die Mittelpunkte der ⊙⊙ im und ums △.

Konstruktion. Setze an den Endpunkt von h die $\frac{\beta - \gamma}{2}$ und $(\beta - \gamma)$, so bilden die unbestimmten Schenkel (Fig. 76.) nach 332 und 333 die bezeichneten Oerter.

335. Aufgabe. △ aus r, h, $(\beta - \gamma)$.

Auflösung. Konstruire durch h und $(\beta - \gamma)$ den Ort 334, so bestimmt sich durch r auch die Lage des ⊙ ums △, weshalb nur ein ⊥ im anderen Endpunkt von h zu errichten ist, um △ ABC zu vollenden.

336. Hilfsaufgabe. An eine bestimmte Kreislinie zwei Berührungslinien zu ziehen, welche einen $\angle \alpha$ einschließen.

Analysis. Die von M nach den beiden Berührungspunkten gezogenen Halbmesser schließen einen ∠ ($2R - \alpha$) ein, da die beiden zunächst liegenden ∠∠ rechte sind, weshalb sich durch die Konstruktion dieses ∠ die Aufgabe lösen läßt.

Anmerkung 1. 282 giebt eine andere Auflösung.

Anmerkung 2. Die Aufgabe ist unbeschränkt unbestimmt, weshalb sich ein Ort ableiten läßt, in welchem die Berührungslinien zusammentreffen.

337. Aufgabe. Um eine gegebene Kreislinie ein △ zu verzeichnen, dessen ∠∠ mit denen eines bestimmten △ gleiche Größe erhalten.

Auflösung. Folgt aus 336.

Anmerkung 1. Die unörtliche Aufgabe: △ aus α, β, ϱ ist, nur anders eingekleidet, die vorhergehende. Als solche ist dieselbe bestimmt, als örtliche genommen aber unbeschränkt unbestimmt.

Anmerkung 2. Konstruirt man die 3 sich nach 336. 2. ergebenden Oerter, so erhält man überhaupt vier sich gegenseitig auf eine eigene Art bedingende ⊙⊙.

337. a. Fig. 76. a. Hilfsaufgabe. Zwischen K und L ist P gegeben; man soll durch P eine Linie so ziehen, daß die von K, L und P begrenzten beiden Abschnitte einander gleich werden.

Analysis. Betrachtet man P als den Mittelpunkt eines ▱ nach 123, und sucht durch Benutzung der gegebenen festen Punkte die zweite Diagonale, so findet sich durch $MP = PF$ der Punkt F gegeben, und FE ∦ und $=$ MD oder r, also auch der Punkt E bestimmt.

Determination. Die Aufgabe wird unmöglich, wenn der mit r um F beschriebene ⊙ L nicht trifft.

Beweis. Durch die Verlängerung von PE ergeben sich 2 △△ PMD und PMG, welche mit △ PEF zwei Seiten und die Gegen∠∠ der kleineren Seiten gleich haben. Von diesen ist immer dasjenige ≌, hier △ PDM, dessen gesuchte Seite PD, K eben so oft schneidet, als die gesuchte

Seite PE des anderen △ PEF die Kreislinie um F. Nur durch diese Uebereinstimmung nämlich ergeben sich, entweder wie hier beide gleichliegende ∠ PEF und MDP spitz (als ∠ an der Grundlinie △△), oder beide stumpf (als Neben∠ spitzer ∠), welche Voraussetzung zum Beweise der Kongruenz erforderlich ist.

Zusatz. Mit Ausnahme der Berührung zwischen L und dem ⊙ um F ergeben sich 2 der Aufgabe genügende Linien, die aber beide gleich sind, wenn die Verlängerung von MP ⊥ L steht.

Anmerkung. Die Aufgabe ist allgemein, für ein beliebiges Verhältniß der Abschnitte, und für die verschiedenen Lagen der 3 Elemente P, K, L, 1309 und 517 angeführt.

338. Fig. 43. Hilfsaufgabe. Man soll durch einen Schneidungspunkt P zweier Kreislinien K und K′ eine Linie legen, welche in beiden Peripherieen endigt, und in P halbirt wird.

Analysis. Betrachtet man P als den Mittelpunkt eines ▱, so ergiebt sich bald PG = PM, also Punkt G, ferner GY = und ∦ MX, also auch Punkt Y, durch dessen Festlegung sich XY zeichnen läßt.

Anmerkung. Vergleiche g. Betr. §. 23. und §. 28. Allgemeiner ist die Aufgabe behandelt 1311 und 530.

339. Fig. 16. Ort. Der zwischen den Schenkeln eines festliegenden ∠ beschriebene Berührungskreis um H wird durch die beiden Berührungspunkte F und G in zwei Bogen getheilt. Von diesen bildet der der ∠spitze zugekehrte Bogen einen Ort für alle Punkte, deren Berührungslinien mit den beiden Schenkeln Dreiecke von demseben Umfange, nämlich = der Summe der beiden festliegenden Tangenten AF und AG bestimmen.

Beweis. Ist CB die gezogene Berührungslinie, so hat man CI = CF, IB = BG, also CB = CF + BG, weshalb $AC + BC + BA = AC + CF + BG + BA = AF + AG = 2AF$ sein muß.

340. Fig. 16. Aufgabe. △ aus α, m, $(a+b+c)$.

Analysis. α, und $\frac{a+b+c}{2}$ vom Scheitelpunkte auf jedem Schenkel abgetragen, geben die beiden Berührungspunkte des Orts von 339, und damit diesen selbst, woher man nur durch den Endpunkt der festlegbaren Linie m eine Berührungslinie zu ziehen hat, um das geforderte △ ABC zu erhalten.

341. Lehrsatz. Die Fläche eines △ ist stets gleich einem △, dessen Grundlinie der Umfang, und dessen Höhe der Halbmesser des in dasselbe beschriebenen ⊙ ist, d. h. es ist $f^2 = \frac{(a+b+c)\,\varrho}{2}$.

Beweis. Verbindet man die ∢spitzen mit dem Mittelpunkt, so ergeben sich drei △△, welche a, b, c zu Grundlinien, und die gleiche Höhe ϱ haben, woraus die Behauptung folgt.

342. Datum. Wenn von den 3 Stücken f^2, ϱ, $(a+b+c)$ eines △ zwei gegeben sind, ist stets das dritte bestimmt.

Konstruktion. Folgt durch 178. 2. und 179. 2. aus 341.

343. Lehrsatz. Das Rechteck aus einer Seite und der auf derselben stehenden Höhe in einem △ ist stets gleich einem Rechteck, welches den Umfang desselben △ zur Grundlinie und den Radius des eingeschriebenen ⊙ als Höhe hat, d. h. es ist stets $ah = (a+b+c)\,\varrho$.

Beweis. Folgt aus 341.

344. Hilfssatz. Wenn von den 4 Stücken eines △: a, h, $(a+b+c)$, ϱ (oder statt a und h, b und h′ ꝛc.) drei gegeben sind, läßt sich das vierte, ohne die Konstruktion des mittelst dieser Stücke bestimmten △, ableiten.

Konstruktion. Folgt aus 343.

345. Aufgabe. △ aus f^2, $(a+b+c)$, α.

Analysis. f^2 und $(a+b+c)$, bestimmen nach 342 ϱ durch 178. 2, α und $(a+b+c)$ geben ferner den Ort 339; schiebt man also den ⊙ mit ϱ in α nach 306, so muß das verlangte △ durch Anwendung von 318 bestimmt sein.

346. Fig. VII. Lehrsatz. In jedem ◺ ist die Summe aus der Hypotenuse und dem Radius des eingeschriebenen ⊙ doppelt genommen gleich dem Umfange des ◺, d. h. es ist stets $2c + 2\varrho$, und daher auch $4r + 2\varrho = (a+b+c)$.

Beweis. CO ist ein ⊞, da $\gamma = R$, folglich hat man $CE + CD = 2\varrho$. Da nun ferner $AF = AE$, $BF = BD$, also $AE + DB = AB = c$ sein muß, so ist $a+b+c = EC + DC + EA + DB + AB = 2\varrho + 2c$, oder $= 2\varrho + 4r$.

347. Hilfssätze. 1) Wenn zwei von den 3 Stücken: c, ϱ, $(a+b+c)$ eines ◺ gegeben sind, läßt sich, ohne Konstruktion des Dreiecks selbst, das dritte ableiten.

2) Dasselbe gilt für 3 Stücke: r, ϱ, $(a+b+c)$.

Konstruktion. Siehe 346.

348. Fig. 86. u. Fig. 86. a. Lehrsatz. Beschreibt man um ein △ ABC einen ⊙, zieht AD ╪ a, und DC, so ist, wenn keiner von den ∠∠ β und γ stumpf, Fig. 86., $AD = (p - q)$, $\angle DCA = (\beta - \gamma)$; und, wenn einer dieser ∠∠ stumpf ist, Fig. 86. a, $AD = (p+q)$, $\angle DCA$ aber ebenfalls $= (\beta - \gamma)$.

Beweis. Zieht man die ╪ AE zu CD, und fällt den ⊥ AF, so muß, da DA ╪ a ist, $AE = CD$, also auch $= AB$ sein, woraus sich nach 138 CE oder $DA = (p \mp q)$, und $\angle CAE = \angle DCA = (\beta - \gamma)$ nach 136 ergiebt.

349. Datum. Durch zwei von den drei Stükken $(\beta - \gamma)$, r, $(p \pm q)$ eines △ ($p+q$ gilt fürs stumpf∠ △) bestimmt sich das dritte; nur ergeben sich durch r und $(p \pm q)$ zwei sich zu 2R ergänzende $\measuredangle$, welche beide $(\beta - \gamma)$ für ein $\triangle$ bilden können.

Beweis. Da $(p \pm q)$ und $(\beta - \gamma)$ nach 348 die Seite und den Gegen$\angle$ eines $\triangle$ formiren, welches in dem mit r beschriebenen $\odot$ liegt, so muß hier das Datum 321, und damit auch die dort gezeigte Ableitung eines Stücks aus den beiden übrigen giltig sein.

Zusatz. $\triangle$ aus $(\beta - \gamma)$, $(p \mp q)$, r ist eine unmögliche Aufgabe.

350. Fig. 86. Aufgabe. $\triangle$ aus r, t, $(\beta - \gamma)$.

Analysis. r und $(\beta - \gamma)$ bestimmen nach 349 AD oder $(p - q)$. Der in der Mitte G von DA errichtete $\perp$ ist aber ein Ort für den Endpunkt H von t, folglich läßt sich die Lage von a, und damit das verlangte $\triangle$ ABC konstruiren.

351. Fig. 86. und Fig. 86. a. Datum. Durch zwei von den drei Stücken $(p \mp q)$, h, und t eines $\triangle$ ist stets das dritte bestimmt.

Beweis. Beschreibt man um das $\triangle$ einen $\odot$, zieht AD $\#$ a, und errichtet in H, der Mitte von a, den $\perp$ HG, so ist nach 348 $AD = (p \mp q)$, folglich $AG = \frac{p \mp q}{2}$, $GH = h$, und $AH = t$, weshalb sich durch die Konstruktion des $\triangle$ AGH aus zwei von diesen Stücken das dritte ergeben muß.

Zusatz. $\triangle$ aus $(p \mp q)$, h, t ist eine unmögliche Aufgabe.

352. Fig. 77. Ort. Ist K, P und XP^2 + dem Quadrat der von X nach K führenden Berührungslinie $XB = s^2$ gegeben, so befindet sich X in einer bestimmbaren Kreislinie.

Analysis. $XB^2 = XM^2 - r^2$, folglich ist $XM^2 - r^2 + XP^2 = s^2$, und $XM^2 + XP^2 = s^2 + r^2$, weshalb vom $\triangle$ MXP, MP oder a und $b^2 + c^2$ bekannt sind, also die Spitze X sich in einem nach 220 konstruirbaren Kreisort befinden muß.

353. Fig. 78. Ort. Ist K, K' und die Summe der Quadrate zweier aus einem Punkte X an K und K' gezogenen Berührungslinien, d. h. $XB^2 + XB'^2 = s^2$ gegeben, so befindet sich X in einer bestimmbaren Kreislinie.

Analysis. $\left.\begin{array}{l} XB^2 = XM^2 - r^2, \\ XB'^2 = XM'^2 - r'^2, \end{array}\right\}$ folglich ist

durch Addition $s^2 = XM^2 - r^2 + XM'^2 - r'^2$,

und $s^2 + r^2 + r'^2 = XM^2 + XM'^2$ bestimmt,

woraus sich wie in 352 ein Ort nach 220 ergiebt.

354. Fig. 77. Ort. Ist K, P und XP^2 — dem Quadrat der von X nach K führenden Berührungslinie $XB = d^2$ gegeben, so liegt X in einer bestimmbaren geraden Linie.

Analysis. $XB^2 = XM^2 - r^2$, folglich ist $XP^2 - XM^2 + r^2 = d^2$, und $XP^2 - XM^2 = d^2 - r^2$, weshalb vom $\triangle$ MXP, MP oder a und $(b^2 - c^2)$ bekannt sind, also die Spitze X sich in einer nach 211 konstruirbaren geraden Linie befinden muß.

355. Fig. 78. Ort. Ist K, K' und die Differenz der Quadrate zweier aus einem Punkte X an K und K' gezogenen Berührungslinien, d. h. $XB^2 - XB'^2 = d^2$ gegeben, so liegt X in einer bestimmbaren geraden Linie.

Analysis. $\left.\begin{array}{l} XB^2 = XM^2 - r^2, \\ XB'^2 = XM'^2 - r'^2, \end{array}\right\}$ folglich ist

durch Subtr. $d^2 = XM^2 - r^2 - XM'^2 + r'^2$,

und $d^2 + r^2 - r'^2 = XM^2 - XM'^2$ bestimmt,

woraus sich wie in 354 ein Ort nach 211 ergiebt.

356. Aufgabe. Gegeben K, K', K''. In K'' soll ein Punkt X so bestimmt werden, daß die Summe oder die Differenz der Quadrate zweier

aus demselben nach K und K' gezogenen Berührungslinien eine vorgeschriebene Größe erhält.

Analysis. Konstruirt man für die Summe den Ort 353, für die Differenz den Ort 355, so müssen sich, wenn diese Oerter K'' nicht berühren, die gesuchten Punkte X doppelt bestimmen.

Zusatz. Es ergeben sich 2 Paar solcher Berührungslinien.

357. Erklärungen. Zwei Kreise schneiden einander unter einem gegebenen ∠, wenn der ∠ bekannt ist, welchen die an den Durchschnittspunkt gezogenen beiden Berührungslinien bilden. In der Art schneiden sich zwei Kreise recht∠, wenn jene Berührungslinien die Mittelpunkte treffen. Ferner findet eine Schneidung unter dem ∠ = 0 bei allen Berührungen v. A., unter dem ∠ = 2 R aber bei allen Berührungen v. J. statt. Die Schneidung jedes ⨀ mit einer geraden Linie wird ebenfalls unter einem bestimmten ∠ geschehen, der sich ergiebt, wenn man die gerade Linie als einen Schenkel, die an den Durchschnittspunkt gezogene Berührungslinie als den zweiten annimmt. K schneidet daher L recht∠, wenn M in L fällt, und K schneidet L unter einem ∠ = 0, wenn sich beide Linien K und L berühren.

358. Fig. 79. Data. Durch den Schneidungs∠ α zweier Kreislinien sind folgende Stücke mitgegeben:

1) Der ∠, welchen die vom Durchschnittspunkt nach den Mittelpunkten gezogenen Radien bilden, als Supplement von α, also ∠ (rr') oder ∠ MDM' = 2R — α.

2) Errichtet man im Durchschnittspunkt der Kreislinien auf dem einen Radius einen ⊥, so ergiebt sich der Peripherie∠ MDE, welchen derselbe mit dem anderen Halbmesser bildet, stets = R — α oder α — R, je nachdem α spitz oder stumpf ist.

3) Ist der Radius des einen oder des andern ⨀ z. B. r bekannt, so bestimmt der zuletzt genannte Peripherie∠ auch

den Centri∠ DME = 2α oder $2(2R-\alpha)$, und damit nach 291 die Sehne DE und deren Entfernung vom Mittelpunkt.

4) Ist die eine Kreislinie K festliegend gegeben, so bestimmt sich eine zweite konzentrische K″ mit der Eigenschaft, daß bei jeder beliebigen Lage des unter dem ∠ α schneidenden ⊙ die gemeinschaftliche Berührungslinie der zuletzt genannten beiden ⊙⊙, eine unveränderliche bestimmbare Größe hat. Der Radius dieses konzentrischen ⊙ ist die in 3) erwähnte durch K oder r und α bekannte Entfernung MB von der daselbst gleichfalls als bestimmt angegebenen Sehne DE, die Länge der gemeinschaftlichen Berührungslinie aber ist die Hälfte DB dieser eben genannten Sehne.

5) Der Durchschnitts∠ α oder ∠ GDF, Fig. 79.a., eines ⊙ und einer geraden Linie bestimmt die auf der abgeschnittenen Sehne stehenden beiden Peripherie∡ = α und $= 2R-\alpha$ (als ∡ im entgegengesetzt liegenden Abschnitt) nebst allen dadurch mitgegebenen Stücken.

359. Fig. 80. Bemerkung. Wird eine Kreislinie K von einer anderen recht∠ geschnitten, so bildet der Radius r die Länge der von einem festen Punkte M nach dem schneidenden ⊙ führenden Berührungslinie (siehe 357). Hieraus folgt zunächst eine andere Einkleidung für alle Kreisschneidungsaufgaben mit dem ∠ $\alpha = R$, z. B. statt: einen ⊙ zu zeichnen, welcher K, K′, K″ recht∠ schneidet: es soll ein ⊙ so gezeichnet werden, daß die von 3 gegebenen Punkten P, P′, P″ nach demselben führenden Berührungslinien b, b′, b″ bestimmte Längen erhalten, oder in Zeichen: ⊙ aus P_b, $P'_{b'}$, $P''_{b''}$ (1579). Ferner ergiebt sich durch diese Auffassung in der Regel unmittelbar eine Analysis, da mittelst derselben die Lehrsätze von den Berührungslinien angewendet werden können.

360. Fig. XXVIII. Reduktion. Alle Kreisaufgaben, die eine Schneidung festliegender Kreislinien unter einem schiefen ∠ α verlangen, reduziren sich auf solche Kreiskonstruktionen, bei denen die Länge der gemeinschaftlichen Berührungslinien bestimmt ist, welche von den festliegend gegebenen Kreislinien nach dem gesuchten ⊙ führen können. Dies folgt aus 358. 4).

In dieser Art ist die Aufgabe: einen ⊙ zu konstruiren, welcher K, K', K'' unter den ∡ α, β, γ schneidet, übereinstimmend mit ⊙ aus K_b, $K'_{b'}$, $K''_{b''}$, siehe 2184.

361. Fig. XXVII. Reduktion. Alle Kreisaufgaben, welche die Schneidung festliegender geraden Linien unter einem schiefen ∠ α bedingen, reduziren sich auf solche Kreiskonstruktionen, welche die Schneidung festliegender geraden Linien mit bestimmten Peripherie∡ in den gebildeten Abschnitten verlangen. Dies folgt aus 358. 5).

Danach ist z. B. die Aufgabe: einen Kreis zu zeichnen, welcher L, L', L'' unter gegebenen ∡ α, β, γ schneidet, übereinstimmend mit der Aufgabe 1890: ⊙ aus L_α, L'_β, L''_γ, für welche α, β, γ aber die Abschnitt∡ bedeuten.

362. Fig. 78. Ort. Der Ort für die Durchschnittspunkte jedes Paars gleicher Berührungslinien, welche an zwei festliegende ⊙⊙ gezogen werden können, ist eine bestimmbare gerade Linie, oder: der Ort für die Mittelpunkte aller Kreislinien, welche zwei festliegend gegebene ⊙⊙ recht∠ durchschneiden, ist eine bestimmbare gerade Linie. (Vergleiche 582. a.)

Analysis. $XB^2 = XM^2 - r^2$,

$$\underline{XB'^2 = XM'^2 - r'^2,}$$

also $XM^2 - r^2 = XM'^2 - r'^2$,

und $XM^2 - XM'^2 = r^2 - r'^2$, weshalb im △ MXM', MM' oder a und $(b^2 - c^2)$ gegeben sind, sich folglich X in einer nach 211 bestimmbaren geraden Linie befinden muß.

Anmerkung. Die beste Konstruktion dieses Orts ergiebt sich in folgender Art: Beschreibe einen beliebigen K und K′ schneidenden ⊙ um O, und verlängere die gemeinschaftlichen Sehnen EF und GH, so bildet der aus dem Durchschnittspunkt X auf die Centrale MM′ gefällte ⊥ XD den verlangten Ort.

Beweis. $XE \times XF = XB^2$,

$XG \times XH = XB'^2$. Da nun

$XE \times XF = XG \times XH$ ist, muß auch

$XB^2 = XB'^2$, oder

$XM^2 - r^2 = XM'^2 - r'^2$, und

$XM^2 - XM'^2 = r^2 - r'^2$ sein, was die Analysis verlangt, u. s. w.

363. Fig. 77. Ort. Der Ort für die Mittelpunkte aller Kreislinien, welche durch einen gegebenen Punkt gehen, und einen festliegenden ⊙ recht∠ durchschneiden, ist eine bestimmbare gerade Linie.

Analysis. $XB^2 = XM^2 - r^2$, demnach ist

$XM^2 - r^2 = XP^2$, und

$XM^2 - XP^2 = r^2$, weshalb sich wie in 362 der Ort 211 bestimmt.

Anmerkung. Eine andere Konstruktion des Orts als durch 211 ergiebt sich ähnlich, wie in der Anmerkung zu 362. In der Figur ist diese Konstruktion durch ⊙ um O, zu welchem XP eine Tangente bildet, angedeutet.

364. Aufgabe. ⊙ aus P_b, $P'_{b'}$, L_μ. (Gegeben P, P′, L; man soll einen mit seinem Mittelpunkt μ in L fallenden ⊙ so zeichnen, daß die von P und P′ nach demselben führenden Berührungslinien die Längen b und b′ erhalten.)

Analysis. P_b und $P_{b'}$ bestimmen den Ort 362, woher μ durch denselben festgestellt werden kann, und μP bekannt wird. Es liegen aber μP und b mit ϱ in einem △, folglich läßt sich auch der Radius des gesuchten ⊙ bestimmen.

Anmerkung. Da durch P_b und $P'_{b'}$ die ⊙⊙ um P und P' mit b und b' gegeben sind, konnte die Aufgabe noch auf zwei verschiedene Arten eingekleidet werden, siehe 359; nämlich: gegeben K, K', L; man soll eine K und K' recht∠ schneidende Kreislinie zeichnen, deren Mittelpunkt in L fällt. Oder: gegeben K, K', L; man soll einen Punkt X in L so bestimmen, daß die aus demselben nach K und K' führenden Berührungslinien gleich lang werden.

365. Analogieen. Durch K und P außerhalb der Fläche von K ist nach 273 die von P nach K führende Berührungslinie gegeben. Liegt nun P in der Fläche von K, so ergiebt sich, wenn man durch P einen Durchmesser zieht, in dem auf demselben in P errichteten und von K begrenzten ⊥ eine analoge Linie. Diese Analogie läßt sich sowohl bei den entsprechenden Lehrsätzen als Aufgaben verfolgen. Bei den letzteren gehören in der Art die Schneidungen der ⊙⊙ unter rechten ∠∠ und die Halbirungen der Kreislinien als Analogieen zusammen. Denn jene sind nach 359 nicht anders als Konstruktionen solcher ⊙⊙, an welche von bestimmten Punkten der Länge nach gegebene Berührungslinien führen. Bei den Halbirungen dagegen wird nach 329 die halbirte Kreislinie im Durchmesser geschnitten, also, wenn man die Centrale zieht, ein Durchmesser auf den andern ⊥ gestellt, weshalb M und r, der Mittelpunkt und der Radius der halbirten Kreislinie, die Stelle von P und b bei der Berührung vertreten.

Anmerkung. Aus dem Inhalt des Vorigen läßt sich die Existenz analoger Oerter zu 352, 353, 354, 355, 362, 363 vermuthen, welches auch eine nähere Untersuchung bestätigt, die aber nur für 363 und 362, und aus der Kombination der letzten Nummer mit ihrer Analogie etwas Bedeutendes ergiebt. (Siehe 366, 367, 368.)

366. Fig. 81. Ort. (Analogie zu 363.) Der Ort für die Mittelpunkte aller Kreislinien, welche durch einen gegebenen Punkt gehen und einen festliegenden ⊙ im Durchmesser schneiden (die

Kreislinie halbiren), ist eine bestimmbare gerade Linie.

Analysis. Da $\angle \mu MA = R$ sein muß, ist $\mu A^2 = \mu M^2 + r^2$, folglich $\mu M^2 + r^2 = \mu P^2$, weshalb $\mu P^2 - \mu M^2 = r^2$, und nach 211, da zugleich MP gegeben ist, ein Ort für μ bestimmt werden kann.

Anmerkung. Eine andere Konstruktion dieses Orts als durch 211 ergiebt sich, wenn man zunächst in Bezug auf P und K die in der Anmerkung zu 363 enthaltene Konstruktion ausführt, und hierauf einen zweiten $\perp \mu D$ auf MP in derselben Entfernung von M ($MD = PD'$) errichtet, welche der zuerst gezeichnete $\perp$ von P hat. Hiedurch erhält man wirklich μD als den verlangten Ort, da $MD'^2 - PD'^2 = r^2$ konstruirt ist, und $PD^2 - DM^2$, also auch nach 209 $\mu P^2 - \mu M^2$ dieselbe Größe haben muß, u. s. w.

367. Ort. (Analogie zu 362.) Der Ort für die Mittelpunkte aller Kreislinien, welche zwei festliegend gegebene ⊙⊙ im Durchmesser schneiden (die Kreislinie halbiren), ist, Fig. 82., eine bestimmbare gerade Linie.

Analysis. Da $\angle \mu MA = \angle \mu M'C = R$ sein muß, also $\mu A^2 = \mu M^2 + r^2$,

und $\mu C^2 = \mu M'^2 + r'^2$ ist,

hat man $\mu M^2 + r^2 = \mu M'^2 + r'^2$, woraus

sich $r^2 - r'^2 = \mu M'^2 - \mu M^2$ ergiebt. Da nun zugleich MM' bestimmt ist, kann hiedurch nach 211 ein Ort für μ konstruirt werden.

Anmerkung. Eine andere Konstruktion dieses Orts als durch 211 ergiebt sich, wenn man zunächst, in Bezug auf K und K', die in der Anmerkung zu 362 enthaltene Konstruktion ausführt, und hierauf einen zweiten $\perp \mu D$ in derselben Entfernung von M errichtet, welche der zuerst gezeichnete $\perp$ von M' erhalten hat ($MD = M'D'$). Hiedurch erhält man wirklich μD als den verlangten Ort, da $MD'^2 - M'D'^2 = r^2 - r'^2$ konstruirt ist, und $M'D^2 - MD^2$, also auch nach 209 $\mu M'^2 - \mu M^2$ dieselbe Größe haben muß, u. s. w.

368. Fig. 83. Ort. Der Ort für die Mittelpunkte aller Kreislinien, welche einen festliegend gegebenen ⊙ recht∠, und einen anderen im Durchmesser schneiden, ist eine bestimmbare gerade Linie.

Analysis. Da $\angle \mu MA = \angle \mu BM' = R$ sein muß, also $\mu A^2 = \mu M^2 + r^2$, und
$\mu B^2 = \mu M'^2 - r'^2$ ist, hat man

$$\mu M^2 + r^2 = \mu M'^2 - r'^2, \text{ woraus sich}$$
$$r^2 + r'^2 = \mu M'^2 - \mu M^2 \text{ ergiebt.}$$

Da nun zugleich MM' bestimmt ist, kann hiedurch nach 211 ein Ort für μ gezeichnet werden.

369. Aufgabe. Gegeben K, K', K''; man soll einen ⊙ zeichnen, welcher K recht∠ und K' im Durchmesser schneidet, mit seinem Centrum aber in K'' fällt.

Analysis. Der Ort 368 bestimmt die Lage von μ in K''; und die Hypotenuse des aus $\mu M'$ und r' konstruirbaren ◺ giebt den erforderlichen Radius.

369. a. (Fig. 83. a.) Ort. (Analogie zu 363.) Der Ort für die Mittelpunkte aller Kreislinien, welche einen gegebenen Punkt durchlaufen, und von einer festliegenden Kreislinie im Durchmesser geschnitten (halbirt) werden, ist eine bestimmbare Kreislinie.

Analysis. Da $\angle M\mu C = R$ sein muß, ist $\mu M^2 + \mu C^2$, oder $\mu M^2 + \mu P^2 = r^2$, weshalb sich, da PM festliegt, μ in einer nach 220 konstruirbaren Kreislinie befindet.

369. b. (Fig. 83. b.) Ort. Der Ort für die Mittelpunkte aller Kreislinien, welche von einer festliegenden Kreislinie K' recht∠, und von einer anderen K im Durchmesser geschnitten (halbirt) werden, ist eine bestimmbare Kreislinie.

Analysis. Da $\angle M\mu C = M'B\mu = R$ sein muß, also $\mu C^2 = r^2 - M\mu^2$, und

$\mu B^2 = M'\mu^2 - r'^2$ ist, hat man

$M'\mu^2 - r'^2 = r^2 - M\mu^2$, woraus sich

$M'\mu^2 + M\mu^2 = r^2 + r'^2$ ergiebt. Da nun zugleich MM' bestimmt ist, kann hiedurch nach 220 ein Kreisort für μ gezeichnet werden.

369. c. Aufgabe. Gegeben K, K′, K″; man soll eine vierte Kreislinie zeichnen, welche von K ⊥, von K′ im Durchmesser geschnitten wird, und mit ihrem Mittelpunkt in K″ fällt.

Analysis. Folgt aus 369. b.

369. d. (Fig. 83. c.) Ort. Der Ort für die Mittelpunkte aller Kreislinien, welche eine festliegende Kreislinie halbiren, und von einer anderen festliegenden Kreislinie halbirt werden, ist eine bestimmbare Kreislinie.

Analysis. Da $\angle M\mu C = \angle \mu M'C' = R$ sein muß, also $\mu C^2 = r^2 - \mu M^2$, und

$\mu C'^2 = r'^2 + \mu M'^2$ ist, hat man

$r'^2 + \mu M'^2 = r^2 - \mu M^2$, woraus sich

$\mu M'^2 + \mu M^2 = r^2 - r'^2$ ergiebt. Da nun zugleich MM' bestimmt ist, kann hiedurch nach 220 ein Kreisort für μ gezeichnet werden.

369. e. Aufgabe. Gegeben K, K′, K″; man soll eine vierte Kreislinie zeichnen, welche K halbirt, von K′ halbirt wird, und mit ihrem Mittelpunkt in K″ fällt.

Analysis. Folgt aus 369. d.

370. Fig. 84. Ort. Wenn von 2 Punkten Berührungslinien an einen ⊙ mit einer vorgeschriebenen Differenz ihrer Quadrate führen, findet

sich stets eine bestimmbare gerade Linie als Ort für den Mittelpunkt des ⊙.

Analysis. Ist $PB^2 - P'B'^2 = d^2$ gegeben, so findet sich, da $\mu P^2 - PB^2 = P'\mu^2 - P'B'^2$ ist, $\mu P^2 - \mu P'^2 = PB^2 - P'B'^2 = d^2$ bekannt, weshalb, da zugleich PP' bestimmt ist, nach 211 ein Ort für μ gezeichnet werden kann.

Anmerkung. $PB^2 + P'B'^2 = s^2$ und $\mu B = \varrho$ gegeben, bestimmen gleichfalls einen Ort für μ.

371. Analogieen. Setzt man in 353, 355, 362 statt X dergestalt einen der Lage nach unbestimmten ⊙, dessen Halbmesser ϱ aber gegeben ist, daß von der Peripherie desselben nach den festliegenden ⊙⊙ gemeinschaftliche Berührungslinien führen, so erhält man analoge Oerter für μ, welche sich leicht ergeben, wenn man um M und M' Kreise mit $r - \varrho$ und $r' - \varrho$ oder $\varrho - r$ und $\varrho - r'$ beschreibt, und von μ aus Berührungslinien an dieselben zieht.

372. Fig. 85. Hilfsaufgabe. Durch einen Schneidungspunkt P zweier ⊙⊙ eine Linie zu legen, welche in beiden Peripherieen endigt, und eine bestimmte Länge a erhält.

Analysis. Fällt man aus M und M' ⊥⊥ auf a, so erhält man $FG = \frac{1}{2}a$, da $FP = FD$, und $GE = GP$. Ferner zeigt sich, wenn $MH \mp DE$ gezogen wird, durch $MH = \frac{1}{2}a$ und MM', △ MHM' bestimmt, also die Lage MH, und folglich auch die von DE gegeben, wonach die Aufgabe lösbar ist.

Determination. Die doppelte Centrale ist das Maximum für a. (Das Minimum läßt sich nur trigonometrisch mittelst der Lagen der in P gezogenen Berührungslinien bestimmen.)

Zusatz. Je nachdem man bei der Konstruktion von M oder M' aus, $\frac{a}{2}$ abschneidet, ergiebt sich eine andere → für die gesuchte Linie, weshalb man zwei Resultate erhält.

373. Fig. 16. Lehrsatz. Wenn man die gemeinschaftlichen und die Centrale selbst durchschneidenden Berührungslinien zweier festliegenden ⊙⊙ bis zu den beiden anderen Tangenten verlängert, so erhalten die hiedurch gebildeten Linien eine gleiche Länge mit den zuletzt genannten Tangenten, d. h. CB ist = C′B′ = DG = EF.

Beweis. $\left.\begin{array}{l} IC = CF, \\ IB = BG, \end{array}\right\}$. Eben so ist $\left\{\begin{array}{l} KC = EC, \\ KB = DB, \end{array}\right.$

also $CB = CF + BG$. also $CB = EC + DB$.

Hieraus ergiebt sich durch Addition $CF + BG + EC + DB = 2CB$, oder $EF + DG = 2CB$, weshalb, da noch $EF = DG$ ist, EF oder $DG = CB$ sein muß.

374. Datum. Die Centrale zweier ⊙⊙, die Differenz ihrer Radien, eine von den beiden gemeinschaftlichen Berührungslinien, welche die verlängerte Centrale schneiden, und der von diesen beiden Tangenten gebildete ∠, stehen in solcher Beziehung, daß durch zwei dieser Stücke das dritte bestimmt ist.

Beweis. Nach 318 reduzirt sich die Konstruktion der gemeinschaftlichen Tangente zweier ⊙⊙ auf die Zeichnung eines dort angegebenen △, welches gerade diese 4 Stücke enthält, weshalb durch zwei derselben, die schon das △ bestimmen, die übrigen gegeben sein müssen.

375. Hilfsaufgabe. Zwischen den Schenkeln eines ∠ ist ein ⊙ gegeben, welcher beide berührt; man soll an denselben eine in beiden Schenkeln endigende Berührungslinie a legen.

Analysis 1.) Fig. 16. Betrachtet man, in Beziehung auf den Lehrsatz 373, CB oder a als eine verlängerte gemeinschaftliche Berührungslinie IK, welche die Centrale selbst schneidet, so muß von dem anderen Paar gemeinschaftlicher Tangenten EF und DG eine jede dieselbe Länge a haben, weshalb die Punkte F und G, und damit auch der zweite Berührungskreis, so bestimmt sind, daß man nur zu beiden ⊙⊙ nach 318 die gemeinschaftliche Berührungslinie IK zu ziehen, und bis C und B zu verlängern hat, um die geforderte Linie darzustellen.

Konstruktion. Bestimme EF und DG = a, errichte in F und G ⊥⊥, beschreibe um den Durchschnittspunkt H mit HF einen ⊙, ziehe zu beiden ⊙⊙ die gemeinschaftliche Berührungslinie IK nach 318, und verlängere dieselbe bis C und B, so bildet CB die verlangte Linie.

Determination. Nach dem Datum 374 ergiebt sich aus a und $\frac{\alpha}{2}$ die Centrale und die Differenz der Radien beider ⊙⊙, folglich durch den gegebenen Radius auch die Summe der beiden Halbmesser. Wird nun die Centrale kleiner als diese Summe (siehe 268. 3), so giebt es keine Berührungslinie, welche die Centrale selbst schneidet, weshalb also in diesem Fall die Aufgabe unmöglich ist.

Zusatz. Man erhält a in zwei verschiedenen Lagen, wenn die beiden vorhandenen ⊙⊙ sich nicht berühren.

Anmerkung. Vergleiche über die vorstehende Aufgabe: U. d. A. §. 22., g. Betr. §. 24, u. 327. Der zweite Fall derselben, daß nämlich die Linie a zwischen die Berührungspunkte ED und die ∠spitze A fallen soll, ist in jeder Hinsicht, mit Ausnahme der Determination, wo sich ein Maximum und ein Minimum für a ergiebt, mit dem ersten übereinstimmend.

Analysis 2. a.) Fig. 86. b. Fall 1.) **BC** soll nicht zwischen die ∠spitze **A** und die Berührungspunkte **I** und **H** fallen. Beschreibt man einen ⊙ um △ **ABC**, so findet sich, da **AD** den ∠ **CAB** oder α halbirt, mittelst dieses nach 320 gegebenen ⊙ die Länge von **DB** = **DC**. Nun ist ∠ **DBC** $= \frac{\alpha}{2}$, ∠ **CBO** $= \frac{\beta}{2}$, und ∠ **DOB** ebenfalls $= \frac{\alpha}{2} + \frac{\beta}{2}$ (= ∠ **OAB** + ∠ **ABO**), also muß **DO** = **DB** = **DC** sein, woher Punkt **D** und zugleich die Punkte **B** und **C** gegeben sind, folglich die Lage der verlangten Linie BC bestimmt werden kann.

Auflösung. Bestimme OE = a, lege durch O und E ∦ ∦ zu den Schenkeln des gegebenen ∠, schneide OD = OF ab, und beschreibe um D mit DO eine Kreislinie, so ergiebt sich durch Verbindung der ungleichartigen Durchschnittspunkte B und C die verlangte Linie BC.

Beweis. BC hat die Länge a: denn beschreibt man eine Kreislinie um △ ABD, so wird dieselbe C durchschneiden, da AD ∠ CAB halbirt. Hiedurch ergiebt sich ∠ DBC $= \angle$ DCB $= \frac{\alpha}{2}$, weshalb △ DCB ≌ △ OEF, also BC = EO = a ist, da in dem letzteren ebenfalls ∠ FOE = ∠ OEF (Wechsel- und Gegen∠) die Größe $\frac{\alpha}{2}$ hat, außerdem aber OF = OD = DB gezeichnet wurde. Ferner berührt BC zugleich den ⊙ um O, da ∠ DBO = ∠ DBC + ∠ CBO, und ∠ DOB = ∠ OAB + ∠ ABO ist, also wegen der Gleichheit von ∠ CBD und ∠ OAB, ∠ CBO = ∠ OBA sein muß.

Analysis 2. b). Fig. 86. c. Fall 2) BG soll zwischen die ∠spitze und die Berührungspunkte I und H fallen. Beschreibt man einen ⊙ um △ ABC, so findet sich, da AD den ∠ CAB oder α halbirt, mittelst dieses nach 320 gegebenen Orts die Länge von DB = DC. Nun ist ∠ DBC = $\frac{\alpha}{2}$, ∠ OBC $= R - \frac{\beta}{2}$, also ∠ OBD $= R - \frac{\beta}{2} - \frac{\alpha}{2}$, und ∠ DOB gleichfalls $= R - \frac{\beta}{2} - \frac{\alpha}{2}$ (= ∠ OBH — ∠ OAB), folglich muß DO = DB = DC sein, woher Punkt D, und zugleich die Punkte B und C gegeben sind, und die Lage der verlangten Linie BC bestimmt werden kann.

Auflösung. Bestimme OE = a, lege durch O und E ∦ ∦ zu den Schenkeln des gegebenen ∠, schneide OD = OF ab, und beschreibe um D mit DO eine Kreislinie, so ergiebt sich durch Verbindung der ungleichartigen Durchschnittspunkte B und C die verlangte Linie BC.

Beweis. BC hat die Länge a: denn beschreibt man eine Kreislinie um △ ABD, so wird dieselbe C durchschneiden, da AD den ∠ CAB halbirt. Hiedurch ergiebt sich ∠ DBC = ∠ DCB = $\frac{\alpha}{2}$, weshalb △ OEF ≌ △ DCB, also BC = OE = a ist, da in jenem △ ebenfalls ∠ FOE = ∠ OEF (Wechsel- und Gegen∠) die Größe $\frac{\alpha}{2}$ hat, außerdem aber OF = OD = DB gezeichnet wurde. Ferner berührt BC zugleich den ⊙ um O, da ∠ DBO = ∠ OBC — ∠ DBC, und ∠ DOB = ∠ OBH — ∠ OAB ist, also wegen der Gleichheit von ∠ DBC und ∠ OAB, ∠ OBC = ∠ OBH sein muß.

3tes Kapitel.

Schlußbemerkungen.

Im ersten Abschnitt war es nicht thunlich, sämmtliche Gesetze von den Bedingungen für die Aufgaben zu berühren, da hiezu die Sätze von den ⊙⊙ fehlten. Deshalb folgen nachstehend die hieher gehörigen Angaben, welche ohne den Begriff eines Verhältnisses verständlich sind; während im 3 Abschnitt das Ende derselben angeführt werden soll.

376. Angaben über die Anzahl der Bedingungen für welche r und ϱ, die Radien um oder eingeschriebener ⊙⊙, bei den Figuren gelten. Siehe U. d. A. §. 15. 1, 2 und das Ende des Paragraphen.

377. Gesetze über die Bedingungen bei einem ◺ im ⊙, ◺ um ⊙, ◺ um und im ⊙, ▭ im ⊙, ▭ um ⊙, ▭ um und im ⊙, Vielecke aller Art, reguläre Figuren. Siehe U. d. A. §. 14, in 7, 8, 10, 11, 12, 13, die vor 18 stehende Angabe und 18 selbst.

378. Ferner möchte es passend sein, ehe die Uebungsaufgaben gelöst werden, abermals mehrere in den Vorbereitungen kurz vorher benutzte Aufgaben nach den verschiedenen Arten der Analysis zu betrachten.

Analysis durch Gesetze.

Beispiele geben: 292, 336, 375.

379. Analysis durch Oerter.

Es können als Beispiele dienen: 277, 305, 306, 309, 310, 311, 312, 327, 340, 356, 364, 369, 369. c., 369. e.

380. Analysis durch Daten.

Beispiele finden sich in 282 und 324.

381. Analysis durch Reduktion.

Beispiele geben: 318, 330, 338, 372, und die Kreisaufgaben, welche sich auf △ Aufgaben reduziren lassen, nämlich 305 auf △ aus a, γ, b ± c; 308 auf △ aus a, b, 310 auf △ aus a, b, c; 312 ebenfalls auf △ aus a, b, c; 314 auf △ aus a, β.

382. Gemischte Analysis.

Beispiele geben für die Analysis aus Daten und Oertern: 280, 290, 350, für die Analysis aus Daten und Reduktion: 283, 286, 298, für die Analysis aus Oertern und Reduktion: 317 und 319. Die Aufgabe 345 endlich: △ aus f², α, (a + b + c), enthält, auf dem folgenden Wege analysirt, sämmtliche Arten der Analysis.

Nach dem Gesetz 341 ist die Fläche des gesuchten △ gleich einem △, dessen Grundlinie (a + b + c), und dessen Höhe ϱ ist. Da nun f² und (a + b + c) bekannt sind, hat man nach dem Datum 185 die Höhe ϱ. Durch α und (a+b+c) ist aber nach 339 der ⊙ am △, welchen a berührt als Ort für alle Berührungslinien, welche △△ von demselben Umfange abschneiden, bekannt, wodurch man endlich die Reduktion auf die Hilfsaufgabe 318 erhält, da man nur schließlich an beide ⊙⊙ eine gemeinschaftliche Tangente zu legen hat, um das geforderte △ ABC darzustellen.

383. Endlich scheint es uns zweckmäßig zum Schluß dieser Anleitungen dem Anfänger die ersten **Vorstellungen über das Bilden der Aufgaben** beizubringen, wozu die Erweiterungen der Aufgaben 306, 308, 309, 310, 311, 312, in der folgenden Art brauchbar sind. Dort waren nämlich die gemeinschaftlichen Bedingungen für die 6 Aufgaben: ⊙ aus P, P,′ ϱ; ⊙ aus P, L, ϱ; ⊙ aus P, K, ϱ; ⊙ aus L, L,′ ϱ; ⊙ aus L, K, ϱ; ⊙ aus K, K′, ϱ, daß der zu konstruirende ⊙ die in den Aufgaben gegebenen Linien berühren, und mit seiner Peripherie durch bestimmte Punkte gehen mußte. Setzt man nun statt der ersten gemeinschaftlichen Bedingung die andere: daß der gesuchte Mittelpunkt in die gegebenen geraden Linien fallen soll, ϱ aber, und die Beziehungen zu Punkten und Kreislinien unverändert bleiben, so ergeben sich aus jenen 6 Aufgaben drei neue: ⊙ aus P, L_μ, ϱ; ⊙ aus L_μ, L, ϱ; ⊙ aus L_μ, K, ϱ, und zwar nur drei, da die erste dritte und sechste kein L enthalten. Sollte dagegen der gesuchte Mittelpunkt in die gegebenen Kreislinien fallen, so fänden sich die drei Aufgaben: ⊙ aus P, K_μ, ϱ; ⊙ aus L, K_μ, ϱ; ⊙ aus K_μ, K′, ϱ, welche eben so wie die vorigen dadurch lösbar sind, das ϱ, oder $\varrho + r$, oder $\varrho - r$, oder $r - \varrho$ einen zweiten Ort für μ ergeben. Es läßt sich denken, daß die Vermehrung jener Aufgaben auf diesem Wege sehr erweitert werden kann, wenn man neue Bedingungen für den zu konstruirenden Kreis aufsucht, worüber in einem besonderen Abschnitt des letzten Bandes das Einzelne zusammengestellt ist. Wir begnügen uns hier noch eine solche Bedingung als Beispiel anzugeben: daß nämlich die gesuchte Kreislinie in den mitgegebenen Linien der Größe nach bestimmte Sehnen abschneiden soll.

I. C. Dritter Abschnitt.

Anleitungen und Beispiele, mit Rücksicht auf die Lehren der Aehnlichkeit.

(Z. B. des 11 bis 14 Abschnitts in E. G. Fischer's Lehrbuch der Geometrie.)

1stes Kapitel.

Voranschickungen, welche die bekannten Aufgaben des Systems der Geometrie nebst ihren Folgerungen enthalten.

384. Aufgabe. Zu drei Linien a, b, c die vierte Proportionale x zu finden.

(Die Auflösung ist auf die mannichfaltigste Art in den verschiedenen Lagen, z. B. so, daß x eine ≠ wird, einzuüben.)

385. Folgerung 1. Datum. Durch eine Linie a und ihr Verhältniß m : n zu einer gesuchten Linie x ist diese mitgegeben.

Anmerkung. m und n bedeuten in dieser Zusammenstellung zwei der Länge nach gegebene Linien.

386. Wahlsatz. $\frac{na}{m}$ soll die vierte Proportionale x bezeichnen, welche sich durch a und ihr Verhältniß zu x = m : n ergiebt.

387. Folgerung 2 zu 384. Hilfssatz. Für jedes bekannte Verhältniß läßt sich ein gleiches angeben, welches irgend eine vorgeschriebene Größe in einem Gliede enthält, z. B. läßt sich für a : b mit dem ersten Gliede c das Verhältniß c : $\frac{bc}{a}$ setzen (siehe 386). Es kann dies namentlich bei der Zusammensetzung der Verhältnisse nützlich werden.

388. Aufgabe. Die Linie x für die Proportion a : b : x zu konstruiren.

389. Aufgabe. Eine Linie a nach dem Verhältniß m : n zu theilen.

390. Folgerung. Datum. Durch die Summe und das Verhältniß zweier Linien sind diese selbst bekannt,

$$\left.\begin{array}{ll}\text{oder} & x : y = m : n, \\ \text{und} & x + y = a\end{array}\right\}\ \text{bestimmen } x \text{ und } y.$$

391. Aufgabe. Durch Umstellung, Addition, Subtraktion, Vervielfältigung und Theilung der Glieder aus einer gegebenen Proportion, z. B. a : b = c : d, andere Proportionen abzuleiten.

392. Aufgabe. Durch Zusammensetzung gegebener Proportionen andere abzuleiten.

393. Folgerung. Hilfssatz. Bei der Zusammensetzung von Proportionen, welche ein gleiches Glied enthalten, läßt sich mittelst 387 eine nur aus Linien bestehende Proportion ableiten.

Ist z. B. $a : b = c : d$, und
$f : a = g : h$ gegeben, so setze man statt
$g : h,\ d : \frac{dh}{g}$ nach 387, wodurch sich jetzt

$$a : b = c : d, \quad \text{und}$$
$$f : a = d : \frac{dh}{g}, \text{ also durch Zusammensetzung}$$
$$\overline{}$$
$$f : b = c : \frac{dh}{g} \text{ ergiebt.}$$

394. Aufgabe. Eine Linie a im Verhältniß von m : n : p : q 2c. zu theilen.

395. Aufgabe. In einem △ die eine Seite proportional den beiden anderen zu theilen.

Auflösung. Dies kann nach 389 geschehen, am besten aber durch Halbirung des Gegen∠.

396. Aufgabe. Die mittlere Proportionale für zwei Linien a und b zu finden.

Anmerkung 1). Es wird nützlich sein, nicht bloß die beiden Auflösungen mittelst des Halbkreises zu geben, sondern andere mittelst des gewöhnlichen Tangentensatzes, und des Tangentensatzes bei zwei sich berührenden ⊙⊙ von dem Schüler aufsuchen zu lassen.

Anmerkung 2). Im Vergleich zu den gewöhnlichen Halbkreis-Zeichnungen ergeben sich die folgenden beiden allgemeineren Konstruktionen der mittleren Proportionale. 1) Fig. 87. Man trage $a + b$ als Sehne in einen beliebigen ⊙, verbinde den gemeinschaftlichen Endpunkt D von a und b mit M, und errichte in D auf MD einen $\perp$ DX, so bildet dieser, oder DX′, die verlangte Linie.

2) Fig. 87. a. Trage a als Sehne in einen beliebigen ⊙, schneide die kleinere Linie $b = DC$ ab, ziehe DM, fälle auf diese Linie aus C den $\perp$ XCX′, und ziehe XD und X′D, so hat man in jeder dieser Linien die verlangte mittlere Proportionale erhalten.

Beweis. Da MD $\perp$ XX′ steht, ist $XD = X'D$, also $\angle CXD = \angle DAX$ ꝛc., folglich muß $\triangle ADX \sim \triangle CDX$, und deshalb $AD : DX = DX : DC$, oder $a : x = x : b$ sein.

397. Folgerung. Datum. Durch zwei Linien a und b ist deren mittlere Proportionale x bekannt.

398. Wahlsatz. $\sqrt{ab}$ soll die mittlere Proportionale x für a und b bezeichnen.

399. Aufgabe. Es soll x so konstruirt werden, daß sich $a : x = x : a - x$ verhält. (Goldne Schnitt.)

400. Folgerung. Datum. Wenn $x^2 = a(a - x)$, oder $= a^2 - ax$ ist, läßt sich x bestimmen.

Konstruktion. Folgt aus 399.

401. Aufgabe. $\triangle$ aus α, β.

Die Aufgabe ist unbeschränkt unbestimmt.

402. Folgerung 1). Datum. Durch 2 ∠ eines △ ist dasselbe der Gestalt nach bestimmt, (siehe U. d. A. §. 6.) also auch das Verhältniß jedes Seitenpaars gegeben.

Erläuterung. Die Seiten jedes mit diesen ∠ gezeichneten △ bilden die Glieder dieser Verhältnisse, da alle △△ mit diesen ∠ ∾ sind, und sich folglich die Seiten des einen wie die Seiten des anderen verhalten müssen.

403. Folgerung 2). Datum. Durch einen schiefen ∠ eines ⊿ ist dasselbe der Gestalt nach bestimmt, also das Verhältniß jedes Seitenpaars gegeben.

404. Folgerung 3). Datum. Durch einen ∠ eines △ ist dasselbe der Gestalt nach bestimmt, also das Verhältniß jedes Seitenpaars gegeben.

405. Aufgabe. △ aus α, (b : c).

Die Aufgabe ist unbeschränkt unbestimmt.

406. Folgerung 1). Datum. Durch α und (b:c) ist ein △ der Gestalt nach bestimmt, also jeder ∠ und das Verhältniß jedes Seitenpaars gegeben.

407. Folgerung 2). Datum. Durch (a : b) ist ein ⊿ der Gestalt nach bestimmt, also jeder ∠ und das Verhältniß jedes Seitenpaars gegeben.

408. Aufgabe. △ aus α, (a : b).

$a > b$ giebt alle △△ mit derselben Gestalt; $a < b$ giebt zwei verschiedene Gestalten für die △△, welche aber so beschaffen sind, daß β der einen und β der anderen zusammengenommen 2 R betragen.

409. Folgerung 1. Datum. Durch α und (a:b), aber $a > b$, ist ein △ der Gestalt nach bestimmt, also jeder ∠ und das Verhältniß jedes Seitenpaars bekannt.

410. Folgerung 2. Datum. Durch (c : a) ist ein ⊿ der Gestalt nach bestimmt, also jeder ∠ und das Verhältniß jedes Seitenpaars bekannt.

411. Aufgabe. △ aus (a : b : c).

Die Aufgabe ist unbeschränkt unbestimmt.

412. Folgerung 1. Datum. Durch (a : b : c) ist ein △ der Gestalt nach bestimmt, also jeder ∠ gegeben.

413. Folgerung 2. Datum. Durch (a : b) ist ein △ der Gestalt nach bestimmt, also jeder ∠ gegeben.

414. Aufgabe. Ein △ zu konstruiren, in welchem der ∠ an der Spitze halb so groß ist, als jeder ∠ an der Grundlinie.

415. Aufgaben. Konstruktion des regulären 3, 4, 5, 6, 10, 15ecks und der aus diesen Figuren abgeleiteten Polygone.

416. Datum. Alle ∠ von 3 zu 3°, und deren Hälften sind gegeben anzunehmen.

Beweis. 3° ist der Centri∠ des 120ecks; dies läßt sich aber mittelst des 15ecks konstruiren.

2tes Kapitel.

Vorbereitungen und Beispiele.

(Konstruktionen von Proportionen, Bestimmungen über die Aehnlichkeit der Figuren, und Daten.)

417. Aufgabe. Das Verhältniß zweier Zahlen durch Linien auszudrücken.

418. Aufgabe. Das Verhältniß zweier kommensurablen Linien durch Zahlen auszudrücken.

Anmerkung. Für zwei inkommensurable Linien läßt sich die Aufgabe nur annähernd lösen.

419. Aufgabe. Zur Linie a eine Linie x so zu bestimmen, daß beide Linien ein Verhältniß zweier gegebenen Zahlen erhalten.

Auflösung. Folgt aus 417 und 384.

420. Aufgabe. Eine Linie a im Verhältniß zweier Zahlen zu theilen.

421. Aufgabe. Eine Linie a im Verhältniß mehrerer Zahlen zu theilen.

422. Aufgabe. Ein △ aus einer Winkelspitze im Verhältniß mehrerer Zahlen durch gerade Linien zu theilen.

423. Aufgabe. Eine Linie a so zu verlängern, daß die Summe der entstandenen Linien und die Verlängerung sich wie zwei Zahlen verhalten.

Auflösung. a wird in soviel Theile zerlegt, als der Unterschied beider Zahlen beträgt, und um soviel Theile verlängert als die kleinere Zahl anzeigt.

424. Aufgabe. △ aus a, $(a:b:c) = 3:4:5$.

Analysis. Folgt aus 419.

Zusatz. Das △ muß ◺ sein, da, wegen der Bedingung $(a:b:c) = 3:4:5$, $c^2 = a^2 + b^2$ ist.

425. Aufgabe. △ aus $(b + c)$, $(a : b : c) = 3 : 4 : 5$.

Auflösung. Theile $(b+c)$ nach 420, wie $4:5$ u. s. w.

426. Aufgabe. △ aus $(a + b + c)$, $(a : b : c) = 3 : 4 : 5$.

Auflösung. Siehe 421.

427. Aufgabe. △ aus $(b - c)$, $(a : b : c) = 3 : 4 : 5$.

Auflösung. Siehe 423.

428. Fig. 88. Aufgabe. Von P nach L eine Linie PX so zu legen, daß der ⊥ aus P auf L und PX sich wie zwei Linien m und n verhalten.

Analysis. Datum 385 giebt PX selbst.

Auflösung. (Diese muß an der Figur selbst vom Anfänger gemacht werden.) Setze $DE = n$, $EG = m$ ab, und ziehe $PX \nparallel EG$.

Determination. Es muß $m > n$ sein.

Zusatz. Man erhält 2 Resultate.

429. Aufgabe. △ aus h, (h : b), (h : c).

Auflösung. Folgt aus 428.

430. Datum. In jedem △ ergiebt sich aus (b : h) der ∠ γ, und umgekehrt; dasselbe gilt für (a : h″) und β, und (c : h′) und α.

Beweis. Folgt aus 410, und ist eine Erweiterung von 114.

431. Aufgaben. △ aus (a + b), h, (a : h′).
△ aus (a — b), h, (a : h′).

Analysis. Durch 430 und 114 reduziren sich die Aufgaben auf 86.

432. Aufgabe. △ aus m″, h″, (a : h′).

Analysis. Nach 430 erhält man γ, weshalb sich die Lage von m″ leicht feststellen, und, nach der Konstruktion des △ aus m″, h″, das verlangte △ ABC vollenden läßt.

433. Bemerkung. Alle △ Konstruktionen mit gegebenen ∡ können durch das Datum 430 anders eingekleidet werden.

In Beziehung hierauf zeigt sich △ aus r, c, (a : h′) als unmögliche Aufgabe.

434. Aufgabe. In einem festliegenden △ eine ∦ x zu a so zu konstruiren, daß sich x : a = m : n verhält.

Auflösung. Diese folgt aus 384, muß aber unmittelbar am △ ABC vollständig ausgeführt werden.

435. Lehrsatz. Werden aus den Theilungspunkten einer in mehrere Stücke zerlegten Linie nach irgend einer anderen Linie ∦ ∦ in beliebiger → gezogen, so müssen die hiedurch gebildeten Abschnitte der zweiten Linie dieselben Verhältnisse wie die gegebenen Stücke erhalten.

Beweis. Dieser ergiebt sich am einfachsten, wenn man zu der ursprünglich getheilten Linie eine ∦ durch den erhaltenen Endpunkt der kürzesten ∦ zieht.

436. Aufgabe. Gegeben P, P′, P″; man soll eine Linie XY so durch P legen, daß die ⊥ Abstände dieses Punkts von den aus P und P′ auf die Linie gefällten ⊥⊥ sich wie m : n verhalten.

Analysis. Zieht man aus P eine ∦ zu den ⊥⊥, so bestimmt sich ein Punkt H, welcher nach 435 P′P″ wie m : n theilt, weshalb derselbe nach 390 gegeben ist, und sich auch die Lage der gesuchten Linie XY ⊥ PH ergeben muß.

437. Aufgabe. Gegeben P und ein festliegender ∠ α; man soll durch P eine Linie ziehen, welche von den Schenkeln des ∠ α zwei Stücke im Verhältniß m : n abschneidet.

438. Aufgabe. Gegeben P und ein festliegender ∠ α; man soll durch P eine Linie ziehen, welche den Abschnitt zwischen den Schenkeln im Verhältniß zu einem in einem Schenkel gebildeten Abschnitt wie m : n bestimmt.

Zusatz. Wenn m < n so erhält man (nach 408) 2 Linien.

439. Hilfssatz. Wenn die zur Konstruktion einer Figur gegebenen Bedingungen dieselbe der Gestalt nach bestimmen, so zeichne man zunächst eine solche Figur der Gestalt nach, und suche dieselbe hierauf mittelst der unbenutzten Bedingung auch der Größe nach abzuleiten.

440. Aufgabe. △ aus β, γ, t. (Vergl. g. Betr. §. 23.)

Analysis. β und γ bestimmen nach 402 △ ABC der Gestalt nach, weshalb in einem gleichgestalteten △ 𝔄𝔅ℭ, t nur so zu verlängern oder zu verkürzen ist, daß man t erhält, um mittelst einer durch den Endpunkt von t gezogenen ∦ zu a das △ ABC darzustellen.

Beweis. Aus der Parallelität von a und 𝔞 folgt sowohl die Gleichheit der ∡ von △ 𝔄𝔅ℭ und △ ABC, also die richtige Verzeichnung der ∡ β und γ, wie auch die Halbirung von a durch die abgesetzte Länge t, da mittelst der Parallelität von a und a, und der Gleichsetzung mit dem Verhältniß t : t erwiesen werden kann, daß sich die Abschnitte von a wie die einander gleichen von a verhalten müssen.

441. Aufgabe. △ aus α, β, (a + b + c).

Analysis. Durch α und β ergiebt sich nach 402 mittelst eines △ 𝔄𝔅ℭ welches α und β enthält (a : b : c), weshalb man durch a + b + c (nach 394) a, b, c bestimmen kann. Eine andere Auflösung ohne Aehnlichkeit steht 647.

442. Bemerkung. Nicht bloß alle früheren △aufgaben mit 2 ∡, welche ohne Benutzung der Aehnlichkeit gelöst wurden, sondern überhaupt jedes △ läßt sich aus 2 ∡ und irgend einem Stück, sei dies noch so zusammengesetzt z. B. (a + b + m + h′) zeichnen, wenn man 439 anwendet.

Da nämlich das mit den 2 ∡ beliebig groß konstruirte △ 𝔄𝔅ℭ ∾ △ ABC ist, muß sich (𝔞 + 𝔟 + 𝔪 + 𝔥′) : (a + b + m + h′) = 𝔞 : a verhalten, weshalb a nach 385 gegeben ist, und △ ABC nun leicht konstruirt werden kann. Man könnte sich aber auch a, b, m rc., kurz jedes Stück der gegebenen Summe dadurch verschaffen, daß man wie in 441 (a + b + m + h′) nach den Verhältnissen 𝔞 : 𝔟 : 𝔪 : 𝔥′ theilte.

443. Aufgabe. △ aus α, (b : c), h. (Oder statt h ein anderes Stück.)

Analysis. Folgt aus 406 wie in 440.

444. Aufgabe. △ aus α, (a : b), ϱ. (Oder statt ϱ ein anderes Stück.)

Analysis. α und (a : b) bestimmen nach 408 △ ABC der Gestalt nach; zeichnet man also △ 𝔄𝔅ℭ, so muß sich aus ϱ vom △ 𝔄𝔅ℭ und ϱ vom △ ABC nach 442 auch △ ABC selbst ergeben.

Zusatz. Wenn a < b ergeben sich 2 verschiedene △△.

445. Aufgabe. △ aus ϱ, (a:b:c). (Oder statt ϱ ein anderes Stück.)

Analysis. ꝛc. Diese folgt in derselben Art aus 411 wie 444.

446. Aufgaben. Eine Linie x so zu zeichnen, daß sich entweder

1) $a:b = c:d + x$, oder
2) $a:b = c:d - x$, oder
3) $a:b = c:x - d$ verhält.

Analysis. Nach Datum 385 ist $d + x$, oder $d - x$, oder $x - d$ bestimmt, woher sich, da zugleich d gegeben ist, auch x zeichnen läßt.

447. Aufgabe. Zwei Linien a und b, jede um ein gleiches Stück, so zu verlängern, daß sich die entstandenen Summen $= m:n$ verhalten.

Analysis. Da $a + x : b + x = m:n$ sein soll, so müßte auch (d. S. d. V. Gl.) $a - b : m - n = a + x : m$ sein, womit sich x nach 446. 1 bestimmt zeigt.

Auflösung. Fig 89. Schneide auf den Schenkeln eines ∠ vom Scheitel aus $AF = a$, $AD = m$ ab, bestimme ferner $DB = n$, $FC = b$, und ziehe DE ∦ BC, so ergiebt sich EF oder x als die verlangte Linie.

Beweis. Es ist nach der Konstrukt.

$AC : AB = AE : AD$, oder

$a - b : m - n = a + x : m$, folglich muß d. S. d. h. Gl.

$a + x - a + b : m - m + n = a + x : m$, oder

$b + x : n = a + x : m$, also auch

$a + x : b + x = m : n$ sein.

448. Aufgabe. Vier Linien a, b, c, d, jede um ein gleiches Stück, so zu verlängern, daß die entstandenen Summen eine Proportion bilden.

Analysis. Wäre $a + x : b + x = c + x : d + x$, so müßte auch d. S. d. V. Gl. $a - b : c - d = a + x : c + x$ sein, womit sich die Aufgabe auf 447 reduzirt.

449. Aufgaben. Eine Linie x so zu konstruiren, daß sich entweder

1) $x : a+x = m : n$, oder
2) $a-x : b-x = m : n$, oder
3) $a+x : b-x = m : n$, oder
4) $a-x : b-x = c-x : d-x$, oder
5) $a+x : b+x = c-x : d-x$, oder
6) $a\pm x : b\mp x = c\mp x : d\pm x$ verhält.

Analysis. Diese Proportionen müssen sich sämmtlich durch Addit. und Subtr. auf 384 reduziren lassen, worauf x dargestellt werden kann.

450. Fig. 90. Aufgabe. In 2 ∦ Linien sind die Punkte P und P′ gegeben; man soll durch P″ eine Linie XY so legen, daß sich $PY : P'X = m : n$ ergiebt.

Analysis. Verlängert man PP′ bis V, so muß $PV : P'V = PY : P'X$, also auch $= m : n$ sein, woher, wenn man statt PV, $PP' + P'V$ setzt, sich $PP' + P'V : P'V = m : n$ findet; die Auflösung also von der Konstruktion der in 449. 1. stehenden Proportion abhängt.

451. Aufgabe. Eine Linie a so in 3 Stücke zu theilen, daß sich $x : y = m : n$,

und $y : z = p : q$ verhalten.

Analysis. Setzt man nach 387 statt $p : q$, $n : \frac{qn}{p}$, so ergiebt sich $x : y : z = m : n : \frac{qn}{p}$, weshalb man schließlich nur 394 anzuwenden hat.

452. Hilfsaufgabe. Aus dem Verhältniß zweier Linien und der Differenz derselben Linien diese einzeln zu bestimmen.

Analysis. Ist $x : y = m : n$ und $x - y = a$ gegeben, so muß $x - y : m - n = x : m = y : n$, also auch

$$a : m - n = x : m = y : n\,.$$

sein, weshalb x nach 384 bestimmt werden kann.

453. Datum. $(x:y)$ und $(x-y)$ bestimmen x und y.

Konstruktion. Folgt aus 452.

454. Aufgaben. $\triangle$ aus $(b+c)$, $(b:c)$ und einem 3ten Stück. $\triangle$ aus $(b-c)$, $(b:c)$ und einem 3ten Stück.

455. Aufgabe. Zwei Linien x und y so zu bestimmen, daß $(x+y) = a$ wird, und sich $x-y:y = m:n$ verhält.

Analysis. Führt d. A. d. W. Gl. zu 390.

456. Aufgabe. Zwei Linien x und y so zu bestimmen, daß $x-y=a$ wird, und sich $x+y:y = m:n$ verhält.

Analysis. Führt d. S. d. W. Gl. zu 452.

457. Hilfsaufgabe. Eine Linie a so zu theilen, daß das aus den Stücken gebildete $\square\,(xy) = mn$ oder f^2 wird.

Auflösung 1.) a). Wenn $m+n >$ oder $= a$ ist. Trage $m+n$ als Sehne in einen $\odot$, dessen Halbmesser $\geqq \frac{m+n}{2}$ ist, und lege durch den Punkt, wo m nud n zusammenstoßen, mittelst des Orts 316 eine Sehne $= a$, so ergeben sich deren Stücke als das verlangte x und y nach dem Sehnensatz.

b) wenn $m+n < a$ ist. Beschreibe mit $\frac{a}{2}$ einen $\odot$, trage in denselben $m+n$ als Sehne, und lege durch den Punkt, wo m und n zusammenstoßen, einen Durchmesser, so bestimmen sich die Abschnitte desselben als die verlangten Linien x und y.

Auflösung 2.) Beschreibe über a einen Halbkreis errichte im Endpunkt des Durchmessers einen $\perp f$, dessen Quadrat $= mn$ ist, und schiebe denselben zwischen a und die Peripherie nach 79, so ergeben sich x und y in a.

Determination. Aus der Auflösung 2) ergiebt sich, daß die Aufgabe unmöglich ist, wenn f oder $\sqrt{mn} > \frac{a}{2}$ ist.

458. Datum. $(x+y)$ und (xy) bestimmen x und y.

Konstruktion. Folgt aus 457.

459. Fig. 91. Hilfsaufgabe. Eine Linie a, so um x zu verlängern, daß das ▭ $(a+x)\,x = mn$ oder f^2 wird.

Auflösung 1.) a) wenn $m - n >$ oder $= a$ ist. Trage $m - n$ als Sehne AB in einen ⊙, dessen Radius $\geqq \frac{m-n}{2}$ ist, verlängere AB um n bis C, und lege durch C mittelst des Ort 316 eine Sekante CE, welche die Sehne $ED = a$ abschneidet, so ist nach dem Sekantensatz $CD =$ dem geforderten x.

b) wenn $m - n < a$ ist. Beschreibe mit $\frac{a}{2}$ einen ⊙ um M, trage in denselben $AB = m - n$ als Sehne ein, bestimme $CB = n$, und ziehe die durch den Mittelpunkt gehende Sekante CE′, so ist $CD' = x$.

Auflösung 2.) Konstruire ein △, dessen eine Kathete $CG = f$, die andere $MG = \frac{a}{2}$ ist, beschreibe um M mit $\frac{a}{2}$ einen ⊙, und verlängere CM bis E′, so ist $D'E' = a$, und D′C das gesuchte x, nach dem Tangentensatz.

460. Datum. $(x - y)$ und (xy) bestimmen x und y.

Konstruktion. Folgt aus 459.

461. Hilfsaufgabe. Zwei Linien x und y aus ihrem ▭ $(xy) = pq$ oder f^2, und ihrem Verhältniß $= m : n$ zu bestimmen.

Analysis. Statt $x : f = f : y$, und

$x : y = m : n$ ergiebt sich, wenn

man für m : n setzt $f : \frac{nf}{m}$,

$f : x = y : f$, und

$x : y = f : \frac{nf}{m}$, also auch d. Zus. f.

$f : y = y : \frac{nf}{m}$, aus welcher Proportion sich zur Bestimmung von y, und dadurch auch von x eine Auflösung nach 396 bilden läßt.

Durch eine andere Analysis ergiebt sich die folgende

Auflösung: Fig. 92. Zeichne BC und CA gleich den Seiten des gegebenen ▭ pq, ferner den Punkt D so, daß $BC : CD = m : n$ wird, errichte die ⊥ ⊥ DE und BF, beschreibe über AC einen Halbkreis und verlängere EC bis F, so bilden FC und CE die gesuchten Linien x und y.

Beweis. △ ACE ∾ △ BCF, also ist $BC \times CA = pq = CF \times CE$. Ferner muß △ BCF ∾ △ DCE sein, folglich hat man auch $CE : CF = CD : CB = n : m$

Anmerkung. Vertauscht man an der Figur C und A, und führt dieselbe Konstruktion aus (wörtlich nach der vorstehenden Auflösung) so ergeben sich die Linien CE und CF in einer anderen Lage und aufeinanderliegend.

462. Datum. (x y) und (x : y) bestimmen x und y.

Konstruktion. Folgt aus 461.

463. Hilfsaufgabe. Zwei Linien x und y zu finden, die sich wie m:n verhalten, und deren Summe der Quadrate $= c^2$ ist.

Analysis 1. Nimmt man x und y als Katheten eines ◺, so bildet c die Hypotenuse. Durch $x : y = m : n$ ist aber nach 407 das ◺ der Gestalt nach bestimmt, folglich kann man dasselbe leicht zeichnen, und hiedurch x und y bestimmen.

Analysis 2. Aus $x : y = m : n$, folgt

$x^2 : y^2 = m^2 : n^2$, und

$$x^2 + y^2 : m^2 + n^2 = x^2 : m^2, \text{ oder}$$
$$c^2 : m^2 + n^2 = x^2 : m^2, \text{ also}$$
auch, wenn $m^2 + n^2 = q^2$,
$$c : q = x : m,$$
weshalb x und zugleich y nach 384 leicht bestimmt werden können.

464. Datum. $(x^2 + y^2)$ und $(x:y)$ bestimmen x und y.

Konstruktion. Folgt aus 463.

465. Hilfsaufgabe. Zwei Linien x und y zu finden, die sich wie $m:n$ verhalten, und deren Differenz der Quadrate $= a^2$ ist.

Analysis 1. Nimmt man x als Hypotenuse und y als eine Kathete eines △, so bildet a die andere Kathete. Durch $x : y = m : n$ ist aber nach 410 das △ der Gestalt nach bestimmt, folglich läßt sich mittelst a dasselbe auch der Gestalt und Größe nach ableiten, also x und y darstellen.

Analysis 2. Verfährt man ganz wie in 463. 2., nur daß man die Glieder der Verhältnisse nicht addirt, sondern subtrahirt, so kömmt man zu einem ähnlichen Resultate.

466. Datum. $(x^2 - y^2)$ und $(x:y)$ bestimmen x und y.

Konstruktion. Folgt aus 465.

467. Data.
1) $(x^2 + y^2)$ und $(x + y)$,
2) $(x^2 - y^2)$ und $(x + y)$,
3) $(x^2 + y^2)$ und $(x - y)$,
4) $(x^2 - y^2)$ und $(x - y)$

bestimmen x und y, indem sich ein △ mit den Seiten x und y ergiebt.

1) führt zu 132, △ aus c, $(a + b)$; 2) zu 131, △ aus a, $(c + b)$; 3) zu 135, △ aus c, $(a - b)$; 4) zu 134, △ aus a, $(c - b)$. (Vergleiche 206.)

468. Hilfsaufgabe. Zwei Linien x und y zu bestimmen, deren ▭ $(xy) = f^2$, und deren Summe der Quadrate $= c^2$ wird.

Analysis. Nimmt man x und y als Katheten eines $\triangle$ an, so bildet c die Hypotenuse; $\frac{xy}{2} = \frac{f^2}{2}$ bestimmt aber die Fläche des $\triangle$, weshalb man die Aufgabe: $\triangle$ auf f^2, c durch 185 und 75 zu lösen hat.

468. a. Datum. $(x^2 + y^2)$ und (xy) bestimmen x und y.

Konstruktion. Folgt aus 468.

469. Fig. 93. Hilfsaufgabe. Zwei Linien x und y zu bestimmen, deren $\square\,(xy) = mn$ oder f^2, und deren Differenz der Quadrate $(x^2 - y^2) = a^2$ ist.

Analysis. Nimmt man $BA = x$ als Hypotenuse, und $CA = y$ als eine Kathete eines $\triangle$ an, so bildet $a = BC$ die andere Kathete. Bestimmt man ferner zur Einführung der zweiten Bedingung $\square\,(xy) = mn$ nach 384 BG so, daß $a\,(= BC) : m = n : GB$ ist, beschreibt über GB einen Halbkreis, und verlängert AB bis H (zu welcher Konstruktion man durch die 461 mitgetheilte Auflösung zunächst geführt wird), so ist wegen der Aehnlichkeit der $\triangle\triangle$ ABC und GBH:

$HB : BC (= a) = BG : BA$, und nach der Konstruktion
$a (= BC) : m = n : BG$, foglich d. Zusammensetzung

$HB : m = n : BA$. Wäre nun
$x (= CA) : m = n : (y =) BA$, so müßte

$HB = CA$ (3 Glieder $=$) sein, woraus sich, da
$GH : AC = HB : CB$ ist,
$GH : HB = HB : CB$ ergäbe. Verlängert man darauf GH bis FB, einem $\perp$ auf GB, so ist aber auch
$GH : HB = HB : HF$, da $\triangle GHB \sim \triangle BHF$,

folglich müßte wegen 3 $=$ Glieder
$HF = CB = a$ sein, und es käme nur auf

die Bestimmung von GH oder z für die Proportion

$$FH + HG : GB = GB : GH,$$ oder

$$a + z : \frac{nm}{a} = \frac{nm}{a} : z$$ an, welche nach 459 ausgeführt werden kann.

Auflösung. Ziehe $BC = a$, errichte in B und C ⊥⊥, schneide $BI = \frac{a}{2}$, $BN = f (= \sqrt{mn})$ ab, konstruire $\angle CNG = R$, beschreibe 2 ⊙⊙, den einen um I mit IB, den andern über BG als Durchmesser, bestimme GH = GS, und verlängere HB bis A, so bildet BA die verlangte Linie x, und CA die Linie y.

Beweis. Da nach dem Tangentensatz

$(a =)$ $SO + SG : BG = BG : SG$, und wegen der Aehnlichkeit der △△ GBH und GFB

$GH + HF : BG = BG : GH$ ist, muß wegen 3 = Glieder

$a + SG = GH + HF$, also n. d. Konstruktion

$a = HF = BC$ sein.

Hieraus folgt durch Vergleichung der Proportionen

$FH : HB = HB : HG$, und
$BC : HB = CA : HG$, welche sich aus der Aehnlichkeit der 3 △△ HGB, BHF, BCA ergeben, daß

$HB = CA$ ist. Da nun zugleich

$BA : BG = BC : BH$, und wegen der ∾ konstruirten △△ BCN und BGN

$BN : BG = BC : BN$ ist, muß endlich

$BA : BN = BN : BH$, oder

$x : f = f : y$, also

▭ $(xy) = f^2$ sein, während

$BA^2 - CA^2 = BC^2$, demnach auch

$x^2 - y^2 = a^2$ ist, w. z. b. w.

470. Datum. (xz) und $(x^2 - y^2)$ bestimmen x und y.

Konstruktion. Folgt aus 469.

471. Reduktionen. Die Daten 390, 453, 458, 460, 462, 464, 466, 468. a., 470, können benutzt werden, um Figuren-Aufgaben, welche 2 gegebene Seiten enthalten, schwerer einzukleiden, z. B. △ aus α, $(b\,c)$, $(b + c)$;

" " α, $(b\,c)$, $(b - c)$;

" " α, $(b\,c)$, $(b : c)$;

" " α, $(b\,c)$, $(b^2 + c^2)$;

" " α, $(b\,c)$, $(b^2 - c^2)$.

Ferner kann man dieselben zur Konstruktion mancher schwer erscheinenden Proportionen gebrauchen, z. B. für

$$a : b + x = b - x : c,$$
$$a : b + x = x : c,$$
$$a : b - x = x : c,$$

von denen bei der ersten die Summe 2b, bei der zweiten die Differenz b, bei der dritten die Summe b der inneren Glieder, und außerdem stets zugleich das Rechteck ac derselben Glieder gegeben ist.

472. Hilfsaufgabe. Das Verhältniß zweier Flächen durch Linien auszudrücken.

Auflösung. Da sich in jedem ◺ die Quadrate der Katheten wie die Abschnitte der Hypotenuse verhalten, welche von der Höhe gebildet werden, erhält man die verlangten Linien durch Zeichnung eines ◺ aus a, b, und durch die Fällung der Höhe auf c.

473. Datum. Durch das Verhältniß zweier Flächen $F^2 : f^2$ ist stets das Verhältniß zweier Linien $m : n$ gegeben, von denen eine, z. B. n, außerdem bestimmt sein kann.

Konstruktion. Folgt aus 472 und 387.

474. Aufgabe. Ueber a als Summe der Grundlinien zwei △△ von gleicher Höhe zu konstruiren, welche sich wie zwei gegebene Flächen F^2 und f^2 verhalten.

Analysis. Die △△ werden sich wie ihre Grundlinien x und y verhalten, folglich hat man

$x : y = F^2 : f^2$, oder nach 473

$x : y = m : n$. Nun ist aber

$x + y = a$ gegeben, also kennt man auch x und y nach dem Datum 390.

475. Fig. 31. Aufgabe. Gegeben A, B, L; man soll X in L so bestimmen, daß die von BX und AX mit L gebildeten ∡ einander gleich werden. (Vergleiche 765 und g. Betr. §. 13.).

Analysis. △ BDX ∾ △ ACX, daher

$DX : CX = BD : AC$. Nun ist aber

$DX + CX = DC$ ebenfalls bekannt, folglich ergiebt sich sowohl DX als CX nach 389.

476. Fig. 94. Aufgabe. Gegeben P, P′ und zwischen beiden Punkten L; man soll X in L so bestimmen, daß die von PX und P′X mit L gebildeten ∡ einander gleich werden. (Vergleiche 766.)

Analysis. △ P′DX ∾ △ PCX, daher ist

$DX : CX = P'D : PC$ gegeben.

Nun hat man aber auch $DX - CX = DC$, folglich ergiebt sich CX nach 452.

477. Fig. 95. Aufgabe. Gegeben P, P′, L ⊥ L′; es soll X in L, und X′ in L′ so bestimmt werden, daß die gebrochene Linie PXX′P′ an L und L′ gleiche ∡ bildet. (Vergl. 767.)

Analysis. △ PCX ist ∾ △ XX′N und ∾ △ P′X′D, weshalb $DX' : X'N = P'D : NX$, also auch $DX' + X'N : P'D + NX = X'N : NX = PC : CX$, oder $DN : P'D + NX = PC : CX$ sein muß, folglich $P'D + NX : CX = DN : PC$ gegeben ist. Nun kennt man aber auch $P'D + NX + CX = P'D + NC$, also kann der Punkt X nach 389 bestimmt, und hierauf die Aufgabe mittelst der vorhergehenden (476) gelöst werden.

478. Lehrsätze. 1) In gleichen △△ verhalten sich zwei Seiten umgekehrt wie die auf ihnen stehenden Höhen.

2) Der umgekehrte Satz.

Anmerkung. Durch zwei von den 3 Stücken f^2, a, h eines △ ist das dritte bestimmt. Dies bereits 185 angeführte Datum folgt gleichfalls aus dem vorstehenden Satz 1); denn verwandelt man f^2 in ein △, so ergiebt sich eine Grundlinie e und die auf derselben stehende Höhe g, weshalb die Proportion $a : e = g : h$ statt findet, in welcher jede drei Glieder das vierte bestimmen.

479. Bemerkung. Viele ohne Proportionen lösbare Aufgaben, z. B. ein △ ohne Veränderung eines ∠ in ein anderes mit gegebener Grundlinie zu verwandeln, sind nach 478 auch mit Proportionen lösbar.

480. Lehrsatz. In jedem △ ist

$$a : b = h' : h,$$
$$a : c = h'' : h,$$
$$b : c = h'' : h'.$$

Beweis. Folgt aus 478. 1.

481. Lehrsatz. In jedem △ ist $a : b : c = h' : h : \frac{h h'}{h''}$, oder △ aus h, h', $\frac{h h'}{h''}$ ist stets ∾ △ aus a, b, c.

Beweis. $\left.\begin{array}{l} a : b = h' : h \\ b : c = h'' : h' \end{array}\right\}$ nach 480. Setzt man nun $h : \frac{h h'}{h''}$ statt $h'' : h'$ nach 387, so ergeben sich die laufenden Verhältnisse:

$$a : b = h' : h, \text{ und}$$
$$b : c = h : \frac{h h'}{h''}, \text{ also}$$

$$a : b : c = h' : h : \frac{h h'}{h''}, \text{ w. z. b. w.}$$

482. Data. 1) Das Verhältniß zweier Höhen bestimmt das Verhältniß der Seiten, welche von denselben ⊥

getroffen werden, und umgekehrt; z. B. a : b bestimmt h' : h.

2) Das Verhältniß einer Seite zu der nicht auf ihr stehenden Höhe, bestimmt das Verhältniß der von dieser Höhe ⊥ geschnittenen Seite zu der Höhe, welche auf der zuerst genannten Seite steht, z. B. b : h bestimmt a : h'.

3) Das Verhältniß der Summe oder Differenz zweier Seiten zu der Summe oder Differenz der auf denselben stehenden Höhen, bestimmt das Verhältniß einer dieser Seiten zu der nicht ⊥ von derselben getroffenen Höhe, z. B. (a ± b) : (h' ± h) bestimmt a : h' oder b : h. Dies folgt durch Add. oder Subtr. d. homol. Gl. der im Datum 2) benutzten Proportionen.

4) Das Verhältniß (a ± b) : (h' ± h) bestimmt den ∠ γ.

Dies Verhältniß giebt nämlich a : h' nach Datum 3), und a : h' wieder nach Datum 430 den ∠ γ.

Anmerkung. Datum 4) ist eine Erweiterung des Datums 149 und 152.

483. Reduktion. Alle △ Aufgaben, welche einen ∠ enthalten, können mittelst der Daten 2) und 4) in 482 schwieriger eingekleidet werden, z. B. △ aus [(b + c) : (h'' + h')], a, h ist dieselbe Aufgabe mit △ aus α, a, h, siehe 788 oder 320 und 79, da das gegebene Verhältniß α bestimmt.

484. Aufgabe. △ aus a, h'', (h' : h).

Analysis. h' : h giebt nach 482. 1) a : b, woher b gefunden ist, und man △ aus a, h'', b zu verzeichnen hat.

485. Fig. 96. Lehrsätze. 1) Zwei △△ ABC und ADY mit einem gleichen ∠ verhalten sich wie die Rechtecke aus den, jeden dieser ∠∠ einschließenden Seiten.

2) Wenn zwei gleiche △△ einen ∠ gleich haben, sind die Rechtecke aus den, jeden dieser ∠∠ einschließenden Seiten gleich.

3) Umkehrung v. 2). Behaupt.: die $\triangle\triangle$ sind $=$.

Beweis für 1)

$$\triangle ABC : \triangle AYC = AB : AY,$$
$$\triangle AYC : \triangle AYD = AC : AD,$$ folglich ist durch

Zusams. $\triangle ABC : \triangle AYD = AB \times AC : AY \times AD.$

2) und 3) folgen aus 1).

Analogieen. Die Sätze 1), 2), 3) gelten auch 4) 5) 6), wenn die $\measuredangle$ nicht gleich, aber zu einander Supplemente sind. 7) Wenn das Rechteck aus zwei Seiten eines $\triangle$ so groß ist als das Rechteck aus 2 Seiten eines gleichen $\triangle$, so müssen die von jedem der genannten Seitenpaare eingeschlossenen $\measuredangle$ gleich sein, oder sich zu 2R ergänzen. Fig. 96. und 96. a.

Voraussetzung. $\triangle ABC = \triangle FHN,$
$AB \times AC = HF \times HN,$

Behauptung.
Entweder ist $\angle BAC + \angle FHN = 2R,$
oder $\angle BAC = \angle FHN.$

Zeichnung. Schneide $AB = HO$, $AC = HQ$ ab, ziehe OQ.

Beweis. Man hat $HO \times HQ = HF \times HN$, folglich ist $\triangle HOQ = \triangle HFN$ nach 3), und deshalb auch $\triangle ABC = \triangle HOQ$, woraus sich, da zugleich $AC = HQ$ ist, ergiebt, daß die aus B und O gefällten Höhen gleich sein müssen. Nun ist aber $OH = AB$ gemacht, also muß, wenn die aus O gefällte Höhe in die Verlängerung von HQ fällt, der Gegen$\angle$ derselben $= \angle BAC$, und daher $\angle BAC + \angle OHQ = 2R$ sein; wenn jene Höhe aber HQ selbst durchschneidet, ergiebt sich $\angle BAC = \angle O'HQ$ oder $\angle F'HN$, sobald nämlich $\angle BAC < R$ angenommen ist, w. z. b. w.

486. Datum. Das Rechteck zweier Seiten, der von ihnen eingeschlossene $\angle$ und die Fläche eines $\triangle$, also (bc), α und f^2, stehen in solcher Beziehung, daß f^2 durch (bc) und α, ferner (bc) durch f^2 und α bestimmt ist, durch (bc) und f^2 aber zwei sich zu $2R$ ergänzende $\measuredangle$ als α für ein $\triangle$ angenommen werden können.

Beweis. Trägt man auf jedem Schenkel des $\angle\,\alpha$ vom Scheitel aus eine Seite des (bc) gleichen $\square$ ab, so muß das hiedurch bestimmte $\triangle = f^2$ sein, da alle $\triangle\triangle$ mit α und (bc) nach 485. 3) dieselbe Fläche haben. Verwandelt man dagegen f^2 in ein $\triangle$ mit dem $\angle\,\alpha$, so bestimmen die α einschließenden Seiten (bc), nach 485. 2). Aus (bc) und f^2 ergiebt sich endlich α oder $2R - \alpha$, wenn man nach 194 f^2 in ein $\triangle$ mit zwei Seiten verwandelt, welche das Rechteck (bc) bilden. Dies folgt aus 485. 7).

487. Aufgabe. $\triangle\, f^2$ in ein anderes zu verwandeln, welches $\triangle$ ABC $\backsim$ ist.

Analysis. Verwandelt man $\triangle\, f^2$ in ein $\triangle$ NOQ mit dem $\angle\, N = \angle\, A$, so erhält man $NQ \times NO = bc$ nach 485. 2), während b : c = b : c wegen der geforderten Aehnlichkeit statt finden muß.

Hiemit ist aber nach Datum 462 die Aufgabe auf $\triangle$ aus b, c, α reduzirt. (Vergleiche 553.)

488. Aufgabe. $\triangle$ aus α, h, (bc).

Analysis. α und (bc) bestimmen f^2 nach 486, f^2 und h aber a nach 185, folglich hat man $\triangle$ aus a, h, α 320 und 79, oder 788 zu konstruiren.

Anmerkung. Eine andere Analysis folgt aus 557.

489. Datum. $\angle\,(\beta - \gamma)$ und (m : h) bestimmen sich in jedem $\triangle$ gegenseitig.

Beweis. Folgt aus 145 und aus 410.

490. Reduktion. Alle $\triangle$ Aufgaben, welche $(\beta - \gamma)$ enthalten, können statt dieses $\angle$ mit (m : h) eingekleidet werden.

491. Datum. α und (a : r) ergeben sich in jedem $\triangle$ gegenseitig.

Beweis. Folgt aus 404 und 413, da a, r, 2α in einem △ liegen.

492. **Reduktion.** Alle △Aufgaben, welche α enthalten, können statt dieses ∠ mit (a : r) eingekleidet werden.

493. **Aufgabe.** Ein △ mit einer bestimmten Grundlinie zu verzeichnen, in welchem der ∠ an der Spitze dreimal so groß ist, als jeder ∠ an der Grundlinie.

Analysis. Man findet einen ∠ an der Spitze, welcher durch Datum 416 gegeben ist.

494. Fig. 96. **Aufgabe.** In einer Seite des △ ABC ist Punkt D bestimmt; man soll DXY so ziehen, daß sich $DY \times XY : BC \times BX = f^2 : F^2$ verhält. (Diese Aufgabe soll dazu dienen den Anfänger über die zweckmäßige Umformung der Proportionen bei den Zusammensetzungen derselben zu belehren.)

Analysis. Gesetzt es wäre

$DY \times XY : BC \times BX = f^2 : F^2$, so müßte auch nach 473
$= m : n$, und nach 387
$= q : BC$, oder
$DY \times XY : BC \times BX = q \times BX : BC \times BX$ sein, weshalb
$DY \times XY = q \times BX$, oder
$XY : BX = q : DY$ statt finden müßte. Nun hat man aber $XY : BX = DY : DG$, wenn DG ⋕ CB ist,
folglich kann nur $q : DY = DY : DG$ sein, wodurch DY nach 397 gegeben ist.

495. **Aufgabe.** In einem △ eine ⋕ XY mit a so zu bestimmen, daß dieselbe mittlere Proportionale zwischen den in b und c gebildeten Abschnitten wird, die zwischen a und XY fallen.

Analysis. Fig. 97. Zieht man AD ⋕ XY, und DE ⋕ AC, so wird $BX : XY : YC = BA : AD : DE$. Nun ist aber $AD = \sqrt{AB \times DE}$, da $XY = \sqrt{BX \times YC}$ sein soll, und DE = AC, folglich kennt man AD nach 397, also auch DB und Punkt Y, welcher die ∦ a gezogene Linie XY als die gesuchte bestimmt.

Auflösung. Verlängere BA bis G um AC, errichte einen ⊥ in N, der Mitte von BG, fälle einen zweiten aus A auf a, beschreibe um den Durchschnittspunkt M mit MG eine Kreislinie, und ziehe D'AD ∦ a, so erhält man D oder D' u. s. w.

Beweis. AD = AD' ist = $\sqrt{AB \times AC}$ nach 396. 2) u. s. w.

Anmerkung. Obgleich sich Punkt D doppelt in D und D' bestimmt, ergiebt sich dennoch nur ein Resultat, da DB den einen Endpunkt Y, und D'C den anderen Endpunkt X der gesuchten ∦ XY feststellt.

496. In derselben Art wie sich durch eine Erweiterung der Kongruenz über die Bestimmtheit der Figurenaufgaben in Rücksicht der Gestalt und Größe die Kennzeichen umfassender ergeben, gestattet auch die Erweiterung der Aehnlichkeit ein umfassenderes Urtheil über die Figuren-Aufgaben in Rücksicht der Gestalt. Es soll diese Erweiterung mit den zugehörigen Resultaten Gegenstand der folgenden Nummern sein, und dabei jedes Paar ∾ △△ mit ABC 𝔄𝔅ℭ und jedes Paar gleichliegender Stücke analog bezeichnet werden.

497. Lehrsätze. 2 △△ ABC und 𝔄𝔅ℭ sind ∾

1) wenn ∠ (t a) = ∠ (𝔱 𝔞), ∠ (t' b) = ∠ (𝔱' 𝔟), oder
2) wenn ∠ (t b) = ∠ (𝔱 𝔟), ∠ (t' c) = ∠ (𝔱' 𝔠), oder
3) wenn ∠ (ma) = ∠ (𝔪𝔞), ∠ (m'b) = ∠ (𝔪'𝔟) ist,

u. s. w.

Ueberhaupt kann man annehmen, daß zwei △△ ∾ sind, wenn zwei beliebige von einander unabhängige ∠∠ des einen zweien gleichliegenden ∠∠ des anderen gleich sind. (Siehe die Anmerkung von 506)

Beweis für 3.)

Wenn ∠ (ma) = ∠ (𝔪𝔞) und ∠ (m'b) = ∠ (𝔪'𝔟)

ist, muß nach 145

$(\beta - \gamma) = (\beta' - \gamma')$ und $(\alpha - \gamma) = (\alpha' - \gamma')$ sein.

Da aber $\alpha + \beta + \gamma = \alpha' + \beta' + \gamma' = 2\,R$ ist, hat man d. S. von $\alpha - \gamma = \alpha' - \gamma'$

$$\beta + 2\gamma = \beta' + 2\gamma'$$ und durch Subtr. von

$$\beta - \gamma = \beta' - \gamma'$$

$$3\gamma = 3\gamma',$$

also $\gamma = \gamma'$. Eben so läßt sich zeigen, daß $\alpha = \alpha'$ ist, folglich muß

△ ABC ∾ △ 𝔄𝔅ℭ sein.

498. Datum. Jedes △ ist durch 2 beliebige ∡ der Gestalt nach bestimmt.

Dies folgt aus 497, da alle △△ mit denselben beiden ∡ ∾ sein müssen.

Zuweilen hat eine solche Ableitung der Gestalt, oder Konstruktion des zugehörigen △, daß sich die Aehnlichkeit für den einzelnen Fall vollständig beweisen läßt, einige Schwierigkeiten z. B. bei der Aufgabe:

△ aus ∠ (tb), ∠ (t′a) der Gestalt nach zu bestimmen.

Auflösung. Fig. 98. Verlängere eine beliebig lang angenommene Linie FE um ED = EA = 3 EF, beschreibe über EF einen Kreisabschnitt, welcher den ∠ (t′a) faßt, (320) und bestimme ∠ ADB = ∠ (tb). Hierauf verbinde man einen der beiden Durchschnittspunkte von DB, z. B. B mit E und A, verlängere EB um sich selbst bis C, und ziehe AC, so ist △ ABC das verlangte.

Der Beweis, daß dies △ die ∡ (t′a) und (tb) hat, ergiebt sich leicht daraus, daß nach der Konstruktion ABDC ein ▱ ist, und AF = 2FE gemacht wurde, also BG und AE Transversalen sein müssen. Der Beweis dagegen, daß das △ aus diesen ∡ der Gestalt nach bestimmt, oder wenigstens beschränkt unbestimmt ist, also jede wiederholte Konstruktion desselben, z. B. des △ 𝔄𝔅ℭ über einer anderen Linie $\mathfrak{EF}$, lauter $\sim \triangle\triangle$ erzeugt, findet sich ziemlich weitläuftig folgendergestalt:

Fig. 98. und Fig. 98. a. $\triangle$ EMF ist $\sim \triangle\ \mathfrak{EMF}$, da $\angle\ (t'a) = \angle\ (t'a)$ gemacht ist. Hieraus folgt $\angle$ MED $= \angle\ \mathfrak{MED}$ und ED : $\mathfrak{ED}$ = EM : $\mathfrak{EM}$, (da beide Verhältnisse = EF : $\mathfrak{EF}$ sind) also $\triangle$ EMD $\sim \triangle\ \mathfrak{EMD}$. Daraus ergiebt sich weiter MD : $\mathfrak{MD}$ = ME : $\mathfrak{ME}$ = MB : $\mathfrak{MB}$ (Radien), und $\angle$ MDB $= \angle\ \mathfrak{MDB}$ (gleiche Reste von $\angle\ (tb)$), weshalb $\triangle$ MDB $\sim \triangle\ \mathfrak{MDB}$ sein muß, wenn B und $\mathfrak{B}$ gleichnamige Durchschnittspunkte sind, da in diesem Fall die B und $\mathfrak{B}$ zugehörigen $\angle\angle$ entweder beide spitz oder beide stumpf sein müssen. Aus $\triangle$ MDB $\sim \triangle\ \mathfrak{MDB}$ folgt ferner DB : $\mathfrak{DB}$ = BM : $\mathfrak{BM}$, also, wenn man ME : $\mathfrak{ME}$ statt BM : $\mathfrak{BM}$, und statt dessen wieder ED : $\mathfrak{ED}$ setzt, BD : $\mathfrak{BD}$ = ED : $\mathfrak{ED}$. Nun ist aber auch $\angle$ EDB $= \angle\ \mathfrak{EDB} = \angle\ (tb)$ gemacht, folglich muß $\triangle$ EDB $\sim \triangle\ \mathfrak{EDB}$, oder $\triangle$ ACE $\sim \triangle\ \mathfrak{ACE}$, und deshalb $\angle$ AEB $= \angle\ \mathfrak{AEB}$ und AE : $\mathfrak{AE}$ = EC : $\mathfrak{EC}$ = EB : $\mathfrak{EB}$, also auch $\triangle$ AEB $\sim \triangle\ \mathfrak{AEB}$ sein. Wenn jedoch $\triangle$ CAE $\sim \triangle\ \mathfrak{CAE}$, und $\triangle$ AEB $\sim \triangle\ \mathfrak{AEB}$, also $\angle$ C $= \angle\ \mathfrak{C}$ und $\angle$ EBA $= \angle\ \mathfrak{EBA}$ ist, so muß endlich auch $\triangle$ ABC $\sim \triangle\ \mathfrak{ABC}$ sein, w. z. b. w.

499. Fig. 99. Aufgabe. $\triangle$ aus $\angle\ (t''b)$, $\angle\ (tc)$, h.

Analysis. Da $\angle\ (t''b)$ und $\angle\ (tc)$ das $\triangle$ nach 498 der Gestalt nach bestimmen, ist in einem mit dieser Gestalt gezeichneten $\triangle\ \mathfrak{ABC}$ nur h statt $\mathfrak{h}$ anzunehmen, um wie in 440 das verlangte $\triangle$ ABC abzuleiten.

Auflösung. Zeichne $\angle\ \mathfrak{MAB} = \angle\ (tc)$, beschreibe über einer beliebig langen Linie $\mathfrak{AD} = \frac{1}{2}\ \mathfrak{AB}$ einen Kreis dessen Abschnitt $\angle\ (t''b)$ faßt (nach 320), verlängere $\mathfrak{BA}$ um sich selbst bis $\mathfrak{G}$, und lege durch $\mathfrak{G}$ eine $\parallel$ zu $\mathfrak{AM}$, so bestimmt sich $\triangle\ \mathfrak{ABC}$ und $\triangle\ \mathfrak{ABC}'$ mit der gesuchten Gestalt, so daß man nur h wie in 440 zu benutzen hat, um auch $\triangle$ ABC, aber mit 2 verschiedenen Resultaten, zu erhalten.

Beweis. Da 𝔄𝔇 = 𝔇𝔅 gezeichnet ist, und sich 𝔅𝔉 = 𝔉ℭ aus der Parallelität von 𝔊ℭ und 𝔄𝔐, und der Gleichheit von 𝔄𝔅 und 𝔄𝔊 ergiebt, sind 𝔄𝔉 und ℭ𝔇 Transversalen, die gegebenen ∡ aber sind nach der Konstruktion selbst vorhanden, folglich ist nur der Beweis von 440 anzuwenden, um das schließlich abgeleitete △ ABC als das verlangte angeben zu können.

500. Lehrsätze. 2 △△ ABC und 𝔄𝔅ℭ sind ∼, wenn 1.) a : h′ = 𝔞 : 𝔥′ und ein ∠ des einen gleich einem ∠ des andern (nur nicht $\gamma = \gamma'$) ist (vergleiche Datum 430), oder
wenn 2.) a : r = 𝔞 : 𝔯 ist und wie in 1) (nur nicht $\alpha = \alpha'$) (vergl. Dat. 491.), oder
wenn 3.) m : h = 𝔪 : 𝔥 ist und wie in 1) (nur nicht $(\beta - \gamma) = (\beta' - \gamma')$) (vergl. Dat. 489), oder
wenn 4.) a : h = 𝔞 : 𝔥 ist und wie in 1) z. B. $\beta = \beta'$ oder $\alpha = \alpha'$ u. s. w.

Ueberhaupt kann man annehmen, daß zwei △△ ∼ sind, (mit Ausnahme der Fälle 408) wenn ein Paar ∡ gleich ist, und zwei Paar gleichliegende Seiten dasselbe Verhältniß haben. (Vergleiche die Anmerkung von 506).

Beweis für 4.) Wenn $\beta = \beta'$ ist hat man

c : h = 𝔠 : 𝔥. Aber
a : h = 𝔞 : 𝔥 n. d. Vorauss.,

folglich muß a : c = 𝔞 : 𝔠, u. deshalb, da $\beta = \beta'$ gegeben ist, auch △ ABC ∼ △ 𝔄𝔅ℭ sein.

Zieht man, wenn $\alpha = \alpha'$, im △ ABC eine von a um h — 𝔥 entfernte ∦ XY, so ergiebt sich diese = 𝔞, da a : 𝔞 = h : 𝔥. Hieraus folgt △ AXY ≌ △ 𝔄𝔅ℭ, u. △ ABC ∼ △ 𝔄𝔅ℭ: denn legt man △ 𝔄𝔅ℭ so auf △ AXY, daß XY von 𝔞 gedeckt wird, so fällt 𝔄 auf A, da 𝔄 seine Lage in den beiden von XY mit 𝔥 und α bestimmten Oertern 79 und 320 zugleich erhält.

501. Datum. Aus einem ∠ und einem Verhältniß zweier Seiten eines △ bestimmt sich dasselbe allein oder noch ein zweites △ der Gestalt nach.

Dies folgt aus 500.

502. Fig. 100. Aufgabe. △ aus (b:c), $(\beta-\gamma)$, (p—q).

Auflösung. In Rücksicht auf 405 und 141 zeichne man ein △ $\mathfrak{A}C\mathfrak{D}$ mit dem ∠ $(\beta-\gamma)$, dessen einschließende Seiten sich wie (b:c) verhalten, verlängere $C\mathfrak{D}$ bis D, so daß CD = (p—q), ziehe DA ⫲ $\mathfrak{D}\mathfrak{A}$, und schneide AB = AD ab, so ist ABC das verlangte △.

503. Lehrsätze. 2 △△ ABC und $\mathfrak{A}\mathfrak{B}\mathfrak{C}$ sind ∼, wenn 1.) $h : h' : h'' = \mathfrak{h} : \mathfrak{h}' : \mathfrak{h}''$, oder wenn 2.) $t : t' : t'' = \mathfrak{t} : \mathfrak{t}' : \mathfrak{t}''$ u. s. w.

Ueberhaupt kann man annehmen, daß 2 △△ ∼ sind, wenn drei Paar gleichliegende Stücke dasselbe Verhältniß haben. (vergl. die Anmerkung von 506).

Beweis für 1).

$$h : h' = b : a,\quad \mathfrak{h} : \mathfrak{h}' = \mathfrak{b} : \mathfrak{a}.$$

Da nun $h : h' = \mathfrak{h} : \mathfrak{h}'$ ist,
muß $b : a = \mathfrak{b} : \mathfrak{a}$ sein. Eben
so ergiebt sich $b : c = \mathfrak{b} : \mathfrak{c}$, folglich
hat man $b : a : c = \mathfrak{b} : \mathfrak{a} : \mathfrak{c}$, weshalb
△ ABC ∼ △ $\mathfrak{A}\mathfrak{B}\mathfrak{C}$ ist.

Beweis für 2. Fig. 101. und Fig. 101. a. Verlängere t und $\mathfrak{t}$ um $\frac{1}{3}t$ und $\frac{1}{3}\mathfrak{t}$, so ergiebt sich △ EDC ∼ △ $\mathfrak{E}\mathfrak{D}\mathfrak{C}$, da alle 3 Paar Seiten dasselbe Verhältniß haben (DC ist = BE). Hieraus folgt ∠ FEC = ∠ $\mathfrak{F}\mathfrak{E}\mathfrak{C}$, und deshalb △ FEC ∼ △ $\mathfrak{F}\mathfrak{E}\mathfrak{C}$; daraus △ AFC ∼ △ $\mathfrak{A}\mathfrak{F}\mathfrak{C}$ und △ AFB ∼ △ $\mathfrak{A}\mathfrak{F}\mathfrak{B}$, also auch △ ABC ∼ △ $\mathfrak{A}\mathfrak{B}\mathfrak{C}$, w. z. b. w.

504. Datum. Ein △ ist der Gestalt nach bestimmt, wenn die Verhältnisse dreier Stücke desselben gegeben sind. Folgt aus 503.

Zusatz. △ aus $(h : h' : h'')$ und einem ∠ ist eine unmögliche Aufgabe.

505. Aufgabe. △ aus $(t : t' : t'')$, h.

Analysis. Durch $(t : t' : t'')$ ist nach 504 △ ABC der Gestalt nach bestimmt; nachdem also △ 𝔄𝔅ℭ gezeichnet ist, hat man nur h einzuführen.

Auflösung. Fig. 101. a. Ist $t : t' : t'' = m : n : p$ gegeben, so zeichne man ein △ 𝔈ℭ𝔇 mit den drei Seiten m, p, n, ziehe durch die Mitte 𝔉 von 𝔈𝔇, ℭ𝔉 = 𝔉𝔅, und bestimme 𝔈𝔄 = 2𝔈𝔉, so hat man △ 𝔄𝔅ℭ nur h nach 440 zu geben, um △ ABC zu erhalten.

506. Lehrsatz. Zwei △△ sind ∼, wenn die Voraussetzungen die Kongruenz dieser △△ ergeben, sobald man die sich gleich verhaltend gegebenen Stücke gleich annimmt.

Dies folgt aus 497, 500, 503.

Anmerkung. Ein scharfer Beweis dieses Satzes soll im letzten Bande nebst dem entsprechenden allgemeinsten Lehrsatz der Kongruenz gegeben werden.

507. Datum. Jedes △ ist der Gestalt nach durch gegebene Bedingungen bestimmt, wenn die Glieder der unter denselben vorkommenden Verhältnisse, sobald dieselben der Größe nach bekannt angenommen werden, die Gestalt und Größe des △ feststellen.

Beweis. Folgt aus 506.

508. Data. Aus den vorhergehenden Angaben über die Gestalt-Bestimmung der △△ ist es leicht, dieselbe auch für △△, ◺◺, ▱▱, ▭▭, ⬦⬦ abzuleiten. Dasselbe gilt für alle ⏢⏢. Diese sind der Gestalt nach bestimmt, wenn entweder 4 von einander unabhängige ∠∠ (▭ und ⏢ im ⊙ nur 3), oder 3 ∠∠ und 1 Verhältniß, oder 2 ∠∠ und 2 Verhältnisse, oder 1 ∠ und 3 Verhältnisse gegeben sind.

In derselben Art verlangen endlich necke für denselben Zweck im Allgemeinen (2n — 4) ∡ und Verhältnisse zusammengenommen.

Anmerkung. Hat man eine Figur zu konstruiren, und es ist unter den Bedingungen nur eine Linie der Größe nach gegeben, so versuche man in Rücksicht auf das Vorhergehende die Figur zunächst der Gestalt nach zu bestimmen.

509. Fig. 102. Aufgabe. ◁ aus ∠ B, ∠ D, ∠ (ee'), ∠ (de) und einer Seite, z. B. a.

Analysis. Durch die ∠ B, ∠ D, ∠ (ee'), ∠ (de) wird sich das ◁ der Gestalt nach ableiten lassen. Ist dies geschehen, hat man daher nur a einzuführen.

Auflösung. Zeichne ein willkührlich großes △ A𝔇ℭ mit dem ∠ D und dem ∠ (de), konstruire über Aℭ einen Abschnitt, welcher ∠ B faßt, und ziehe 𝔇𝔅 mit der Neigung des ∠ (ee') gegen Aℭ, so hat man ein ◁ A𝔅ℭ𝔇 mit den verlangten ∡, und es ist demselben nur die geforderte Größe zu geben, welches geschieht, wenn man A𝔅 bis B so verlängert, daß AB = a wird, ferner Aℭ verlängert, BC ⧣ 𝔅ℭ, und CD ⧣ ℭ𝔇 zieht, wodurch das verlangte ◁ ABCD gezeichnet ist.

Beweis. Da A𝔅 : AB = Aℭ : AC = A𝔇 : AD ist, muß DB ⧣ 𝔇𝔅 sein. Aus der Parallelität aller Linien ist es aber leicht, zu folgern, daß das ◁ ABCD, außer der verzeichneten Linie a, auch die bestimmten ∡ enthält.

510. Fig. 34. ▭ aus ∠ A, ∠ B, ∠ (ae), (a + c + e + e').

Analysis. ∠ A, ∠ B, ∠ (ae) bestimmen das ▭ der Gestalt nach, also auch die Gestalt des △ DBF. Nun ist aber (a + c + e + e') der Umfang desselben, folglich ist 441 als Hilfsaufgabe zu benutzen, um das verlangte ▭ darzustellen.

511. Hilfssatz. Die Untersuchung: ob sich nicht vorläufig eine Figur der Gestalt nach bestimmen läßt, kann auch bei solchen Aufgaben vortheilhaft werden, die unter ihren Bedingungen eben so wenig Verhältnisse als die für diesen Zweck genügende Anzahl von ∠ enthalten. Man wird in diesem Fall statt der Größe zweier Linien ihr Verhältniß setzen, und hierauf in der gewöhnlichen Art verfahren.

512. Fig. XIV. Aufgabe. ▱ aus a = e', ∠ (ce), ∠ (de), ∠ (be').

Analysis. Es läßt sich zunächst die Gestalt des ▱ mittelst der Stücke a und e' bestimmen, wenn man statt der Größe ihr Verhältniß 1:1 einführt: denn hat man △ ACD in beliebiger Größe ACD, aber mit den ∠ (ce) und (de) gezeichnet, so ergiebt jenes Verhältniß nach 72 einen Ort für B, während DC und ∠ (be') nach 320 einen zweiten Ort für B, und hiemit diesen Punkt selbst bestimmen. Aus der erhaltenen Gestalt des ▱ läßt sich schließlich die mittelst a = e' vorgeschriebene Größe desselben wie in 509 ableiten.

513. Aufgabe. Zu K und K' die gemeinschaftlichen Berührungslinien zu ziehen. (Vergl. 318.)

Analysis. Durch K und K' ist r und r', also auch r : r' gegeben. Eben so müssen sich aber, wenn

1) die Centrale MM' selbst geschnitten wird, die Theile derselben verhalten, folglich ist die Auflösung nach 390 gefunden.

2) Wird die Verlängerung der Centrale MM' geschnitten, so folgt aus demselben Verhältniß r : r' = MM' + x : x, weshalb wieder nach 452 ein Punkt bestimmt ist, von welchem aus man an K' eine Berührungslinie zu legen hat.

513. a. Fig. 103. Aufgabe. △ aus b, (b + c), m, oder was dasselbe ist: △ aus b, c, m.

Analysis. Verlängert man CA oder b so bis E, daß CE = (b + c), also AB = AE wird, so ergiebt sich, wenn AD, m ist, EB ∥ AD, weshalb CA : CE = AD : EB, oder b : b + c = m : EB sein muß. Da nun durch die

Größe von b und (b + c) das Verhältniß dieser Stücke nebst m gegeben ist, läßt sich EB nach 384, und durch EB und c das △ EAB bestimmen, nach dessen Zeichnung es keine Schwierigkeit hat, das verlangte △ ABC abzuleiten.

Anmerkung. Andere Auflösungen bestimmen sich noch durch 564 und 566.

3tes Kapitel.

Vorbereitungen und Beispiele.

(Oerter, Hilfsaufgaben und Gesetze.)

514. Ort. 1) Fig. 104. Wenn man eine von P nach L gezogene Linie PA im Verhältniß von m : n theilt, und durch den Theilungspunkt S eine ∥ XY zu L zieht, so bildet diese den Ort für die Theilungspunkte aller von P nach L führenden Linien, welche gleichfalls im Verhältniß von m : n getheilt sind.

2) Fig. 104. a. Ein ähnlicher Ort findet sich, wenn man PA über A so verlängert, daß PS : SA = m : n ist,

3) Fig. 104. b. und wenn man PA über P so bis S verlängert, daß PS : SA = m : n ist.

515. Datum. Durch einen Punkt P und zwei ∥ Linien L und L′ sind die Verhältnisse der Abschnitte aller von P, L und L′ begrenzten Linien gegeben. Folgt aus 514.

516. Hilfsaufgaben. Gegeben P, L, L′; es soll durch P eine Linie gelegt werden, deren von P, L und L′ begrenzten Abschnitte sich wie m : n verhalten.

Auflösung. 1) Fig. 105. Wenn P außerhalb L und L′ liegt, so benutze man 514. 1) oder 2), indem der ⊥ PA bis S so verlängert wird, daß sich PA : AS = m : n ergiebt, und man XY ⊥ PS errichtet. L und L′ dürfen jeden möglichen ∠ bilden, nur wegen des Datum 515 nicht ∦ sein. Setzt man m = n, so führt dies zu 129.

2) Fig. 105. a. Liegt P zwischen L und L′, so muß 514. 3) benutzt werden, und zwar ist dies auf 2 Arten möglich, so daß, wenn man (wie auch im ersten Fall) beide zugleich anwendet, sich die drei Punkte P, O, N in gerader Linie ergeben. Setzt man m = n, so führt dies zu 127.

517. **Hilfsaufgabe. Gegeben P, L, K; es soll durch P eine Linie gezogen werden, deren von P und L, und L und K begrenzten Abschnitte einander gleich werden.**

Auflösung. 1) Fig. 106. P liegt außerhalb L und K. Benutzt man den Ort 514. 1) wie in 516. 1), so bestimmen sich 2 Linien, wenn der konstruirte Ort XY, K durchschneidet, eine bei der Berührung, und die Aufgabe ist unmöglich, wenn der aus M auf L gefällte ⊥ weniger r > ist als der aus P auf L gefällte ⊥.

2) Fig 106. a. P liegt zwischen L und K.
Dann ist 514. 3) zu benutzen. Die Determination ist ähnlich wie in 1.)

3) Fig. 106. b. P liegt innerhalb der Kreisfläche, oder so außerhalb, daß K zwischen P und L fällt.
In diesem Fall benutze man 514. 1)

Anmerkung. Allgemein ist diese Aufgabe 1309 angeführt.

Anmerkung. Die Oerter 1) 2) 3) 514, welche in einen zusammengefaßt werden könnten, führen darauf statt L eine Kreislinie zu wählen. Es kann sodann P innerhalb, außerhalb, oder in K fallen, und es ergeben sich damit 9 Oerter, welche der Schüler durch Analogie mit 1) 2) 3) 514 aufsuchen kann, wobei sich derselbe der vortheilhaften Hilfe zu bedienen hat $m = n$, also $m : n = 1 : 1$ anzunehmen, welches Verfahren im Folgenden gleichfalls benutzt werden soll.

518. Aufgabe. Gegeben P in K; es soll ein Ort für die Mitten aller von P nach K gezogenen Sehnen bestimmt werden.

Auflösung. Theile den P treffenden Durchmesser in $M = 1 : 1$, und beschreibe über PM als Durchmesser eine Kreislinie, so hat man den verlangten Ort (331.)

519. Fig. 107. Ort. Zieht man aus einem in K liegenden Punkte P einen Durchmesser, theilt denselben $= m : n$ in S, und beschreibt über PS als Durchmesser eine Kreislinie, so bildet diese einen Ort für alle Punkte, welche die von P nach K gezogenen Sehnen im Verhältniß $m : n$ theilen. Dieser Ort ist die Analogie zu 514. 1).

Der Beweis folgt daraus, daß $SS' \mathrel{\#} AA'$ ist,

520. Fig. 108. Aufgabe. Gegeben P in K; es soll ein Ort für die Endpunkte aller der Linien bestimmt werden, welche sich ergeben, wenn man die P durchlaufenden Sehnen um sich selbst verlängert.

Auflösung. Verlängere den Durchmesser PA über A oder P um sich selbst, bis S oder S', und beschreibe über PS oder PS', als Durchmesser genommen, eine Kreislinie, so bildet diese den verlangten Ort (also zwiefach).

521. Fig. 108. a. Ort. Zieht man aus einem in K liegenden Punkte P einen Durchmesser PA, verlängert denselben über P oder A so bis S oder S', daß $PA : PS'$, oder $PA : AS = m : n$ ist, und beschreibt über PS oder PS' als Durchmesser Kreislinien, so bilden diese Oerter für die Endpunkte aller nach dem Verhältniß $m : n$ gezogenen Verlängerungen der P durchschneidenden Sehnen, welche in K liegen.

Diese Oerter sind Analogieen zu 514. 2) und 3).

522. Fig. 109. Aufgabe. Gegeben P außerhalb K; es soll ein Ort für die Mitten aller von P nach K führenden Sekanten bestimmt werden.

Auflösung. Theile PM nach dem Verhältniß 1 : 1 in M', und beschreibe um diesen Punkt eine Kreislinie mit einem Radius, der sich zu dem gegebenen wie 1 : 2 verhält, so hat man den gesuchten Ort.

523. Ort. Fig. 109. Zieht man von P außerhalb K die Linie PM, theilt dieselbe in M' nach dem Verhältniß $m : n$, legt durch P eine beliebige Sekante PB', zieht $M'C' ⋕ MG'$, und beschreibt um M' eine Kreislinie mit dem Radius M'C' (der sich also zu r verhält $= m : m + n$), so bildet diese einen Ort für alle Punkte, welche die von P nach K gezogenen Sekanten wie $m : n$ theilen. (Vergl. 514. 1).

Zusatz. Der Ort bestimmt immer 2 Punkte, von denen einer für die bis zur Hohlung gehende Sekante, der andere für die bis zum ersten Schnitt mit K gehende Linie gilt. (Vergleiche 514. 1).

524. Aufgabe. Gegeben P außerhalb K, es soll ein Ort für die Endpunkte aller der Linien bestimmt werden, welche sich ergeben, wenn man die von P nach K führenden Sekanten um sich selbst verlängert.

Auflösung. 1) Fig. 110. Verlängere PM so über M bis M', daß $PM : MM' = 1 : 1$, und ziehe um M' mit einem Radius, der sich zu $r = 2 : 1$ verhält, eine Kreislinie.

Auflösung. 2) Fig. 110. a. Verlängere PM so über P bis M', daß $PM : PM' = 1 : 1$, und zeichne um M' mit einem Radius, der sich zu $r = 1 : 1$ verhält, eine Kreislinie.

525. Ort. Zieht man von P außerhalb K die Linie PM, verlängert diese

1) Fig. 110. über M bis M', so daß PM : MM' = m : n, legt durch P eine beliebige Sekante PB', zieht M'C' ∦ MG', und beschreibt um M' mit dem Radius M'C' (der also zu r = m + n : m ist) eine Kreislinie; oder verlängert PM

2) Fig. 110. a. über P bis M', so daß PM : PM' = m:n, legt durch P eine beliebige Sekante PB', zieht M'C' ∦ MG', und beschreibt um M' mit dem Radius M'C' (der sich also zu r verhält wie n:m) eine Kreislinie: so hat man an den gezeichneten Kreislinien Oerter für die Endpunkte aller der Linien, welche sich ergeben, sobald man die von P zu K führenden Sekanten nach dem Verhältniß m : n verlängert. (Vergl. 514.)

526. Fig. 111. Aufgabe. Gegeben P innerhalb K; man soll einen Ort für die Mitten aller von P nach K gehenden Linien bestimmen.

Auflösung. Theile PM in M' nach dem Verhältniß 1 : 1, und beschreibe um M' mit einem Radius $= \frac{1 \,.\, r}{1 + 1}$ eine Kreislinie.

527. Fig. 111. Ort. Zieht man von P innerhalb K die Linie PM, theilt dieselbe in M' nach dem Verhältniß m : n, legt durch P eine beliebige Sekante PG', zieht M'C' ∦ MG', und beschreibt um M' mit dem Radius M'C' (der sich also zu r verhält wie m : m + n) eine Kreislinie, so bildet diese einen Ort für alle Punkte, welche die von P und K begrenzten Linien nach dem Verhältniß m : n theilen. (Vergl. 514.)

528. Aufgabe. Gegeben P innerhalb K; man soll einen Ort für die Endpunkte aller derjenigen Linien bestimmen, welche sich ergeben, wenn man die von P und K begrenzten Linien um sich selbst verlängert.

Auflösung 1. Fig. 112. Verlängere PM so über M bis M′, daß PM : MM′ = 1 : 1, und zeichne um M′ mit einem Radius $= \frac{(1+1)\,r}{1}$ eine Kreislinie.

Auflösung 2. Fig. 112. a. Verlängere PM so über P bis M′, daß PM : PM′ = 1 : 1, und ziehe um M′ mit einem Radius $= \frac{1\,.\,r}{1}$ eine Kreislinie.

529. Ort. Zieht man von P innerhalb K die Linie PM, und verlängert dieselbe, entweder

1) (Fig. 112.) so über M bis M′, daß PM : MM′ = m : n, legt durch P eine beliebige Sehne PG′, zieht M′C′ ∦ MG′, und beschreibt um M′ mit dem Radius M′C′ (der sich also zu r verhält wie m + n : m) eine Kreislinie; oder man verlängert PM

2) (Fig. 112. a.) so über P bis M′, daß PM : PM′ = m : n, legt durch P eine beliebige Sehne PG′, zieht M′C′ ∦ MG′, und beschreibt um M′ mit dem Radius M′C′ (der sich also zu r verhält wie n : m) eine Kreislinie: so bilden diese Kreislinien Oerter für die Endpunkte aller der Linien, welche sich ergeben, wenn man die von P und K begrenzten Linien nach dem Verhältniß m : n verlängert. (Vergl. 514.)

530. Aufgabe. Gegeben P, K, K′; es soll durch P eine Linie XY so gezogen werden, daß die von P, K und K′ gebildeten beiden Abschnitte einander gleich werden.

I. P liegt in K.

1.) K′ (liegt jedoch nicht ganz außerhalb K) soll XY in zwei = Stücke zerlegen.

Hiezu benutze man den Ort 519, um K′ zu schneiden.

2.) K (K′ liegt jedoch nicht ganz innerhalb K) soll XY in zwei = Stücke zerlegen.

Benutze den Ort 521.

3) P (K' liegt jedoch nicht ganz innerhalb K) soll XY in gleiche Stücke zerlegen.

Benutze den Ort 521.

II. P liegt außerhalb K und K'.

1) K' (liegt jedoch nicht ganz innerhalb K) soll XY in zwei gleiche Stücke zerlegen.

Benutze den Ort 525. 1).

2.) K (K' liegt jedoch nicht zwischen P und K) soll XY in zwei gleiche Stücke zerlegen.

Benutze den Ort 525. 1).

3.) P (liegt zwischen K und K') soll XY in zwei gleiche Stücke zerlegen.

Benutze den Ort 525. 2).

III. P liegt innerhalb K und außerhalb K'.

1.) K' (liegt jedoch nicht ganz außerhalb K) soll XY in zwei gleiche Stücke zerlegen.

Benutze den Ort 529. 1).

2.) K (K' liegt jedoch nicht ganz innerhalb K) soll XY in zwei gleiche Stücke zerlegen.

Benutze den Ort 529. 1).

3) P (liegt zwischen K und K') soll XY in zwei gleiche Stücke zerlegen.

Benutze den Ort 529. 2).

IV. P liegt innerhalb K' und K.

1) K' (K liegt jedoch nicht ganz innerhalb K') soll XY in zwei gleiche Stücke zerlegen.

Benutze den Ort 529. 1).

2) K (K' liegt jedoch nicht ganz innerhalb K) soll XY in zwei gleiche Stücke zerlegen.

Benutze den Ort 529. 1).

3) P soll XY in zwei gleiche Stücke zerlegen.

Benutze den Ort 529. 2).

V. P liegt innerhalb K' und außerhalb K. Stimmt im Wesentlichen mit III. überein.

Zusatz. Es können sich in den verschiedenen Fällen 2 und 4 Resultate ergeben.

531. Bemerkungen. Die Konstruktion der △△ mit gegebenen Transversalen hat durch die Oerter 514 u. s. w. neue Hilfsmittel erhalten. Diese werden dadurch noch vermehrt, daß man das Verhältniß (1 : 2) kennt, unter welchem diese Linien sich gegenseitig schneiden, und daß man ferner die Hälften bestimmter Stücke, z. B. von h oder b oder c bilden kann, wenn man zu diesen Stücken durch die Mitte einer Seite ∦∦ zieht, u. s. w.

532. Aufgabe. Fig. III. △ aus a, β, t'. (Vergl. 633.)

Auflösung ohne Benutzung des ▱, sondern durch den Ort 514. 1). Lege BC = a, ∠ CBA = β fest, beschreibe um B mit t' eine Kreislinie, und ziehe aus D, der Mitte von a, eine ∦ zu der Richtung von c, so bestimmt der Durchschnittspunkt den Endpunkt der Transversale in b (doppelt).

533. Bemerkung. Durch Hilfe der in 514. 1) 2) 3) u. s. w. angeführten Oerter wird es thunlich, auf ähnliche Art wie in der vorhergehenden Nummer, △ Aufgaben zu lösen, die unter ihren Bedingungen nicht bloß gewöhnliche, die Seiten nach dem Verhältniß 1 : 1 schneidende Transversalen, sondern auch andere enthalten, welche die Seiten nach dem Verhältniß m : n theilen.

534. Fig. IV. Aufgabe. △ aus a, β, $t'_{(m:n)}$.

Auflösung. Diese ergiebt sich ganz wie in 532; nur daß man D mittelst der Theilung von BC nach dem Verhältniß m : n bestimmen muß.

535. Reduktion. △ Aufgaben mit Transversalen, welche die Seiten wie m : n schneiden, lassen sich oft gerade so mit Vortheil auf ▱ Konstruktionen reduziren, wie die △ Aufgaben mit gewöhnlichen Transversalen auf ▱ Konstruktio-

nen, da sich wie im ▱ auch im ⏢ die Abschnitte der einen Diagonale wie die Abschnitte der andern, und wie die ⫲ Seiten verhalten, man also, zur Bildung des ⏢ aus dem △, die Transversale nur nach dem Verhältniß m : n zu verlängern hat. Dieselbe Reduktion kann auch bei Linienaufgaben vortheilhaft werden.

536. Lehrsatz. Hat man drei von einem Punkt ausgehende Linien, so schneidet die mittlere alle von den beiden anderen begrenzte ⫲ ⫲ in demselben Verhältniß.

537. Lehrsatz. Zieht man zwischen den Schenkeln eines ∠ beliebige ⫲ ⫲, und theilt eine derselben wie m:n, so schneidet die Verbindungslinie des Theilungspunkts mit dem Scheitelpunkte die übrigen ⫲ ⫲ in demselben Verhältniß.

538. Fig. 113. Ort. Theilt man eine von den Schenkeln eines ∠ begrenzte Linie wie m : n, und verbindet den Theilungspunkt mit dem Scheitelpunkte, so bildet diese Linie einen Ort für alle Punkte, welche die zwischen den Schenkeln gezogenen ⫲ ⫲ in demselben Verhältniß schneiden.

539. Lehrsatz. Theilt man mehrere zwischen den Schenkeln eines Winkels liegende ⫲ ⫲ nach dem Verhältniß m : n, so müssen alle Theilungspunkte in eine gerade Linie fallen, welche den Scheitelpunkt trifft.

540. Fig. 113. a. Ort. Verlängert man eine von den Schenkeln eines ∠ begrenzte Linie nach dem Verhältniß m : n, und verbindet den Endpunkt der Verlängerung mit dem Scheitelpunkt, so hat man einen Ort für die Endpunkte aller Verlängerungen erhalten, welche an den ⫲ gezogenen Linien nach demselben Verhältniß gebildet werden können.

541. Aufgabe. Gegeben P, L, L'; man soll, ohne den Schneidungspunkt von L und L' zu benutzen, eine Linie ziehen, deren Verlängerung denselben trifft, und durch P geht. (Vergl. 764.)

Auflösung. Wenn P innerhalb L und L' liegt, ergiebt sich dieselbe durch 539, liegt aber P außerhalb, durch 540.

542. Datum. Sind 3 von einem Punkt ausgehende Linien der Lage nach gegeben, so ist auch die → aller Linien bestimmt, welche von den ersteren begrenzt, und nach dem Verhältniß m:n geschnitten werden.

Beweis. Zieht man nach 514. durch einen beliebigen Punkt der einen Linie eine von derselben wie m : n getheilte und von den anderen begrenzte Linie, so bestimmt diese die erwähnte → nach 536.

543. Hilfsaufgabe. Es sind 3 von einem Punkt ausgehende Linien L, L', L'', und außerdem P gegeben; man soll durch P eine Linie legen, deren von L, L', L'' begrenzten Abschnitte sich wie m:n verhalten.

Analysis. Folgt aus 542.

544. Fig. 114. Hilfsaufgabe. Es sind drei Linien L, L', L'' gegeben; man soll eine vierte XY mit einer bestimmten → so ziehen, daß sich die von L, L', L'' begrenzten beiden Stücke wie m:n verhalten.

Auflösung. Zieht man irgend eine Linie AB mit der gegebenen →, und theilt dieselbe in O nach dem Verhältniß m : n, so ergiebt sich der Ort 538, wenn man O mit C verbindet, weshalb der Durchschnittspunkt D desselben mit L' die gesuchte Linie XY bestimmen muß.

Determination. Die Aufgabe wird unmöglich, wenn der Ort ∦ L' wird, oder sich alle 3 Linien L, L', L'' in einem Punkte schneiden (siehe 542).

Anmerkung. Die Aufgabe konnte auch durch den Ort 540 gelöst werden, wenn man eine zwischen L und L′ gezogene Linie nach dem Verhältniß m : n verlängert hätte.

545. Fig. 115. u. Fig. 115. a. Lehrsatz. Wenn sich 3 Linien in einem Punkte schneiden, und man aus 2 oder mehreren Punkten der einen ‡ Linien nach den beiden anderen zieht, so verhalten sich die Parallelen zwischen dem einen Paar Linien eben so wie die zwischen dem anderen Paar.

Beweis. $PG : P'G' : P''G'' = AP : AP' : AP''$,

und $PN : P'N' : P''N'' = AP : AP' : AP''$,

also ist $PG : P'G' : P''G'' = PN : P'N' : P''N''$.

P kann dabei in der mittleren oder in einer der äußeren Linien angenommen werden.

546. Fig. 116. und Fig. 116. a. Ort. Der Ort der Schneidungspunkte zweier Linien, welche von zwei der Lage nach gegebenen Linien unter bestimmten Neigungen begrenzt werden, und ein vorgeschriebenes Verhältniß haben, ist eine bestimmbare gerade Linie.

Konstruktion. Sind die Verhältnißlinien m und n, und die ∢ α und β gegeben, so bestimme man durch m und α ‡ L nach 93 einen, und durch n und β ‡ L′ den zweiten Ort für einen Punkt P, so bildet die Verbindungslinie PC den verlangten Ort.

Beweis. Folgt aus 545.

Zusatz. Es ergeben sich 4 verschiedene Oerter nach 98, von denen jedoch 2 zusammenfallen.

Anmerkung. (Vergleiche 536 und 538.) Wenn man $m = n$, $\alpha = \beta = R$ setzt, erhält man einfachere Oerter; siehe 276.

547. Lehrsatz. Zieht man unter demselben $\angle\ \alpha$ zu L, und demselben $\angle\ \beta$ zu L′ mehrere Linien, so müssen alle Durchschnittspunkte derselben in eine gerade Linie fallen, deren Verlängerung den Scheitel des $\angle$ (LL′) trifft, wenn jedes Paar dieser sich schneidenden Linien dasselbe Verhältniß m : n hat, und in Hinsicht der $\rightarrow\rightarrow$ auf gleiche Weise gebildet wurde. (Vergleiche 539.)

548. Datum. Sind drei von einem Punkt ausgehende Linien L, L′, L″ gegeben, und man kennt von zwei Linien, die in L zusammenstoßen, und in L′ und L″ endigen, das Verhältniß m : n und die Neigung der einen (α), so kennt man auch die Neigung der anderen (β), oder deren Supplement. (Vergl. 542.)

549. Fig. 117. Aufgabe. Es sind drei von einem Punkt ausgehende Linien L, L′, L″ gegeben; man soll durch P eine Linie XY so legen, daß sich XY : ZY = m : n verhält, und YZ unter α gegen L″ geneigt ist.

Analysis. Folgt aus 548.

Zusatz. Es sind 2 Resultate möglich.

550. Aufgabe. Gegeben L, L′, L″; man soll zwei sich in L″ treffende Linien ziehen, deren Verhältniß = m : n ist, und von denen eine zu L die Neigung α, die andere zu L′ die Neigung β hat.

Auflösung. Diese ergiebt sich durch den Ort 546 ähnlich mit 544.

Determination. Wegen 548 dürfen L, L′, L″ sich nicht in einem Punkte treffen, und die Aufgabe wird unmöglich, wenn der konstruirte Ort $\nparallel$ L″ fällt.

Zusatz. Es ergeben sich wegen des Zusatzes von 546 mehrere Paare solcher Linien, wie diese die Aufgabe verlangt.

Anmerkung. Die vorhergehende Aufgabe läßt sich durch die Anwendung auf einzelne Fälle einfacher geben, z. B.

1) Gegeben L, L′, L″; man soll in L einen Punkt bestimmen, dessen $\perp$ Abstände von L′ und L″ sich wie m : n verhalten.

2) Gegeben L, L′, L″; man soll in L einen von L′ und L″ gleich weit entfernten Punkt bestimmen. (Vergl. 276.)

551. Fig. 118. Ort. Für die zusammenfallenden Spitzen jedes Paars gleicher △△, welche über zwei begrenzten festliegenden Linien beschrieben werden können, ist der geometrische Ort eine bestimmbare gerade Linie.

Analysis. Sind a und a′ die gegebenen festliegenden Linien, h und h′ die Höhen der zugehörigen gleich vorausgesetzten △△, so muß sich a : a′ = h′ : h nach 478 verhalten, wodurch also das Verhältniß der ⊥⊥ h und h′, und folglich der Ort AC nach 546 für A gegeben ist.

Konstruktion. Verlängere a und a′ bis C, und bestimme nach 546 den Ort für die Durchschnittspunkte der auf den Lagen a und a′ stehenden Perpendikel, welche sich wie a′ : a verhalten.

552. Fig. 45. a. Hilfsaufgabe. Gegeben L, L′, L″ und B in L″; man soll μ in L′ so bestimmen, daß, wenn μ mit B verbunden, und aus μ in gegebener →, μA nach L gezogen wird, sich μA = μB ergiebt.

Analysis. Zieht man FB, und aus einem beliebigen Punkt R, SR ⧺ μA, RO ⧺ μB, so ist

RS : μA = FR : Fμ, und
RO : μB = FR : Fμ, folglich

RS = RO, da μA = μB sein soll,

woraus sich die → von Bμ ableiten läßt.

Auflösung. Ziehe aus einem beliebigen Punkte R in L′, RS in der gegebenen →, verbinde F mit B, schneide RO = RS ab, und ziehe Bμ ⧺ OR, μA ⧺ RS.

Zusatz. Es sind zwei Resultate möglich, da die mit RS um R beschriebene Kreislinie BF doppelt schneidet.

Anmerkung. Bei der Anwendung dieser Aufgabe stehen L, L′, L″ gewöhnlich ⊥ zu einander.

553. Fig. 1. Hilfsaufgabe. Man soll durch eine der → nach bestimmte Linie XY zwischen den Schenkeln eines ∠ B eine gegebene Fläche abschneiden.

Analysis. Konstruirt man △ ABD = der gegebenen Fläche f^2, so bestimmt sich, durch die gegebene →, AC ∦ XY. Hieraus folgt

AB : BX = CB : BY. Nun ist aber auch
AB : BX = YB : BD, da △ ABD = △ BXY,

nach 485. 2), daher muß CB : BY = BY : BD sein, weshalb BY nach 396., und folglich auch YX ∦ CA bestimmt werden kann. (Vergl. 487.)

554. Lehrsatz. Beschreibt man über den Seiten eines ◺ als gleichliegende Seiten ähnliche Figuren, so ergiebt sich die Hypotenusen-Figur gleich der Summe der beiden Katheten-Figuren.

Beweis. $f^2 : f'^2 = a^2 : b^2$,
also $f^2 + f'^2 : f'^2 = a^2 + b^2 : b^2$;
aber $F^2 : f'^2 = c^2 : b^2$, folglich muß,

da $c^2 = a^2 + b^2$ ist, auch $F^2 = f^2 + f'^2$ sein.

555. Aufgabe. Es sind zwei ähnliche Figuren gegeben; man soll entweder deren Summe oder deren Differenz als eine ihnen ähnliche Figur zeichnen.

556. Fig. 76. Lehrsatz. In jedem △ ist das ▭ zweier Seiten gleich dem ▭ aus dem Durchmesser des ⊙ ums △ und der Höhe, welche auf der dritten Seite steht, d. h. bc ist = 2rh.

Beweis. Zieht man den Durchmesser AG, und CG, so ist △ AGC ∼ △ ABF (∠ CGA = ∠ CBA), also AG : AB = AC : AF, woraus sich

▭ 2rh = ▭ bc ergiebt.

557. Datum. Aus zwei von den drei Stükken eines △: r, h, (bc) bestimmt sich stets das dritte.

Beweis. Folgt aus 556.

558. Aufgabe. △ aus h″, (ab), α. (Oder statt α ein anderes Stück.)

Analysis. (ab) und h″ bestimmen r nach 557, womit die Aufgabe auf △ aus r, h″, α (siehe 321) reduzirt ist.

559. Fig. 119. Lehrsatz. In jedem ▭ halbirt die Verbindungslinie des Durchschnittspunkts der nicht ∥ Seiten und des Schneidungspunkts beider Diagonalen, jede von den ∥ Seiten.

Beweis. △ AES ist ∼ △ NEC, und △ AEB ∼ △ DEC, folglich hat man

AS : NC = AE : EC = AB : DC = AG : GD;

aber AS : DN = AG : GD, demnach muß

NC = DN, und deshalb auch nach 536

AS = SB sein.

560. Ort. In jedem ▭ bildet die Verbindungslinie der Mitten der ∥ Seiten eben sowohl einen Ort für den Schneidungspunkt der nicht ∥ Seiten, als für den Durchschnittspunkt der beiden Diagonalen.

Beweis. Folgt aus 559.

561. Lehrsätze. 1) ▭▭ von gleichen Höhen verhalten sich wie die Summen der ∥ Seiten oder wie die Mittellinien. 2) ▭▭ stehen im zusammengesetzten Verhältniß ihrer Höhen und Mittellinien.

562. Hilfssatz. Soll ein ▭ oder ▱ nach gegebenen Verhältnissen m : n : p ꝛc. getheilt werden, so geschieht dies am besten, wenn man die Mittellinie wie m : n : p theilt, da jede durch die entstandenen Theilungspunkte zwischen den ∥ ∥ gezogene Linie nach 561 das ▭ oder ▱ in demselben Verhältniß theilt.

563. Fig. 76. Lehrsatz. Verlängert man in einem △ m bis zum Durchschnitt D mit der Peripherie des ⊙ ums △, so findet sich stets AD × m = 2rh, also auch nach 556 = bc.

Beweis. △ GAD ∼ △ EAF wegen der rechten ∠∠ bei F und D, und da ∠ GAD = ∠ EAF nach 332 ist, folglich hat man 2r : m = AD : h, und deshalb AD × m = 2rh und = bc.

564. Fig. 76. Lehrsatz. Das Quadrat der Halbirungslinie eines ∠ in jedem △ ist gleich dem Rechteck aus den beiden sich in dieser Halbirungslinie treffenden Seiten weniger dem Rechteck aus den in der dritten Seite gebildeten Abschnitten, d. h. $AE^2 = AB \times AC - EB \times EC$.

Beweis. Es ist AE = AD — ED,

also auch $AE^2 = AD \times AE - ED \times AE$,

|| nach 563 || Sehnensatz

oder $AE^2 = AC \times AB - EC \times EB$, w. z. b. w.

565. Fig. 120. Lehrsatz. Wenn man in einem △ aus P in einer Seite ⫲⫲ mit den anderen beiden Seiten zieht, so ist das Rechteck aus den beiden ⫲⫲ gleich dem Rechteck aus der einen geschnittenen Seite weniger der einen ⫲, und der anderen geschnittenen Seite weniger der zweiten ⫲, d. h. n . n′ oder PE × PD ist = EB × CD.

Beweis. △ CDP ist ∼ △ BEP, also CD : n′ = n : EB, und deshalb n . n′ = CD × EB, oder = (b — n) (c — n′).

Zusätze. Ist P der Endpunkt von m, also n = n′, so hat man

$$b - n : n = n : c - n, \text{ d. Add. d. V. Gl.}$$

also auch $b : c = b - n : n$

und $b + c : b = c : n$.

Anmerkung. Ein ähnlicher Lehrsatz ergiebt sich, wenn man P in der Verlängerung einer Seite annimmt.

566. Data. In jedem △ bestimmen m und α, oder b und c die aus dem Endpunkt von m zu b oder c gezogene ≠ n; n^2 bestimmt $(b-n)(c-n)$, $(b+c)$ und n aber das ▭ (bc). Dies folgt aus den Zusätzen von 565.

567. Hilfsaufgabe. Durch einen Punkt in der Halbirungslinie eines ∠γ eine Linie zu legen, so daß die Summe der abgeschnittenen Schenkel $(a+b)=s$ wird. (Vergl. 1411.)

Analysis 1). Nach 566 bestimmen m'' und γ n, und n und s das ▭ (a b), weshalb man nur 457 anzuwenden hat, um a und b einzeln zu erhalten.

Analysis 2). Nach 565 bestimmt n^2, $(a-n)(b-n)$, während $(a-n)+(b-n)=s-2n$ gegeben ist, also hat man, ebenfalls nach 457, $a-n$ und $b-n$ einzeln genommen.

568. Hilfsaufgabe. Durch einen Punkt in der Halbirungslinie eines ∠ eine Linie so zu legen, daß die Differenz der von den Schenkeln abgeschnitten Stücke = d wird.

Analysis. m'' und γ bestimmen n nach 566, n^2 giebt $(a-n)(b-n)$, gleichfalls nach 566; $(a-n)-(b-n)$ ist aber = d gegeben, also bestimmen sich $(a-n)$ und $(b-n)$ einzeln nach 459, wodurch sich die Aufgabe lösen läßt.

569. Lehrsatz. Die Centrale der zu r und ϱ eines △ gehörigen ⊙⊙ ist die mittlere Proportionale zwischen r und $r-2\varrho$.

Beweis. Siehe g. Betr. §. 12.

570. Datum. In jedem △ bestimmen r und ϱ die Centrale dieser beiden ⊙⊙ $=\sqrt{r(r-2\varrho)}$.

Beweis. Folgt aus 569.

571. Ort. Die mit $\sqrt{r(r - 2\varrho)}$ um den Mittelpunkt des zu r gehörigen ⊙ beschriebene Kreislinie ist bei jedem △ ein Ort für den Mittelpunkt des zu ϱ gehörigen ⊙, (oder für den Durchschnittspunkt von m, m′, m″) und umgekehrt.

Beweis. Folgt aus 569.

Anmerkung. Aehnliche Resultate wie in 569, 570 und 571 ergeben sich in Beziehung auf die Mittelpunkte der ⊙⊙ am Dreieck; siehe 2028.

572. Fig. XXI. Lehrsätze. In jedem ▱ im ⊙ ist 1) $e . e' = a . c + b . d$, und

2) $e : e' = ad + bc : ab + cd$.

Den Beweis von 2) siehe Lehmus Geometrie Seite 137.

Anmerkung. Diese Lehrsätze, welche für eine geometrische Behandlung der Vierecke unbedeutenden Nutzen gewähren, sind nur hergestellt, um zu zeigen, in wie verwickelte Einkleidungen man durch bekannte Gesetze Aufgaben zu fassen vermag, z. B. Fig. XXI.

▱ im ⊙ aus $(ac + bd)$, $(ad + bc)$, $(ab + cd)$, r ist nach den vorigen beiden Lehrsätzen und 462 die Aufgabe: e, e′, r, $(ab + cd)$. $(ab + cd)$ und r bestimmen aber die Summen der auf e aus B und D gefällten Höhen nach 556, folglich kennt man, da zugleich e gegeben ist, die Fläche des ▱, aus welcher mittelst e und e′ durch 161 und 194 ∠ (ee′) abgeleitet werden kann, und schließlich nur die leichte Aufgabe: ▱ in ⊙ aus e, e′, r, ∠ (ee′) zu lösen ist.

573. Fig. 121. Lehrsatz. Wenn $AC \times AB = AE \times AD$ ist, so läßt sich durch B, C, D, E eine Kreislinie ziehen.

Beweis. Gesetzt, die Kreislinie ginge zwar durch B, C und E, aber durch einen anderen vierten Punkt X, so wäre

$AC : AE = AX : AB$;

$AC : AE = AD : AB$ vorausgesetzt, folglich

müßte $AX = AD$ sein, was unmöglich ist.

574. Fig. 121. Lehrsatz. Wenn $AG^2 = AB \times AC$ ist, berührt eine durch die Punkte B, C, G gehende Kreislinie AG.

Beweis. Aus der Voraussetzung folgt $\triangle CAG \sim \triangle BAG$, daher ist $\angle C = \angle BGA$, also AG eine Berührungslinie.

575. Fig. 122. Lehrsatz. Wenn durch zwei Punkte P, P′ mehrere Kreislinien gelegt werden, die einen ⊙ K schneiden, so treffen alle entstandenen gemeinschaftlichen Sehnen in ein und demselben Punkte der Lage von PP′ zusammen.

Beweis. Wenn sich die Verlängerungen von PP′ und AB in N treffen, ist nur zu zeigen, daß die Lage irgend einer andern abgeschnittenen Sehne A′B′ auch in N treffen muß. Gesetzt dies fände nicht statt, und es bestimmte die Verbindung von NB′ einen anderen Punkt X in K, so wäre $NX \times NB' = NA \times NB = NP' \times NP = NY \times NB'$, weshalb $NX = NY$ sein müßte, welches unmöglich ist.

Zusatz. Sobald P und P′ so liegen, daß der ⊥ aus M von K auf PP′ diese Linie halbirt, so ergeben sich AB und A′B′ ∦ P′P.

576. Fig. 122. Hilfssatz. Zieht man aus dem in 575 näher bestimmten Punkte N eine Berührunglinie NG oder NG′ an K, so wird die durch P,P′ und G oder G′ gezogene Kreislinie, K berühren.

Beweis. Da nämlich nach 575 NG^2 oder NG'^2, sowohl $NB \times NA$ als $NP \times NP'$ gleich ist, müssen nach 574 NG und NG′ gemeinschaftliche Berührungslinien für K und den ⊙ PP′G oder PP′G′ sein, weshalb also K jeden der beiden letzten ⊙⊙ berühren muß.

577. Fig. 122. Hilfsaufgabe. ⊙ aus P,P′,K.

Auflösung. In Folge von 575 und 576 lege man durch P und P′ eine beliebige K durchschneidende Kreislinie, verlängere die dadurch entstandene Sehne AB bis N in der Lage von PP', und ziehe aus N die Berührungslinie NG oder NG', so bildet die durch P, P', G oder P, P', G' gelegte Kreislinie den verlangten Berührungskreis von Außen oder von Innen.

Determination. Fällt P innerhalb, P' außerhalb der Fläche von K, so wird die Aufgabe unmöglich.

Beweis. Folgt aus 576.

Zusatz. 1. Sobald PP' ⫲ AB wird, ergiebt sich der Berührungspunkt G oder G' als Durchschnittspunkt des aus M auf PP' gefällten ⊥ mit K.

Zusatz 2. Wenn sowohl P als P' in die Fläche von K fallen, bilden sich nur zwei von Innen berührende ⊙⊙.

578. Aufgabe. ⊙ aus P, K, L_μ.

Analysis. Durch P und L_μ ist P' nach 315. 1) gegeben, weshalb man nur P, P', K (577) zu lösen hat.

579. Hilfsaufgabe. Gegeben P, P', L; man soll X in L so bestimmen; daß PX + P'X sich = s ergiebt.

Analysis. Beschreibt man um P mit s einen ⊙, so wird sich X als μ für ⊙ aus P', K, L_μ (578) zur Berührung v. J. bestimmen.

580. Hilfsaufgabe. Gegeben P, P', L; man soll X in L so bestimmen, daß PX — P'X = d wird.

Analysis. Beschreibt man um P mit d einen ⊙, so wird sich X als μ für ⊙ aus P', K, L_μ (578) zur Berührung v. A. bestimmen.

581. Fig, 123. Ort. Wenn von einem △ eine Seite AC festgelegt, und das Verhältniß einer anderen Seite zu der auf ihr stehenden Höhe gegeben ist (z. B. a : h), so bildet eine Kreislinie einen Ort für die Spitze des Gegen∠ B oder B' der festliegenden Seite AC. (Vergl. 2211 Fall 2.)

Konstruktion. Errichte CF ⊥ CA so lang, daß AC : CF = (h : a) = m : n wird, und beschreibe über CF als

Durchmesser eine Kreislinie, so bildet diese den verlangten Ort. (Vergleiche 2211. Anmerk. 2.)

Beweis. Sind AD und CB Höhe und Grundlinie fürs spitz∠, AD′ und CB′ fürs stumpf∠ △, so ist, da man △ CAD ∾ △ CBF, (∠ ACB = ∠ CFB als Tangenten und Periph. ∡, ∠ ADC = ∠ CBF = R) u. △ CAD′ ∾ △ CB′F hat, (∠ ACD′ = ∠ CFB′ als Tangenten und Periph. ∡, ∠ AD′C = ∠ CB′F = R)

AC : CF = AD : CB, und AC : CF = AD′ : CB′, also (h : a) oder m : n = AD : CB = AD′ : CB′, w. z. b. w.

582. Fig. 123. Aufgabe. △ aus b, c, (a : h).

Analysis. Legt man b fest, so ergiebt sich durch 581 ein Ort für B oder B′, Punkt A und c bestimmen aber einen zweiten, folglich erhält man B oder B″, und damit das verlangte △ doppelt und verschieden.

582. a. (Fig. 123. a.) Ort. Die Verlängerungen der gemeinschaftlichen Sehne zweier festliegenden Kreislinien K und K′ bilden einen Ort für die Mittelpunkte aller zugleich durch K und K′ ⊥ geschnittenen ⊙⊙. (Vergl. 362.)

Beweis. Zieht man aus einem beliebigen Punkte μ der Verlängerungen von ED Tangenten an K und K′, so ergiebt sich $\mu B^2 = \mu E \times \mu D = \mu B'^2$, weshalb $\mu B = \mu B'$ ist, also der mit μB um μ beschriebene ⊙ wirklich durch K und K′ ⊥ geschnitten wird.

582. b. (Fig 123. a.) Ort. Die gemeinschaftliche Sehne zweier festliegenden Kreislinien K und K′ bildet einen Ort für die Mittelpunkte aller sowohl durch K als durch K′ im Durchmesser geschnittenen (halbirten) Kreislinien.

Beweis. Errichtet man in einem beliebigen Punkte μ' der Sehne zwei ⊥⊥ μ' C und μ' C′ auf μ' M und μ' M′, so findet sich, da μ' C = μ' F, und μ' C′ = μ' F′ ist,

$\mu' C^2 = \mu' D \times \mu' E = \mu' C'^2$, weshalb $\mu' C = \mu' C'$ sein muß, also die mit $\mu' C$ um μ' beschriebene Kreislinie wirklich durch K und durch K' halbirt wird.

582. c. (Fig. 123. a) Aufgabe. Es sind 3 sich gegenseitig schneidende Linien L, K und K' gegeben; man soll eine von K und von K' halbirte Kreislinie zeichnen, deren Mittelpunkt in L zu liegen kömmt.

Analysis. Folgt aus 582. b.

Auflösung. Ziehe die gemeinschaftliche Sehne ED, und errichte im Durchschnittspunkt μ' mit L einen ⊥ $\mu' C$ auf $\mu' M$, so bildet μ' das Centrum und $\mu' C$ den Radius des verlangten ⊙.

Beweis. Folgt aus 582. b.

583. Fig. 124. Lehrsatz. Fällt man aus P auf L und L' zwei ⊥⊥ PG und PG', und zieht zwei Linien PX und PX', oder PY und PY', welche denselben ∠ GPG' oder α bilden, so hat jedes Paar dieser Linien auch dasselbe Verhältniß wie die beiden ⊥⊥.

Beweis. Da ∠ GPG' = ∠ XPX' ist, muß auch ∠ GPX = ∠ G'PX', und folglich △ GPX ∾ △ G'PX' sein, weshalb sich GP : G'P = XP : X'P findet.

584. Fig. 124. Ort. Wenn ein ∠ α einen festliegenden Scheitel P, ferner ein bestimmtes Verhältniß der Schenkel m:n hat, und der Endpunkt des einen Schenkels X in einer geraden Linie L liegt, so wird gleichfalls durch eine gerade Linie ein Ort für den Endpunkt X' des anderen Schenkels bestimmt.

Konstruktion. Fälle auf L den ⊥ PG, bestimme PG' so, daß m : n = PG : PG' ∠ GPG' = α ist, und errichte in G' auf PG' einen ⊥, so hat man an demselben den angeführten Ort L'.

Beweis. Folgt aus 583.

Zusatz. Verbindet man den Durchschnittspunkt der beiden Linien L und L′ mit P, so ergiebt sich diese Linie als Ort für alle Punkte, welche denselben Bedingungen wie P entsprechen.

Anmerkung. Der Ort 514 ist von dem vorstehenden ein einzelner Fall, da hier der mit seinem Scheitel in P fallende ∠ eine beliebige Größe haben kann, dort aber die Größe = 2 R oder = 0 bedingt ist.

585. Aufgabe. Gegeben P, L und ein ∠ α; man soll in L zwei Punkte Y und Y′ so bestimmen, daß sich ∠ YPY′ = α, und PY : PY′ = m : n ergiebt.

Auflösung. Die Konstruktion des Orts 584 bestimmt einen Punkt, den Schnitt mit L, aus welchem sich der andere leicht ableiten läßt.

Anmerkung. Die Aufgabe ist unörtlich genommen die Dreiecksaufgabe: △ aus α, (b : c), h.

586. Ort. Wenn ein ∠ α einen festliegenden Scheitel P, ferner ein bestimmtes Verhältniß der Schenkel m : n hat, und der eine Schenkel in der Kreislinie K endigt, so bildet eine bestimmbare Kreislinie K′ einen Ort für den Endpunkt des anderen Schenkels.

Konstruktion. 1ster Fall. Fig. 125. P liegt außerhalb der Fläche von K.

Ziehe PM, bestimme ∠ GPG′ = α, schneide PG′ und G′M′ so ab, daß PG : PG′ = m : n = GM : G′M′ ist, und beschreibe um M′ mit M′G′ eine Kreislinie, so bildet diese den angeführten Ort.

2ter Fall. Fig. 125. a. P liegt innerhalb der Fläche von K.

Die vorhergehende Konstruktion paßt wörtlich auch für diesen Fall, aber für Fig. 125. a.

3ter Fall. Fig. 125. b. P liegt in K.

Auch hier gilt die Konstruktion von 1), aber für Fig. 125. b.

Beweis. Fig. 125., 125. a. und 125. b. (für alle drei Fälle). △ PMX ist ∾ PM′X′ (vorausgesetzt, daß im Fall 1) sowohl PX als PX′ entweder jede Linie einmal, oder jede doppelt den ⊙ schneidet) da PM : PM′ = MX : X′M′ = m : n konstruirt ist, und ∠ MPX = ∠ M′PX′ sein muß, (∠ MPM′ = ∠ XPX′ = α) die ∡ MXP und M′X′P aber entweder beide spitz oder beide stumpf sind. Hieraus folgt PX : PX′ = m : n, während ∠ X′PX = ∠ M′PM = α statt findet.

Anmerkung. Die Oerter 523, 525, 527, 529 bilden nur einzelne Fälle des vorstehenden Orts, da bei jenen die Größe des mit seinem Scheitel in P fallenden ∠ entweder = 2R oder = 0 vorgeschrieben ist, hier aber beliebig = α angenommen werden kann.

587. Aufgabe. Gegeben P, K, α; man soll in K zwei Punkte X und X′ so bestimmen, daß sich ∠ XPX′ = α und XP : X′P = m : n ergiebt.

Analysis. Schneidet man, je nach der Lage von P die gegebene K durch den Ort 1) 2) oder 3) 586, so muß sich X bestimmen, worauf sich X′ durch α leicht ableiten läßt.

Zusatz. Es ergeben sich zwei Resultate, wenn K von dem Ort K′ durchschnitten wird, eins wenn dieser Ort K nur berührt; es werden sich aber 4 oder 2 ergeben, wenn man den Ort doppelt, nämlich auf jeder Seite von PM, konstruirt.

588. Fig. 126. Ort. Wenn man von P nach einer Linie L mehrere Linien PG, PX, PY rc. zieht, ferner ∠ GPG′ = ∠ XPX′ = ∠ YPY′ = α, und PG′, PX′, PY′ rc. so bestimmt, daß PG × PG′ = PX × PX′ = PY × PY′ = (mn) wird, so liegen die Punkte G′, X′, Y′ rc. in einer P durchschneidenden Kreislinie K, d. h., wenn die Linie L der Ort für die Punkte G, X, Y rc. ist, so bildet K den Ort für die Punkte G′, X′, Y′ rc., und es läßt sich aus dem einen von beiden Oertern stets der andere ableiten.

1) Konstruktion des Kreisorts, wenn P, L, α, (mn) bestimmt sind. Fälle aus P einen $\perp$ PG auf L, bestimme $\angle$ GPG′ auf der einen oder der anderen Seite von PG $= \alpha$, und ferner PG′ dergestalt, daß PG $\times$ PG′ $=$ (mn) wird, so bilden beide über PG′ als Durchmesser beschriebene Kreislinien den verlangten Ort.

2) Konstruktion des geradlinigen Orts, wenn P, K, α, (mn) bestimmt sind. Ziehe den Durchmesser PG′, und bestimme PG auf der einen oder der anderen Seite von PG′ dergestalt, daß $\angle$ G′PG $= \alpha$ und PG $\times$ PG′ $=$ (mn) (384) wird, so bildet der in G auf PG errichtete $\perp$ L den angeführten Ort.

Beweis. Zieht man G′X′, so ergiebt sich $\triangle$ XPG $\sim$ $\triangle$ X′PG′ (2 $\measuredangle$ =), also PX : PG′ = PG : PX′, und deshalb PX $\times$ PX′ $=$ PG $\times$ PG′ $=$ (mn).

589. Fig. 127. Aufgabe. Gegeben P u. L; man soll in L zwei Punkte X und X′ so bestimmen, daß sich PX $\times$ PX′ $=$ (mn) u. $\angle$ XPX′ $= \alpha$ ergiebt.

Analysis. Durch P, L, α, (mn) ist ein Ort für X nach 588 gegeben, schneidet man also L mit diesem Ort, so bestimmt sich einer der gesuchten Punkte doppelt, wodurch sich der zweite ebenfalls doppelt mittelst α ableiten läßt.

Anmerkung. Als unörtliche Aufgabe genommen ist die vorhergehende Aufgabe übereinstimmend mit 1692, $\triangle$ aus α, h, (bc), welche sich auf $\triangle$ aus α, h, a reduzirt. ((bc) und α geben f^2 nach 486, f^2 und h aber a nach 185.) Die letztere Aufgabe giebt ebenfalls wie die örtliche 2 Resultate, welche auch beidemal $\cong$ sind. Hier ist nämlich, Fig. 127., $\triangle$ PXX′ $\cong$ $\triangle$ PX″X‴, da sich auch der Ort doppelt konstruiren läßt, und der zweite die Punkte X′ und X‴ treffen muß. Ferner ist noch zu bemerken, daß beide Auflösungen ursprünglich eine sehr verschiedene Determination zeigen; entwickelt man aber hier das Minimum des aus M auf L gefällten $\perp$ trigonometrisch durch α, (bc), h, so ergiebt sich dieselbe Bedingungsgleichung $h^2 \leqq \frac{1}{2} bc(1 + \cos\alpha)$

als wenn man für die Aufgabe △ aus a, α, h das Maximum für h entwickelt, und statt a, $\frac{b\,c\,\sin\alpha}{h}$ substituirt, wie sich dies nach U. d. A. §. 33. von selbst verstand.

589. a. Fig. 126. a. b. c. d. e. f. und g. Ort. Wenn man von P nach einer Kreislinie K mehrere Linien PB, PB′, PB″ ꝛc. zieht, und unter gleichen ∠ BPC, B′PC′, B″PC″ ꝛc. = α die Linien PC, PC′, PC″ ꝛc. so absetzt, daß PB×PC = PB′×PC′ = PB″ × PC″ ꝛc. = (mn) wird, so liegen die Punkte C, C′, C″ ꝛc. ebenfalls in einer Kreislinie K′; d. h., wenn K der Ort für die Punkte B, B′, B″ ꝛc. ist, so bildet K′ den Ort für die Punkte C, C′, C″ ꝛc., und es läßt sich aus dem einen von beiden Oertern stets der andere ableiten.

Konstruktion. Ziehe PB durch M, bestimme PC auf der einen oder der anderen Seite von PB dergestalt, daß ∠ BPC = α und PB × BC = (mn) wird, zeichne nach 586 Fig. 125. und Fig. 125. a. die daselbst angegebenen Oerter für das Verhältniß PG : PC, daß sich z. B. PG′ : PC′ = PG : PC ergiebt, so bilden die in den verschiedenen Fällen entstehenden Kreislinien zugleich die hier angeführten Oerter.

Beweis. Nach der Konstruktion ist

$$PG : PC = PG' : PC', \text{ also auch}$$
$$PG \times PB : PC \times PB = PG' \times PB' : PC' \times PB'.$$

Nun ist aber $PG \times PB = PG' \times PB'$, folglich muß
$$PC' \times PB' = PC \times PB = (mn) \text{ sein.}$$

590. Fig. 128. u. Fig. 128. a. Ort. Wenn man von P nach einer Linie L mehrere Linien PB, PB′, PB″ ꝛc. zieht, und in der Lage jeder derselben die Stücke PC, PC′, PC″ ꝛc. so absetzt, daß PB×PC = PB′×PC′ = PB″×PC″ = (mn) wird, so liegen die Punkte C, C′, C″ ꝛc. in einer P durchlaufenden Kreislinie K, d. h., wenn die Linie L der Ort für die Punkte B, B′, B″ ꝛc. ist, so bildet K den Ort für die Punkte C, C′, C″ 2c., und es läßt sich aus dem einen von beiden Oertern stets der andere ableiten.

1) Konstruktion des Kreisorts, wenn P, L, (mn) bestimmt sind.

Fälle aus P einen ⊥ PB auf L, und bestimme PC in der Lage PB, entweder nach B hin oder entgegengesetzt, in der Art, daß PB × PC = (mn) wird (384), so bilden beide über PC als Durchmesser beschriebene Kreislinien den verlangten Ort.

2) Konstruktion des geradlinigen Orts, wenn P, K, (mn) bestimmt sind.

Ziehe den Durchmesser PC, und bestimme PB in der Lage PC, entweder nach C hin oder entgegengesetzt, in der Art, daß PB × PC = (mn) wird (384), so bildet der in B auf PB errichtete ⊥ L den angeführten Ort.

Beweis. Zieht man CC′, so ergiebt sich △ PCC′ ∾ △ PBB′ (∠ im Halbkreise), also PB′ : PC = PB : PC′, und deshalb PB′ × PC′ = PB × PC = (mn).

Anmerkung. Der vorstehende Ort ist nicht selbstständig, sondern bildet nur 2 einzelne Fälle des Ortes 588, indem hier ∠ α = 2R oder = 0 angenommen ist.

591. Fig. 129. u. Fig. 129. a. Aufgabe. Gegeben P, L, L′; es soll durch P eine Linie PXY so gelegt werden, daß sich das Rechteck der von P, L, L′ begrenzten beiden Abschnitte PX × PY = (mn) ergiebt.

Analysis. Betrachtet man L als den gegebenen geradlinigen Ort wie in 1) 590, so muß sich Y in dem Kreisort befinden, weshalb man denselben nur nach der dort angegebenen Art zu konstruiren hat, um Y als Durchschnittspunkt mit L zu bestimmen, welcher Punkt schließlich durch Verlängerung von PY auch X ergiebt.

Zusatz. Da sich der Kreisort nach 1) 590 doppelt bestimmen läßt, kann sich die verlangte Linie sowohl, wenn P zwischen, als wenn P außerhalb L und L′ liegt, jedesmal vierfach ergeben.

592. Fig. 109., 110., 110. a., 111., 112. u. 112. a. Ort. Wenn man von P nach einer Kreislinie K mehrere Linien PB, PB′, PB″ ꝛc. zieht, und in der Lage jeder derselben die Stücke PC, PC′, PC″ ꝛc. so absetzt, daß $PB \times PC = PB' \times PC' = PB'' \times PC''$ ꝛc. $= (mn)$ wird, so liegen die Punkte C, C′, C″ ꝛc. ebenfalls in einer Kreislinie K′, d. h. wenn K der Ort für die Punkte B, B′, B″ ꝛc. ist, so bildet K′ den Ort für die Punkte C, C′, C″ ꝛc., und es läßt sich aus dem einen von beiden Oertern stets der andere ableiten.

Konstruktion. Ziehe PB durch M, bestimme PC in der Lage PB, entweder nach B hin oder entgegengesetzt, dergestalt, daß $PB \times PC = (mn)$ wird, und zeichne nach 523 und 525, Fig. 109., 110. und 110. a., wenn P außerhalb der Fläche von K liegt, oder nach 527 nnd 529, Fig. 111., 112. und 112. a., wenn P innerhalb der Fläche von K liegt, in dem einen und dem anderen Fall, die daselbst angegebenen Oerter für das Verhältniß $PC : PG$, daß sich z. B. $PC' : PG' = PC : PG$, oder $PC' : C'G' = PC : CG$ bestimmt, so bilden diese für jeden Fall entstehenden Kreislinien zugleich die hier angeführten Oerter.

Beweis. Nach der Konstruktion ist

$$PG : PC = PG' : PC', \text{ also auch}$$
$$PG \times PB : PC \times PB = PG' \times PB' : PC' \times PB'.$$

Nun hat man aber $PG \times PB = PG' \times PB'$, folglich muß

$$PC' \times PB' = PC \times PB = (mn) \text{ sein.}$$

Anmerkung. Der vorstehende Ort ist nicht selbstständig, sondern bildet nnr 2 einzelne Fälle des Ortes 589. a., indem hier $\angle \alpha = 2R$ oder $= 0$ angenommen ist.

592. a. Fig. 127. a. Ort. Die Theilungspunkte D aller einen Punkt P in K durchlaufenden Sehnen, welche dieselben in 2 Abschnitte, deren Rechteck (mn) gleich ist, zerlegen, haben ihre Lage in einer bestimmbaren Kreislinie.

Analysis. Zieht man durch D einen Durchmesser FG, so ergiebt sich $(mn) = GD \times DF = (FM + MD)(FM - MD) = FM^2 - MD^2$ nach 205, also $MD^2 = r^2 - (mn)$. Hieraus folgt, daß der gesuchte Ort eine konzentrische Kreislinie bildet, deren Halbmesser durch r und (mn) bestimmt ist.

Konstruktion. Schneide von P aus $m + n = PD' + D'E'$ $(m = PD')$ ab, und beschreibe um M mit MD′ eine Kreislinie, so bildet diese den verlangten Ort.

Beweis. Fällt man die ⊥⊥ MI und MI′, so ergiebt sich $PD' = N'E'$, $PD = NE$, also $PD \times DE = PD \times PN = PD' \times PN' = PD' \times D'E' = (mn)$.

Zusatz 1). Der angeführte Ort theilt jede denselben schneidende Sehne von K in zwei Abschnitte, deren Rechteck (mn) gleich ist. Dies folgt mittelst der vorher gegebenen Analysis daraus, daß alle von K nach dem Ort führenden Tangenten dieselbe Größe $\sqrt{mn}$ haben.

Zusatz 2). Fig. 127. b. Zieht man zwischen 2 konzentrischen Kreislinien K und K′ ∦ Linien DF, GI, NQ rc., und fällt auf die → derselben aus M einen ⊥, so theilt dieser ⊥ jene Linien in zwei Abschnitte, deren Differenz der Quadrate dieselbe Größe, nämlich das Quadrat jeder von K nach K′ führenden Tangente hat. Da nämlich $HT = HG$, $TI = GS$ ist, ergiebt sich $HI^2 - HG^2 = IG \times IT = IG \times GS$, welches Rechteck nach Zusatz 1) dem Quadrat jeder von K nach K′ führenden Tangente gleich ist.

592. b. Fig. 127. c. Ort. Die Endpunkte D aller einen Punkt P in K durchlaufenden Sekanten, welche durch K so getheilt werden, daß das Rechteck aus der Sekante und dem äußeren Abschnitt, d. h. $PD \times DE$, eine unveränderliche Größe (mn) hat, befinden sich in einer bestimmbaren Kreislinie.

Analysis. Zieht man einen D treffenden Durchmesser FG, so ergiebt sich $(mn) = GD \times DF = (DM - MF)(DM + MF) = DM^2 - MF^2$ nach 205, also $MD^2 = (mn) + r^2$. Hieraus folgt, daß der gesuchte Ort eine konzentrische Kreislinie bildet, deren Halbmesser durch r und (mn) bestimmt ist.

Konstruktion. Schneide von P aus $m - n = PD' - D'E'$ $(m = PD')$ ab, und beschreibe um M mit MD' eine Kreislinie, so bildet diese den verlangten Ort.

Beweis. Fällt man die $\perp\perp$ MI und MI', so ergiebt sich $PD' = N'E'$, $PD = NE$, also $PD \times DE = PD \times PN = PD' \times PN' = PD' \times D'E' = (mn)$.

593. Fig. 130. Ort. Für den Punkt X, der von 2 Punkten P und P' im Verhältniß von $m:n$ entfernt ist, läßt sich eine Kreislinie als Ort bestimmen.

Konstruktion. Theile PP' in G nach dem Verhältniß $m:n$, bestimme in der Verlängerung von PP' den Punkt M so, daß sich $GM : P'M = m : n = PG : GP'$ ergiebt, und beschreibe um M mit MG eine Kreislinie, so bildet diese den angeführten Ort. (M muß stets in die Verlängerung des kleineren Stücks GP' von PP' fallen, da die gleichen Verhältnisse $GM:P'M$ und $PG:GP'$ beide fallend sein müssen.)

Beweis. Nach der Konstruktion ist

$$PG : GP' = GM : P'M, \text{ also auch}$$
$$PG + GM : GP' + P'M = GM : P'M,$$
d. h. $$PM : GM = GM : P'M, \text{ oder}$$
$$PM : MX = MX : P'M, \text{ weshalb,}$$
da noch $$\angle M = \angle M \text{ ist,}$$
$$\triangle PXM \sim \triangle P'XM, \text{ folglich}$$
auch $$PX : P'X = MX : P'M,$$
oder $$PX : P'X = GM : P'M,$$
d. h. $$PX : P'X = m : n \text{ sein muß.}$$

Anmerkung 1). Da $PG : GP' = GM : P'M = m : n$ gezeichnet ist, also durch

Addition d. V. Gl. $PM : GM = m : n$ sein muß,
und $GM : P'M = m : n$ war, erhält

man durch Zus. s. $PM : P'M = m^2 : n^2$, nach welchem Verhältniß Punkt M ebenfalls hätte bestimmt werden können. Dies ergiebt nach 596 den näheren Zusammenhang dieses und des in 601 angeführten Orts.

Anmerkung 2). Wird $PG : GP' = m : n = 1 : 1$, so bestimmt sich auch $GM : P'M = 1 : 1$, welches aussagt, daß $P'M$ ∞ ist, die Kreislinie mit dem unendlich weit von G entfernten Mittelpunkt sich also in einen auf PP' in G stehenden $\perp$ verwandelt, welches mit 72 übereinstimmt.

Anmerkung 3). Der Ort kann mittelst der unbestimmten Aufgabe: $\triangle$ aus a, (b : c) abgeleitet werden.

594. Aufgabe. $\triangle$ aus a, α, (b : c).

Analysis 1. Durch a und α ist ein Ort 320 für A, durch a und (b : c) der zweite 593 gegeben, weshalb A und damit $\triangle$ ABC festgestellt werden kann.

Analysis 2. Durch a und α ist der Ort 320 für A gegeben. Verbindet man diesen Punkt mit der Mitte des Bogens im entgegengesetzt liegenden Abschnitt, so ergiebt sich der Endpunkt von m in a, welcher diese Seite nach dem Verhältniß (b : c) theilt, also gegeben ist, weshalb man nur aus der Mitte des angeführten Bogens durch diesen Theilungspunkt eine Linie zu ziehen hat, um A und damit $\triangle$ ABC zu bestimmen.

Analysis 3. Durch α und (b : c) bestimmt sich das gesuchte $\triangle$ der Gestalt nach, woher die $\rightarrowtail$ von a gefunden werden kann, und deshalb zur Konstruktion des $\triangle$ ABC nur a mit dieser $\rightarrowtail$ zwischen die Schenkel des $\angle \alpha$ zu schieben ist.

Zusatz. Analysis 1 und 2 führen zu 2 $\cong$ Resultaten, da a nach (b : c) doppelt getheilt werden kann.

595. Aufgabe. $\triangle$ aus b, c, (a : h).

Analysis. In Rücksicht auf 511 kann man zunächst das $\triangle$ der Gestalt nach bestimmen: denn wird, da man durch b und c (b : c) hat, über einer Linie BC = a der zu (b : c) gehörende Ort nach 593, und ferner der durch (a : h) bestimmte Ort 79, welcher sich mittelst $\mathfrak{h} = \frac{ah}{a}$ ergiebt, gezeichnet, so bestimmt sich das △ ABC doppelt, aber ≌, weshalb man nur von A aus c abzusetzen, und durch den Endpunkt eine ∦ zu a zu legen hat, um schließlich das verlangte △ ABC festzustellen.

596. Fig. 131. **Lehrsatz.** Zieht man von zwei, mit dem Mittelpunkt M einer Kreislinie K in gerader Linie liegenden Punkten P und P′ nach zwei beliebig in K angenommenen Punkten X und Y gerade Linien, so verhält sich die Differenz der Quadrate des sich in P treffenden Linien-Paars, zu der Differenz der Quadrate der sich in P′ schneidenden Linien wie die Entfernungen der beiden Punkte P und P′ vom Mittelpunkt M der Kreislinie K.

Beweis. Fällt man aus X und Y die ⊥⊥ XD und YE auf PP′M, so ergiebt sich

$$PX^2 = MX^2 + MP^2 - 2PM \times MD,$$
$$\text{und } PY^2 = MY^2 + MP^2 - 2PM \times ME,$$

also $PX^2 - PY^2 = 2PM \times ME - 2PM \times MD = 2PM \times ED.$

Eben so ist $P'X^2 = MX^2 + P'M^2 - 2P'M \times MD$, und

$$P'Y^2 = MY^2 + P'M^2 - 2P'M \times ME, \text{ also}$$
$$P'X^2 - P'Y^2 = 2P'M \times ME - 2P'M \times MD = 2P'M \times ED.$$

Hieraus folgt aber

$PX^2 - PY^2 : P'X^2 - P'Y^2 = 2PM \times ED : 2P'M \times ED$, oder

$PX^2 - PY^2 : P'X^2 - P'Y^2 = PM : P'M$, w. z. b. w.

Anmerkung. Es ergiebt sich daraus auch, wenn man für Y, G nimmt

$$PX^2 - PG^2 : P'X^2 - P'G^2 = PM : P'M,$$

woraus sich der Ort 593 ebenfalls ableiten ließe, da $PX^2 : P'X^2 = PG^2 : GP'^2 = m^2 : n^2$ bedingt ist, also zweitens $PX^2 - PG^2 = P'X^2 - GP'^2 = m^2 : n^2$, und deshalb

$PM : P'M = m^2 : n^2$ sein müßte, was sich zur Bestimmung von M auch in der Anmerkung 1) 593 ergab.

597. Fig. 132. Lehrsatz. Der Satz 596 gilt ebenfalls, wenn man statt des Punktes P' einen ⊙ K', und statt der Linien XP' und YP' die Berührungslinien XB und YB' einführt.

Beweis. Es ist $XB^2 = XM'^2 - r'^2$,

und $YB'^2 = YM'^2 - r'^2$,

folglich $XB^2 - YB'^2 = XM'^2 - YM'^2$. Substituirt man also diesen Werth in die aus 596 hervorgehende Proportion

$$PX^2 - PY^2 : XM'^2 - YM'^2 = PM : M'M,$$ so erhält man dadurch

$$PX^2 - PY^2 : XB^2 - YB'^2 = PM : M'M,$$ w. z. b. w.

598. Fig. 133. Lehrsatz. Wenn die Mittelpunkte M, M', M'' dreier Kreislinien K, K', K'' in gerader Linie liegen, und man aus zwei beliebigen in K'' angenommenen Punkten X und Y Berührungslinien nach K und K' zieht, so verhält sich die Differenz der Quadrate des nach K führenden Tangenten-Paars zu der Differenz der Quadrate des K' berührenden Tangenten-Paars wie die beiden Centrallinien MM'' und M'M''.

Beweis. Es ist

$$\left.\begin{aligned} BX^2 &= MX^2 - r^2, \\ B'Y^2 &= MY^2 - r^2, \end{aligned}\right\} \text{ und } \left\{\begin{aligned} CX^2 &= M'X^2 - r'^2, \\ C'Y^2 &= M'Y^2 - r'^2, \end{aligned}\right.$$ also

$$BX^2 - B'Y^2 = MX^2 - MY^2 \text{ u. } CX^2 - C'Y^2 = M'X^2 - M'Y^2.$$

Setzt man diese Werthe in die sich aus 596 ergebende Proportion

$$MX^2 - MY^2 : M'X^2 - M'Y^2 = MM'' : M'M'',$$

so erhält man

$$BX^2 - B'Y^2 : CX^2 - C'Y^2 = MM'' : M'M'',$$

w. z. b. w.

599. Fig. 134. Ort. Wenn von einem Punkte X eine Tangente nach einer Kreislinie K, und eine gerade Linie nach einem Punkte P führt, das Verhältniß der Tangente zu der Linie aber gegeben ist, so läßt sich ein Ort für X bestimmen.

Konstruktion. Ziehe von P nach K eine Berührungslinie PA, theile dieselbe in H nach dem gegebenen Verhältniß m : n, verlängere PM so bis M′, daß sich PM : MM′ $= m^2 : n^2$ ergiebt, und beschreibe um M′ mit M′H eine Kreislinie, so bildet diese den angeführten Ort.

Beweis. Nach 597 hat man

$PX^2 - PH^2 : BX^2 - AH^2 = PM' : MM' = m^2 : n^2$. Es ist aber $PH^2 : HA^2 = m^2 : n^2$ konstruirt, also muß $PX^2 - PH^2 : BX^2 - AH^2 = PH^2 : HA^2 = m^2 : n^2$, und d. A. d. h. G. auch $PX^2 : BX^2 = m^2 : n^2$, oder $PX : BX = m : n$ sein.

600. Aufgabe. Gegeben P, K und L; man soll einen Punkt X so in L bestimmen, daß die von demselben nach K führende Tangente sich zu der Entfernung desselben von P wie m : n verhält.

Analysis. Folgt aus 599.

Zusatz. Es können sich zwei Punkte ergeben.

601. Fig. 135. Ort. Wenn aus einem Punkte X zwei sich wie m : n verhaltende Tangenten nach den Kreislinien K und K′ führen, so ist eine bestimmbare Kreislinie der Ort für X.

Konstruktion. Ziehe die gemeinschaftliche Berührnngslinie AC, theile dieselbe in H nach dem Verhältniß m : n, verlängere MM′ so bis M″, daß sich MM″ : M′M″ $= m^2 : n^2$ ergiebt, (welches nach Anmerkung 1) 593 auch dadurch geschehen kann, daß man G in MM′ nach m : n, und hierauf M″ in der Verlängerung so bestimmt, daß GM″ : M′M″ = m : n wird) und beschreibe um M″ mit M″H eine Kreislinie, so bildet diese den angeführten Ort.

Beweis. Nach 598 ist

$$BX^2 - AH^2 : B'X^2 - CH^2 = MM'' : M'M'' = m^2 : n^2.$$

Nun wurde aber $AH^2 : HC^2 = m^2 : n^2$ bestimmt, also ist $BX^2 - AH^2 : B'X^2 - CH^2 = AH^2 : HC^2 = m^2 : n^2$, und d. A. d. h. G. $BX^2 : B'X^2 = m^2 : n^2$,

$$\text{oder } BX : B'X = m : n.$$

Anmerkung 1.) Der Ort wird nur durch G gehen, also derselbe mit 593 sein, wenn sich die Radien der gegebenen ⊙⊙ gleichfalls wie $m : n$ verhalten: denn zieht man in diesem Fall die Berührungslinie, welche die Centrale selbst schneidet, so muß diese durch G laufen, da sich beide Linien im Verhältniß $r : r'$ also hier $m : n$ theilen, weshalb sich $M''G = M''H$ bestimmt.

Anmerkung 2.) Wird $m = n$ so erhält man als Ort für X eine gerade Linie. (Siehe 362.)

602. Aufgabe. K, K′, L; man soll in L einen Punkt X so bestimmen, daß die von demselben nach K und K′ führenden Berührungslinien sich wie $m : n$ verhalten.

Analysis. Folgt aus 601.

Zusatz. Es können sich 2 Resultate ergeben.

4tes Kapitel.

Schlußbemerkungen.

603. Die bei den Abschnitten A. und B. wegen des dort noch mangelnden Verhältnißbegriffs fortgelassenen Angaben über die Bedingungen können hier nebst den übrigen, dem Schüler nützlichen Betrachtungen, aus der Abhandlung über die Aufgabe ergänzt werden.

Hienach sind jetzt folgende Gegenstände durchzunehmen:

1) daß ein gegebenes Verhältniß zweier Linien oder Flächen für eine Bedingung gilt. U. d. A. §. 7.

2) Daß jede zur Konstruktion gegebene Transversale oder Halbirungslinie eines ∠ für drei Bedingungen gilt. U. d. A. §. 15. 3) und 4).

3) Sind hier die Bestimmungen über die Bedingungen bei allen örtlichen Kreisaufgaben durchzunehmen. U. d. A. §. 21.

604. So wie in den Schlußbetrachtungen des Abschnitts B. eine Anleitung zum Bilden von Aufgaben gegeben wurde, ist es am Ort, hier dasselbe in größerer Ausdehnung fortzusetzen, während die Auffassung dieses Gegenstandes auf eine umfassendere Weise dem letzten Bande dieser Schrift vorbehalten bleibt. Wir wählen Dreiecks-Aufgaben, und setzen fest, dieselben aus Seiten, Winkeln und Höhen zusammenzusetzen. Die Ausführung dieses Vorhabens führt bald darauf, Zeichen für jene Stücke anzunehmen, z. B. die bisher benutzten a, b, c, α, β, γ, h, h', h'', und aus diesen 9 Elementen die

$$\frac{n(n-1)(n-2)}{1.2.3} = 84 \text{ Kombinationen ohne Wiederholung}$$

zu bilden, da zur Bestimmung eines △ drei Stücke gehören, bei welcher Arbeit sich, beiläufig bemerkt, von einem neuen Gesichtspunkt aus, die in diesem Werke getroffene Wahl der Zeichen für alle Stücke recht vortheilhaft, und aus dem Wesen des Aufgabenlösens hervorgehend, zeigt.

Für die genannten 9 Elemente

$$a\ b\ c\ \alpha\ \beta\ \gamma\ h\ h'\ h''$$

sind die Kombinationen von 2 Elementen, aus welchen die darunter stehenden Kombinationen von 3 Elementen sich ergeben, wenn man vor die ersteren zunächst a, dann b 2c. setzt:

$ab,\ ac,\ a\alpha,\ a\beta,\ a\gamma,\ ah,\ ah',\ ah''.$

$bc,\ b\alpha,\ b\beta,\ b\gamma,\ bh,\ bh',\ bh'',\ c\alpha,\ c\beta,\ c\gamma,\ ch,\ ch',\ ch'',\ \alpha\beta,\ \alpha\gamma,\ \alpha h,\ \alpha h',\ \alpha h'',\ \beta\gamma,\ \beta h,\ \beta h',\ \beta h'',\ \gamma h,\ \gamma h',\ \gamma h'',\ hh',\ hh''\ h'h''.$

1) $abc, ab\alpha, ab\beta, ab\gamma, abh, abh', abh'', ac\alpha, ac\beta, ac\gamma, ach, ach', ach'', a\alpha\beta, a\alpha\gamma, a\alpha h, a\alpha h', a\alpha h'', a\beta\gamma, a\beta h, a\beta h', a\beta h'', a\gamma h, a\gamma h', a\gamma h'', ahh', ahh'', ah'h''.$

2) $bc\alpha, bc\beta, bc\gamma, bch, bch', bch'', b\alpha\beta, b\alpha\gamma, b\alpha h, b\alpha h', b\alpha h'', b\beta\gamma, b\beta h, b\beta h', b\beta h'', b\gamma h, b\gamma h', b\gamma h'', bhh', bhh'', bh'h''.$

3) $c\alpha\beta, c\alpha\gamma, c\alpha h, c\alpha h', c\alpha h'', c\beta\gamma, c\beta h, c\beta h', c\beta h'', c\gamma h, c\gamma h', c\gamma h'', chh', chh'', ch'h''.$

4) $\alpha\beta\gamma, \alpha\beta h, \alpha\beta h', \alpha\beta h'', \alpha\gamma h, \alpha\gamma h', \alpha\gamma h'', \alpha hh', \alpha hh'', \alpha h'h''.$

5) $\beta\gamma h'', \beta\gamma h', \beta\gamma h'', \beta hh', \beta hh'', \beta h'h''.$

6) $\gamma hh', \gamma hh'', \gamma h'h''.$

7) $hh'h''.$

Aus diesen 84 Kombinationen von 3 Elementen müssen nun die unmöglichen Aufgaben, welche widersprechende Bedingungen enthalten, herausgenommen werden. Es ergeben sich die folgenden 7:

$a\beta h''$, $b\gamma h$, $c\alpha h'$, $a\gamma h'$, $b\alpha h''$, $c\beta h$, $\alpha\beta\gamma$.

Ferner kommen viele Aufgaben in Rücksicht der Auflösung ganz übereinstimmend, nur in anderen Zeichen, 3 und 6fach vor. Von diesen nachfolgend hergestellten Aufgaben müssen die überflüssigen ausgesondert werden. Die Auffindung derselben geschieht am besten von der Figur aus, indem man zu jeden Aufgabe nach der Reihe die gleichen bildet, und im System durchstreicht, wobei man übrigens von der nothwendigen Aufeinanderfolge der Zeichen in der ursprünglichen Ordnung unterstützt wird, so daß b nach a, c nach b kömmt ꝛc., z. B. von $ab\alpha$ muß die übereinstimmende Aufgabe $bc\beta$ sein, denn auf a folgt b, auf b folgt c, auf α folgt β, und mit $bc\beta$ muß aus ähnlichen Gründen die Aufgabe $ca\gamma$ übereinstimmen.

Es ergeben sich auf diesem Wege die nachstehenden 9 mal 6, und 7 mal 3 übereinstimmenden Aufgaben:

$ab\alpha$	$ab\gamma$	abh	abh''	$a\alpha\beta$	$a\alpha h$	$a\alpha h'$	$a\beta\gamma$
$bc\beta$	$bc\alpha$	bch'	bch	$b\beta\gamma$	$b\beta h'$	$b\beta h''$	$b\gamma\alpha$
$ca\gamma$	$ca\beta$	cah''	cah'	$c\gamma\alpha$	$c\gamma h''$	$c\gamma h$	$c\alpha\beta$
$ab\beta$		abh'		$a\alpha\gamma$		$a\alpha h''$	
$bc\gamma$		bch''		$b\beta\alpha$		$b\beta h$	
$ca\alpha$		cah		$c\gamma\beta$		$c\gamma h'$	

$a\beta h$	$a\beta h'$	ahh'	$ah'h''$	$\alpha\beta h$	$\alpha\beta h''$	$\alpha hh'$	$\alpha h'h''$
$b\gamma h'$	$b\gamma h''$	$bh'h''$	$bh''h$	$\beta\gamma h'$	$\beta\gamma h$	$\beta h'h''$	$\beta h''h$
$c\alpha h''$	$c\alpha h$	$ch''h$	chh'	$\gamma\alpha h''$	$\gamma\alpha h'$	$\gamma h''h$	$\gamma hh'$
$a\gamma h$	$a\gamma h''$	ahh''		$\alpha\beta h'$		$\alpha hh''$	
$b\alpha h'$	$b\alpha h$	$bh'h$		$\beta\gamma h''$		$\beta h'h$	
$c\beta h''$	$c\beta h'$	$ch''h'$		$\gamma\alpha h$		$\gamma h''h'$	

Es sind demnach nur für die folgenden 18 Aufgaben die Auflösungen zu suchen, welche man, vermittelst des Registers im letzten Bande, nachschlagen kann:

abc, $ab\alpha$, $ab\gamma$, abh, abh'', $a\alpha\beta$, $a\alpha h$, $a\alpha h'$, $a\beta\gamma$, $a\beta h$, $a\beta h'$, ahh', $ah'h''$, $\alpha\beta h$, $\alpha\beta h''$, $\alpha hb'$, $\alpha h'h''$, $hh'h''$.

605. Wollte man hierauf nachträglich das vorhergehende System um zwei Stücke, die Summe und die Differenz der Seiten vermehren, so läßt sich dies leicht ausführen, wenn man die Entstehung desselben bedenkt. Wegen der zwei hinzugekommenen Elemente, welche für die Summe mit $s = a + b$, für die Differenz mit $d = a - b$ bezeichnet werden mögen, hätten sich nämlich die Kombinationen von 2 Elementen um die folgenden vermehrt: as, ad, bs, bd, cs, cd, αs, αd, βs, βd, γs, γd, hs, hd, h′s, h′d, h″s, h″d, sd; weshalb sich auch jede von den 7 Aufstellungen der vorigen Nummer für die Kombinationen von 3 Elementen um einige Aufgaben vermehrt, welche sich aus den vorstehenden neuen Kombinationen ergeben, nämlich:

1) um abs, abd, acs, acd, $a\alpha s$, $a\alpha d$, $a\beta s$, $a\beta d$, $a\gamma s$, $a\gamma d$, ahs, ahd, ah′s, ah′d, ah″s, ah″d, asd;

2) um bcs, bcd, $b\alpha s$, $b\alpha d$, $b\beta s$, $b\beta d$, $b\gamma s$, $b\gamma d$, bhs, bhd, bh′s, bh′d, bh″s, bh″d, bsd;

3) um $c\alpha s$, $c\alpha d$, $c\beta s$, $c\beta d$, $c\gamma s$, $c\gamma d$, chs, chd, ch′s, ch′d, ch″s, ch″d, csd;

4) um $\alpha\beta s$, $\alpha\beta d$, $\alpha\gamma s$, $\alpha\gamma d$, αhs, αhd, $\alpha h′s$, $\alpha h′d$, $\alpha h″s$, $\alpha h″d$, αsd;

5) um $\beta\gamma s$, $\beta\gamma d$, βhs, βhd, $\beta h′s$, $\beta h′d$, $\beta h″s$, $\beta h″d$, βsd;

6) um γhs, γhd, $\gamma h′s$, $\gamma h′d$, $\gamma h″s$, $\gamma h″d$, γsd;

7) um hh′s, hh′d, hh″s, hh″d, hsd;

und außerdem ergeben sich { h′h″s, h′h″d, h′sd, h″sd;

* überhaupt also 81 neue Kombinationen, und mit den früheren 84 zusammengenommen 165, welches mit der Formel für 11 Elemente $\frac{11 \,.\, 10 \,.\, 9}{1 \,.\, 2 \,.\, 3} = 165$ übereinstimmt. Von den zuletzt hingestellten Kombinationen bilden die folgenden 4 unmögliche Aufgaben: abs, abd, asd, bsd.

Uebereinstimmend sind dagegen die nachfolgend untereinandergestellten:

acs aαs aβs aγs ahs ah's ah''s cαs chs
bcs bβs bαs bγs bh's bhs bh''s cβs ch's

αβs αhs αh's αsd αh''s γhs hh''s hsd
βγs βh's βhs βsd βh''s γh's h'h''s h'sd
γαs

Außerdem sind noch einige von diesen Aufgaben, welche d enthalten, übereinstimmend. Es ist aber vorzuziehen, dieselben speziell bei der Analysis zu untersuchen, da es hier einen Unterschied in der Konstruktion machen kann, wenn statt des Gegen∠ der größeren Seite, oder der Höhe, welche auf dieser steht, der Gegen∠ der kleineren Seite, oder die auf dieser stehende Höhe gegeben ist.

Hienach wäre also die Analysis für die folgenden 59 Aufgaben zu suchen, welche im Register nachgeschlagen werden können: acs, acd, aαs, aαd, aβs, aβd, aγs, aγd, ahs, ahd, ah's, ah'd, ah''s, ah''d, bcd, bαd, bβd, bγd, bhd, bh'd, bh''d, cαs, cαd, cβd, cγs, cγd, chs, chd, ch'd, ch''s, ch''d, csd, αβs, αβd, αγd, αhs, αhd, αh's, αh'd, αh''s, αh''d, αsd, βγd, βhd, βh'd, βh''d, γhs, γhd, γh'd, γh''s, γh''d, γsd, hh's, hh'd, hh''s, hh''d, hsd, h'h''d, h''sd.

Es wird zweckmäßig sein, den Schüler auch die jetzt erhaltene Anzahl von 77 Aufgaben noch durch die Einführung eines neuen Elements vermehren zu lassen. Das Verhältniß zweier Seiten (b:c) ist zu einem solchen z. B. geeignet.

606. Es lassen sich nicht bloß Aufgaben auf eine solche regelrechte und umfassende Art, wie es vorher geschah, bilden, sondern dasselbe Verfahren ist dem Wesen nach durchgreifend in der Geometrie anwendbar. Zur Erläuterung dieser Bemerkung können dem Schüler die nachfolgenden Angaben über Oerter mitgetheilt werden.

Zur Bestimmung des Orts eines Punkts X gegen zwei feste Punkte P und P' sind zunächst die folgenden 8 Bedingungen denkbar, aus denen 8 verschiedene Oerter hervorgehen.

1) $XP : XP' = m : n$ giebt den Ort 593
($m = n$ den Ort 72);
2) $XP^2 + XP'^2 = s^2$ giebt den Ort 220;
3) $XP^2 - XP'^2 = d^2$ giebt den Ort 211;
4) $\angle PXP' = \alpha$ giebt den Ort 320;
5) $\triangle PXP' = f^2$ giebt den Ort 176;
6) $XP + XP' = s$
7) $XP - XP' = d$
8) $XP \times XP' = mn$
} geben Oerter, welche weder Kreis- noch gerade Linien sind.

6) bestimmt die Ellipse als Ort für X; 7) die Hyperbel; 8) eine Linie der vierten Ordnung, welche die Schleifenlinie, Lemniscale, bildet, wenn $mn = \left(\frac{PP'}{2}\right)^2$ angenommen wird.

Die Anzahl dieser Oerter könnte zunächst vermehrt werden, wenn man statt P' ein anderes Element, z. B. eine Kreislinie K einführte, und statt XP' eine Berührungslinie XB nebst XP auf die vorhergenannten verschiedenen Arten bedingte. Es ergeben sich dadurch Kreis- und gerade Oerter für 1) 2) und 3), nämlich:

1) $XP : XB = m : n$ bestimmt den Ort 599
($m = n$ den Ort 363);
2) $XP^2 + XB^2 = s^2$ bestimmt den Ort 352;
3) $XP^2 - XB^2 = d^2$ bestimmt den Ort 354.

Auf dieselbe Weise könnte man statt P' eine festliegende Linie L als Element einführen, und statt XP' könnte man einen $\perp$ XB auf L (oder eine andere gegen L bestimmt geneigte Linie) nebst XP auf die genannten Arten bedingen, wodurch sich z. B., sobald man XP = dem $\perp$ XB auf L (also $XP : XB = 1 : 1$) bestimmt, die gewöhnliche Parabel, wenn man aber $XP : XB = m : n$ vorschreibt, die Ellipse oder die Hyperbel, je nachdem man $m <$ oder $> n$ annimmt, als Ort für X ergiebt.

Ferner lassen sich auch statt beider Punkte PP' gleichnamige andere Elemente, nämlich 2 Kreislinien K und K', oder zwei gerade Linien L und L' wählen, wodurch man bei K und K', wenn XB und XB' von X auslaufende Tangenten bedeuten, für 1), 2), 3) elementare Oerter erhält, nämlich 1) $XB : XB' = m : n$ giebt den Ort 601 ($m = n$ den Ort 362); 2) $XB^2 + XB'^2 = s^2$ giebt den Ort 353; 3) $XB^2 - XB'^2 = d^2$ giebt den Ort 355. L und L' aber würden, wenn XB und XB' ⊥⊥ auf L und L', oder andere bestimmt geneigte Linien bezeichnen, sobald z. B. $XB : XB' = m : n$ bedingt ist, die Oerter 546 und 276 ergeben. Da man nun endlich, mit gehöriger Rücksicht auf die veränderten Umstände, in derselben Art mehr als zwei gleichnamige oder ungleichnamige Elemente zur Bestimmung der Oerter zusammensetzen kann, (wofür die folgende Nummer Beispiele giebt) und hiebei leicht eine große Mannichfaltigkeit zu gewinnen ist, wenn noch andere Elemente z. B. Ellipse ꝛc., und andere Bedingungen, statt der Berührung z. B. die allgemeinere Schneidung unter gegebenen ∡ oder Sehnen, eingeführt werden, so zeigt dies alles genügend, daß sich ganz wie bei den Aufgaben durch Belegung der Elemente und Bedingungen mit bestimmten Zeichen mittelst der Kombinationen vollständige Systeme von Oertern bilden lassen, wie dies ohnehin vorausgesetzt werden konnte, da nach g. Betr. §. 5. jeder Ort eine unbestimmte Aufgabe darstellt.

607. Ein Beispiel für die Zusammenstellung mehrerer Elemente zur Bestimmung eines Orts bildet der folgende bekannte Satz:

Wenn die Summe der Quadrate aller Entfernungen eines Punktes X von einer beliebigen Menge gegebener Punkte P, P', P'' ꝛc., oder $x^2 + x'^2 + x''^2 + \ldots = s^2$ bestimmt ist, so befindet sich X in einer konstruirbaren Kreislinie.

Setzt man statt der Punkte Kreislinien, und für x, x', x'' Berührungslinien, so liegt die Entwickelung des folgenden Orts sehr nahe:

Zieht man bei einer beliebigen Menge festliegend gegebener Kreislinien K, K′, K″ rc. aus einem Punkte X an jede derselbem eine Tangente, so ergiebt sich eine bestimmbare Kreislinie als Ort für X, wenn die Summe der Quadrate aller dieser Tangenten $y^2 + y'^2 + y''^2 + ..$ eine vorgeschriebene Größe s^2 hat.

Denn heißen die Entfernungen des Punktes X von M, M′, M″ rc. x, x′, x″ rc., so ergiebt sich, da $y^2 = x^2 - r^2$ $y'^2 = x'^2 - r'^2$ u. s. w. ist, daß

$x^2 - r^2 + x'^2 - r'^2 + x''^2 - r''^2 + ... = s^2$, also

$x^2 + x'^2 + x''^2 + ... = s^2 + (r^2 + r'^2 + r''^2 + ...)$

sein muß, weshalb man den für die Punkte M, M′, M″ geltenden Ort, unter den durch die Gleichung ausgedrückten Bedingungen, zugleich als Ort in Beziehung auf die ⊙⊙ K, K′, K″ rc. erhält. Auf ähnlichem Wege ergiebt sich auch eine Kreislinie als Ort für X, wenn man zugleich Punkte und ⊙⊙ annimmt, und die Summe der Quadrate aller Entfernungen von diesen Punkten und aller nach den ⊙⊙ führenden Tangentem bestimmt.

608. Schließlich wollen wir noch in Beziehung auf die Ableitung der Oerter für zwei Kreislinien K und K′, oder für P und K, aus denen für zwei Punkte P und P′ in 606, als Beispiel für alle ähnlichen Fälle, näher erörtern, daß sich statt des in 4) angeführten Orts, welcher durch ∠ PXP′ = α bestimmt wird, keine Kreis- oder gerade Linie ergiebt.

Fig. 136. Zieht man nämlich MG ‡ BX und M′H ‡ B′X, so bestimmt sich, da ∠ MNM′ = ∠ BXB′ = α bekannt ist, nach 320 die M, M′ und N durchschneidende Kreislinie, und ferner ▱ GH durch α und beide = r und r′ auf den Seiten stehenden Höhen, die sich in N vereinigen, weshalb also die Diagonale NX = b, und die beiden ∡ HXN und NXG bekannt angenommen werden können. Verlängert man nun NX bis O, so ergeben sich dadurch die Sehnen MO und

M'O, folglich auch der Punkt O selbst, da die $\measuredangle$ MNO und M'NO den $\measuredangle$ HXN und NXG gleich sein müssen.

Hiemit zeigt sich aber der zu den Punkten X, X', X'' ꝛc. gehörende Ort von der Beschaffenheit, daß alle durch ihn und eine Kreislinie K'' begrenzten Verlängerungen NX, N'X', N''X'' ꝛc. der in demselben Punkte O dieser Kreislinie K'' zusammentreffenden Sehnen, eine gleiche Größe b erhalten müssen, aus welchen Bedingungen sich, wie man ohne Weiters erkennt, keine Kreislinie bestimmen kann, sondern dieselbe Linie der 4ten Ordnung ergiebt, welche zur Dreitheilung eines $\angle$ führt, vergl. U. d. A. §. 4. Nimmt man ON als Durchmesser $=$ a an, und bezeichnet OX'' mit y, $\angle$ X''ON mit v, so erhält man, da ON'' $=$ a cos v ist, $y = b + a \cos v$ als Gleichung der verlangten Kurve für Polar-Koordinaten, welche Kurve die bekannte Cardioide bildet, wenn man b $=$ a bestimmt.

In ähnlicher Art, nur einfacher, ergiebt sich dieselbe Kurve als Ort für X, wenn man α durch einen Punkt und eine Kreislinie bedingt.

FSC
www.fsc.org
MIX
Papier | Fördert
gute Waldnutzung
FSC® C083411

Zeitfracht Medien GmbH
Ferdinand-Jühlke-Straße 7
99095 Erfurt, Deutschland
produktsicherheit@kolibri360.de